I0067236

MÉCANIQUE

RATIONNELLE.

39237

STRASBOURG, TYPOGRAPHIE DE G. SILBERMANN.

C.

MÉCANIQUE

RATIONNELLE,

PAR

P. J. E. FINCK,

PROFESSEUR, CHEVALIER DE LA LÉGION D'HONNEUR.

BIBLIOTHÈQUE IMPÉRIALE
IMPR.

3e PARTIE.

La mécanique des corps.

130
6

STRASBOURG,
DERIVAUX, LIBRAIRE-ÉDITEUR,
RUE DES HALLEBARDES, 29.

PARIS,

TANDOU ET Cie,
LIBRAIRES,
rue des Écoles, 78.

GAUTHIER-VILLARS,
SUCCESSEUR DE MALLET-BACHELIER,
quai des Augustins, 55.

1865.

Tous droits réservés.

AVERTISSEMENT.

Ce volume renferme la troisième partie de la mécanique rationnelle, savoir la mécanique des corps, en tant que ces matières sont exigées des candidats à la licence mathématique, dont le programme est d'ailleurs passablement élastique, ce qui m'a permis de conserver la théorie des couples de Poinsot, « cette magnifique création française (Terquem), » tout en faisant une large part aux points de vue nouveaux (ou renouvelés). La mécanique pratique, ou du moins les parties que le programme indique, sera l'objet d'un volume qui *se vendra séparément* sous le titre d'*Études de mécanique pratique.* Je ne puis fixer d'époque pour la mise sous presse. La note finale du premier volume n'a été admise que lorsque les pages 190 et suiv. étaient déjà imprimées : de là un léger désaccord sans importance.

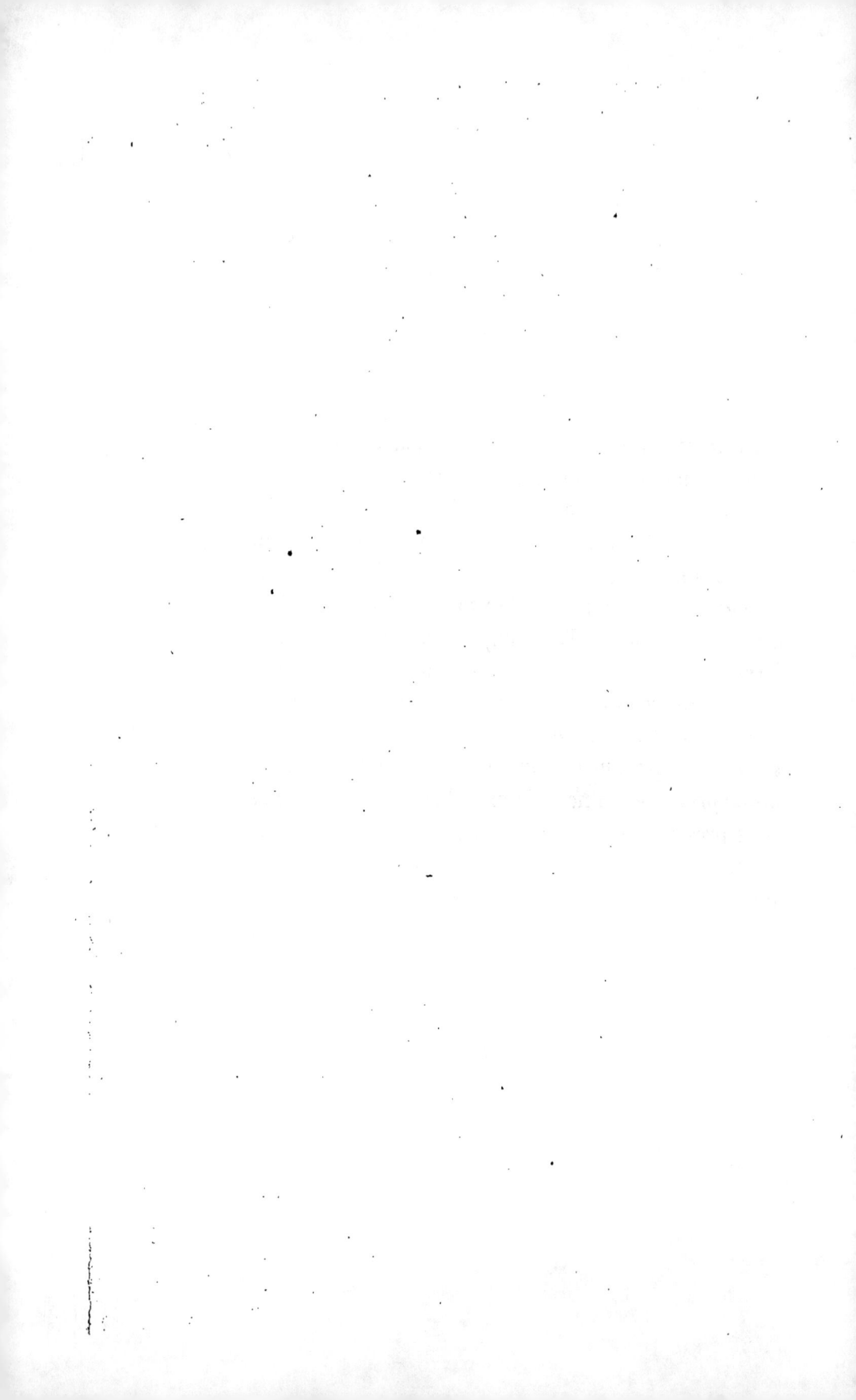

TABLE DES MATIÈRES.

MÉCANIQUE RATIONNELLE.

TROISIÈME PARTIE.

MÉCANIQUE DES CORPS SOLIDES, FLUIDES ETC.

PREMIÈRE SECTION.

STATIQUE.

CHAPITRE PREMIER.

DE L'ÉQUILIBRE DES CORPS SOLIDES LIBRES.

§ 1. *Les couples appliqués à un corps solide.*

1. Un corps sollicité par des forces est dit *en équilibre*, si chacun de ses points est en repos. Des forces appliquées à un corps sont dites en équilibre, si elles ne font varier la vitesse d'aucun de ses points. Si un corps est en équilibre, évidemment les forces qui le sollicitent, sont aussi en équilibre ; mais des forces appliquées à un corps peuvent être en équilibre sans que le système le soit. Il est encore évident qu'on peut dans un corps supprimer ou introduire des forces en équilibre sans changer la loi du mouvement des molécules (qui peuvent être en repos).

2. Axiome. Deux forces égales et directement opposées, appliquées à deux points A, B d'un corps solide, *sont en équilibre*.

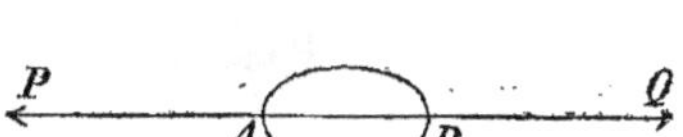

3. Une force P, appliquée à un point A d'un corps solide, peut être appliquée à tout autre point A' de sa direction, pourvu que ce point A' soit lié avec le point A, de façon que la distance AA' ne puisse pas changer.

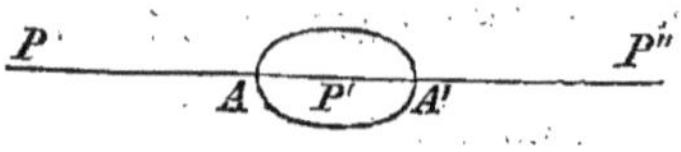

En effet, au point A' j'applique deux forces P', P'', contraires, égales à P et de même direction que cette force, ce qui ne change rien à l'état du système ; mais les deux forces P, P'' sont en équilibre d'après l'axiome précédent : donc on peut les supprimer, et il reste la force P' appliquée en A'.

4. Un *couple*[1] est l'ensemble de deux forces P, Q, égales, parallèles, contraires sans être directement opposées, et appliquées à un corps solide. On appelle *bras du couple*, la distance *a b* des directions des forces P, Q. Le moment du couple est le produit du bras par la force : P × *a b*.

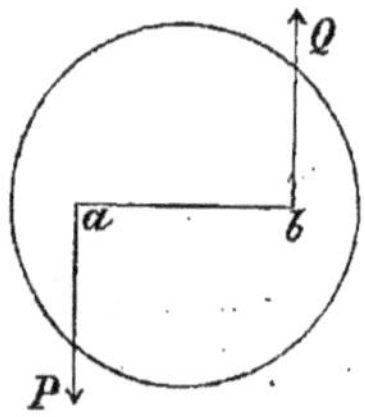

5. Si un spectateur se place sur le plan du couple PQ, les pieds en *a*, qu'il regarde la force Q, celle-ci lui paraît agir de droite à gauche : il en est de même de P, si le spectateur se place en *b*, et qu'il regarde cette force. Il en est de même encore, s'il se place entre *a* et *b*, et qu'il regarde l'une ou l'autre des forces P, Q : celle qu'il regarde agit de droite à gauche. Le sens de la force qu'il considère ainsi, se

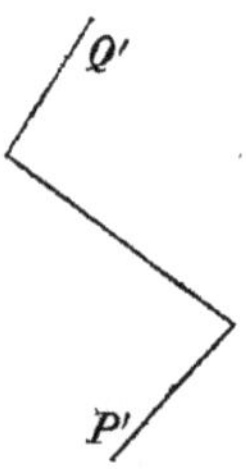

[1] La théorie des couples est due à Poinsot, de l'Institut (voir sa *Statique*).

nomme le *sens du couple*. Le sens de PQ est donc de droite à gauche. Au contraire, le couple P'Q' est de gauche à droite. Il est entendu que le spectateur qui juge le sens relatif de plusieurs couples situés dans un plan, se place du même côté du plan pour tous. S'ils sont dans des plans parallèles, il se placera encore du même côté par rapport à ces plans.

6. Un couple appliqué à un corps solide libre en repos n'est pas en équilibre ; car, si l'équilibre existait, on ne le troublerait pas en fixant un point de la direction de l'une des forces, ce qui détruirait cette force et non pas l'autre. Donc etc.

7. Un couple appliqué à un corps solide peut être remplacé par tout autre couple appliqué au même corps et situé dans le même plan, pourvu qu'il ait même sens et même moment.

Soient les deux couples (PP') (QQ'), leurs bras AA', BB'; je suppose qu'ils remplissent les conditions énoncées, et que, par suite, $P \times AA' = Q \times BB'$. Je prends un couple SS', de sens contraire, de même moment ($S \times CC' = P \times AA'$), et tel que les directions de ses forces rencontrent P, Q. Les directions de P, P', S, S' forment un ▱ DEFG, dans lequel les bases FG, FE sont en raison inverse des hau-

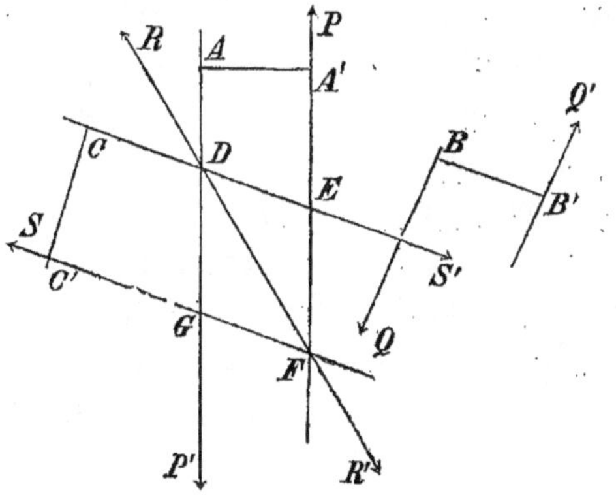

teurs AA', CC', de sorte que FG : FE = AA' : CC', et = S : P à cause de l'égalité des moments ; donc la résultante des forces P, S, représentées par les côtés FG, FE du ▱, est représentée par la diagonale FD ; de même celle de P' et S' est représentée par DF, et, ces deux FD ou R, et DF ou R', se détruisant, les couples PP' et SS' sont en équilibre. On prouvera de même que les couples QQ', SS' se détruisent. Donc les couples donnés PP', QQ', qui font équilibre à un même couple SS', peuvent se remplacer l'un l'autre, et sont dits *équivalents*.

8. Deux forces parallèles, appliquées à un corps solide, ont une résultante // à leurs directions, égale à leur somme, si elles sont de même sens, et à leur différence, si elles sont de sens contraire et inégales; cette résultante est de même sens que les deux composantes dans le premier cas, et dans le second elle est du sens de la plus grande ; elle divise la distance des deux forces en segments additifs dans le premier cas, soustractifs dans le second, mais toujours inversement proportionnels aux deux forces.

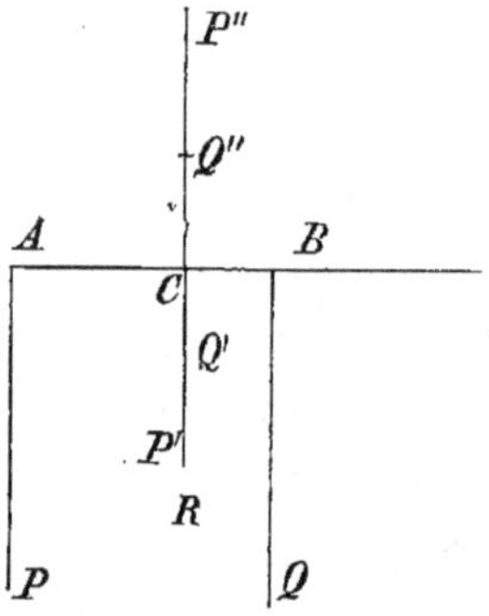

1° Les forces P, Q sont de même sens ; je divise AB, distance des points d'application des forces, de façon que P : Q = BC : AC ; en C j'applique 1° deux forces P', P'', contraires, égales et parallèles à P ; 2° deux forces Q', Q'', contraires, égales et parallèles à Q, et j'ai deux forces P', Q', donnant une force R = P' + Q' = P + Q, appliquée en C, et deux couples (PP''), (QQ''), contraires et de même moment, puisque P × AC = Q × BC. Ces couples se détruisent. Donc etc.

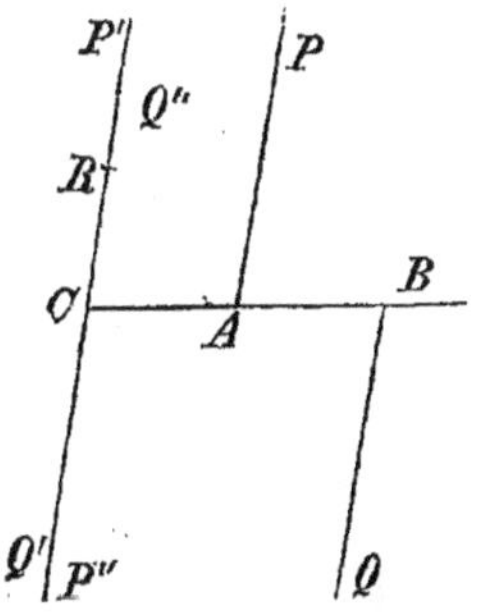

2° Les forces P, Q sont contraires, et $P > Q$. Je prends sur BA le point C, tel que $P : Q = BC : AC$; j'y applique P', P'', contraires, égales et //s à P; Q', Q'', égales et //s à Q; les deux couples PP'', QQ'' se détruisent, et il reste les forces P', Q', qui donnent la résultante $R = P' - Q' = P - Q$.

9. Dans le cas des forces parallèles et de même sens, on a

$$P : Q : P + Q = BC : AC : AC + BC,$$

ou $$P : Q : R = BC : AC : AB.$$

Si elles sont de sens contraire,

$$P : Q : P - Q \text{ ou } R = BC : AC : BC - AC \text{ ou } AB,$$

et chacune des trois forces est représentée par la distance des points d'application des deux autres.

Ces proportions donnent facilement les valeurs des composantes P, Q, lorsque l'on connaît la résultante et les trois points d'application.

10. Deux couples appliqués à un corps solide se font équilibre, si, étant situés dans un même plan ou dans des plans parallèles, ils sont de sens contraire et ont des moments égaux.

Si les deux couples n'ont pas les bras égaux et parallèles, on peut transformer l'un des deux, de manière qu'il remplisse cette condition par rapport à l'autre. Soient donc (p. 6) deux couples PQ, P'Q' dont les bras AB, A'B' sont égaux et //s, de même que les forces; je tire les droites AB', A'B, qui se coupent en leur milieu C; les deux forces P, P', égales et directement parallèles, ont une résultante 2 P, appliquée en ce point C etc. ; les forces Q, Q′ ont leur résultante 2 Q égale et opposée à 2 P : il y a donc équilibre.

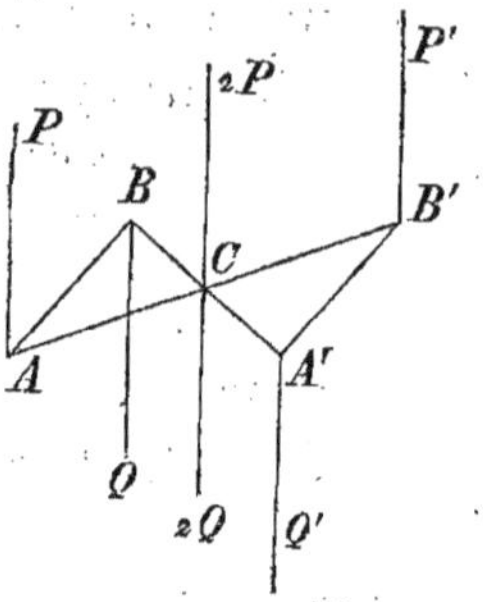

11. Un couple PQ et une force F appliqués à un corps solide libre ne sont jamais en équilibre ; car, s'il y avait équilibre, on commencerait par transformer le couple en un autre PABQ, dont le bras a une de ses extrémités A sur la direction de la force F, qui est censée lui faire équilibre. Mais si on fixe ce point A, l'équilibre prétendu n'a plus lieu, vu que les forces P, F sont annulées, et la force Q ne l'est pas. Il suit de là qu'un couple n'a pas de résultante, puisque, s'il en avait une, changée de sens, elle ferait équilibre au couple.

12. Deux couples, situés dans un même plan ou dans des plans parallèles, se composent en un seul ; si les deux couples sont de même sens, ce troisième couple est aussi de ce sens, et son moment est égal à la somme des moments des couples donnés ; si ceux-ci sont de sens contraire, le troisième est de même sens que celui qui a le plus grand moment, et le moment de ce même troisième est la différence des deux autres.

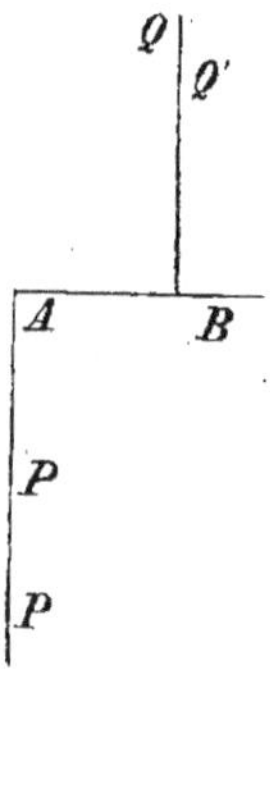

On ramènera d'abord les deux couples au même bras AB, et s'ils sont de même sens, les forces appliquées à la même extrémité sont aussi de même sens : on a donc, au lieu des deux couples donnés, le couple unique dont le bras est AB, les forces étant $P+P'$, $Q+Q'$. Le moment de ce couple est $(P+P')\,AB = P \times AB + P' \times AB$, somme des moments des deux couples donnés.

On traite de même le cas où les deux couples sont de sens contraire.

13. Étant donnés tant de couples qu'on voudra, situés dans le même plan ou dans des plans parallèles, on pourra d'abord composer en un seul tous ceux qui ont un sens, et ce couple résultant partiel, aura son moment égal à la somme des moments des couples qu'on a considérés. Soit M ce moment. Soit de même M' la somme des moments des couples qui ont le sens opposé. Le système est réduit à deux couples contraires, ayant pour moments M, M', et situés dans le même plan. Si M n'est pas $< M'$, ces couples se composent en un seul, dont le sens est celui de M, et le moment $= M - M'$, c'est-à-dire égal à la somme algébrique des moments des couples donnés. On attribue le signe $+$ aux couples du premier groupe, le signe $-$ aux autres.

14. Sur le plan d'un couple quelconque PQ soit élevée, par un point du bras, une perpendiculaire IK : soit fait de même pour d'autres couples situés dans le même plan, ou ramenés dans ce plan. La droite IK, menée à partir d'un point de ce plan, est censée dirigée du côté où il faut placer un spectateur, pour que le couple lui paraisse, par exemple, de gauche à droite. Il en sera de même des autres perpendiculaires, de sorte que deux couples de même sens auront leurs perpendiculaires du même côté du plan, et deux couples de sens contraires les au-

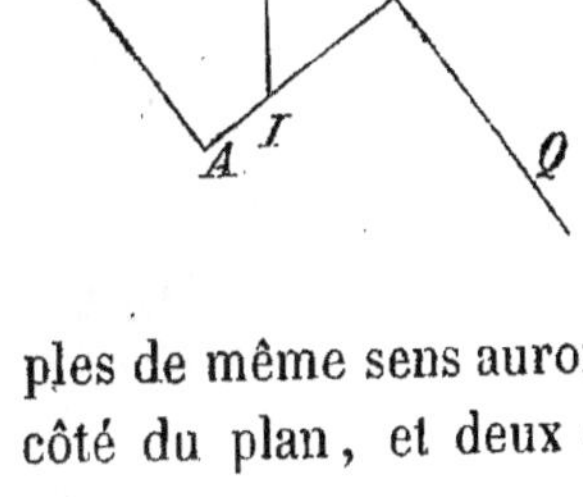

ront de côtés différents. Je suppose qu'on prenne sur ces perpendiculaires des segments proportionnels aux moments, et j'appelle ces segments les *axes des couples*. Chacun de ces axes aura son pied I, qui appartient au plan du couple, et son sommet, ou sa tête, K, où se place l'œil qui juge le sens du couple. La direction de l'axe, sa longueur et son sens (pied I, tête K) déterminent complétement le plan, le moment, le sens du couple, et on peut dire qu'*un axe* appliqué à un point d'un corps solide peut être transporté parallèlement, à tout autre point de ce corps.

Si donc on a des couples dont les moments s'ajoutent, l'axe du couple résultant sera la somme des axes des couples donnés ; si les moments de deux couples se retranchent l'un de l'autre, les axes se retrancheront de même. Donc, tant de couples qu'on voudra, appliqués à un corps solide et situés dans un même plan, ou dans des plans parallèles, se composent en un seul, dont l'axe est égal à la somme *algébrique* des axes des couples donnés.

15. Soient deux couples PQ, P′Q′, situés dans deux plans CE, FD, qui se coupent ; si, par un rabattement de l'un des plans — CE par exemple — autour de l'intersection ED, on ramène EC sur EF, les deux couples seront de même sens ; on aura en même temps annulé le dièdre CDEF ; si, au contraire, on rabat le demi-plan EC sur EF′, prolongement de EF, les deux couples seront de sens contraire, et on annule le dièdre CDEF′. Or on nommera dièdre des couples *celui qu'il faut annuler pour les ramener au même sens.*

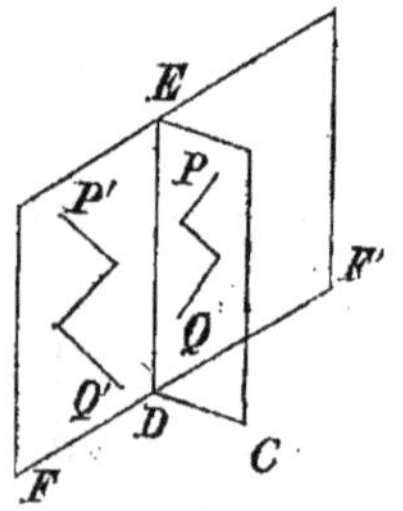

Les axes des couples situés dans deux plans qui se coupent seront tracés de façon que, si par ce rabattement deux couples sont ramenés au même sens, les axes soient directement parallèles, aient par conséquent même sens.

16. Deux couples situés dans des plans qui se coupent, se composent en un seul, dont l'axe est la diagonale du ▱ fait sur les axes des couples composants.

Je ramène une des extrémités de chaque bras à un même point A de l'intersection AB des deux plans, de façon que les forces appliquées à ces extrémités soient de même sens, et que leurs directions coïncident avec AB :

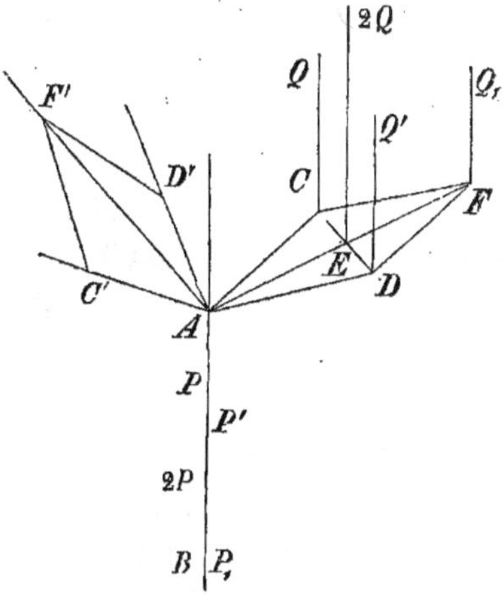

soit AC l'un des bras; P, Q les forces. Je transforme en outre l'autre couple, de façon que ses forces soient égales à P; soit AD le bras; P', Q' les forces : les forces égales P, P' donnent une résultante 2 P, dirigée sur AB; les forces Q, Q', aussi égales, donnent une résultante 2 Q, appliquée au point E, milieu de CD, et, si on achève le ▱ CADF, le couple 2 P, 2Q, bras AE, pourra être transformé en un autre ayant pour bras AF, double de AE, et pour forces P_1, Q_1, sous-doubles de 2 P, c'est-à-dire = à P. Car ni le moment, ni le sens, ni le plan n'ont été changés. Ces trois couples, P'ADQ', PACQ, P_1AFQ_1, ayant des forces égales, leurs moments sont comme les bras, ce qui montre d'abord que le moment AF du couple résultant est la diagonale du ▱, construit sur AC, AD, moments des couples donnés, et comprenant un angle égal à la section droite du dièdre des plans des couples.

Maintenant je conçois un second ▱, superposé avec ADFC, et je le fais tourner dans son plan autour du point A, jusqu'à ce que les côtés AC, AF, AD aient décrit chacun 90°, ce qui lui donne une position AD'F'C'. Dans ce mouvement, le ▱ n'a pas changé de figure, et ses côtés sont restés perpendiculaires à AB. Il s'ensuit que AC', qui est à la fois perpendiculaire à AC et à AB, l'est au plan du couple PACQ; de même AF' est perpendiculaire au plan PAFQ, et AD' à PADQ'. Ces trois droites, AC', AF', AD', proportionnelles aux moments et respectivement perpendiculaires aux plans des trois couples, sont donc leurs axes, si toutefois il est vrai que, pour les spectateurs qui auraient le pied commun en A, et les yeux respectivement en C', F', D', les trois couples sont de même sens. Or, si on fixe chacun de ces axes sur le plan du couple correspondant, et qu'on rabatte autour de AB deux de ces plans sur le troisième, par exemple BAC et BAF sur BAD, en annulant les angles CAD, FAD, on voit que les trois axes prennent la même direction, et les couples le même sens. Donc, avant ce mouvement, ces trois couples étaient de même sens pour les spectateurs respectifs.

17. La composition de deux couples, au moyen de leurs axes, se faisant comme celle de deux forces concourantes, il s'ensuit qu'il en sera de même de tant de couples qu'on voudra, par rapport aux forces; et étant donnés tant de couples qu'on voudra, appliqués à un corps solide, on détermine pour chacun son axe; puis, d'un point O du corps solide, on mène OA égal et *directement* // à l'un des axes; du point A, AA, égal et directement // à un second

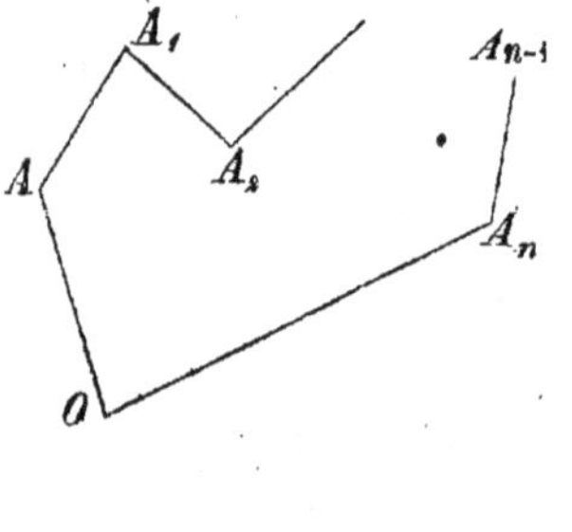

axe etc.; $A_{n-1}A_n$, égal et directement // au dernier axe : OA_n sera l'axe du couple résultant. Le plan de ce couple sera perpendiculaire à OA_n, et si on suppose ce plan mené par O, on y placera un couple ayant, par exemple, le milieu de son bras en O, son moment $= OA_n$, et son sens de gauche à droite pour le spectateur qui a son pied en O, l'œil en A_n. C'est le couple résultant.

Concluons que la projection de l'axe du couple résultant sur une droite quelconque est égale à la somme des projections des axes des couples composants, et C_1, C_2 ..., étant les axes ou moments de ceux-ci, G celui du couple résultant, Ox l'axe de projection, on a, comme p. 105, 1re partie, $G \cos Gx = \Sigma C \cos Cx$, que je pose $= L$, et pour deux autres axes Oy, Oz, $G \cos Gy = \Sigma C \cos Cy$, que je pose $= M$,

$$G \cos Gy = \Sigma C \cos Cy, \quad \textit{idem} \quad = N.$$

Si ces trois axes $Oxyz$ forment un trièdre trirectangle, on a pour le couple résultant $G = +\sqrt{L^2 + M^2 + N^2}$,

$$\cos Gx = \frac{L}{G}, \quad \cos Gy = \frac{M}{G}, \quad \cos Gz = \frac{N}{G}.$$

Les remarques, réserves etc., faites pour les angles etc., sont les mêmes qu'aux pages citées.

Que si les couples doivent être en équilibre, il faut et il suffit que G soit nul ; d'où $L = o$, $M = o$, $N = o$.

18. En particulier, pour que deux couples, situés dans des plans qui se coupent, soient en équilibre, il faut qu'ils soient nuls tous les deux, autrement le moment résultant n'est pas nul. Que s'ils sont dans des plans parallèles, il faut et il suffit qu'ils soient égaux et de sens contraire.

§ 2. *Équilibre et réduction des forces appliquées aux corps solides.*

19. Soit P (p. 12) une des forces données, A son point d'application, O un point du corps solide, ou bien un point lié

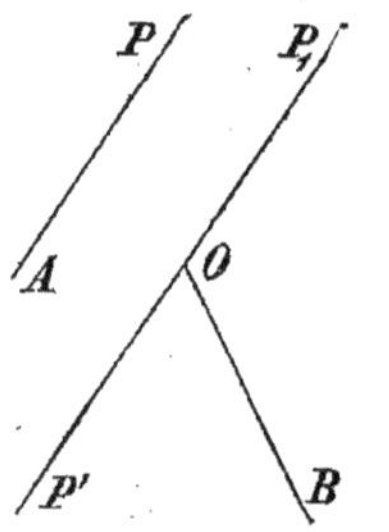

invariablement à ce corps ; j'y applique deux forces contraires P_1, P', égales et parallèles à P, et au lieu de la force P, j'ai un couple PP', et une force P_1, égale et directement // à P, d'ailleurs appliquée en O. Transformant de même chacune des forces données, j'ai en O un système de forces respectivement égales et directement parallèles à celles-là, se composant en une seule que je nomme R ; plus un système de couples qui se composent en un seul, que je nomme C. Donc tout système de forces appliquées à un corps solide se transforme en une force R, dont le point d'application O est arbitraire, plus un couple.

20. Cette transformation s'applique à tout corps solide. Si le corps est libre et doit être en équilibre, il faut et il suffit que la force R soit nulle et que le couple soit nul ; car, si aucun des deux n'est nul, il n'y a pas équilibre (nº 11), et si l'un des deux seulement est nul, il n'y a pas non plus équilibre.

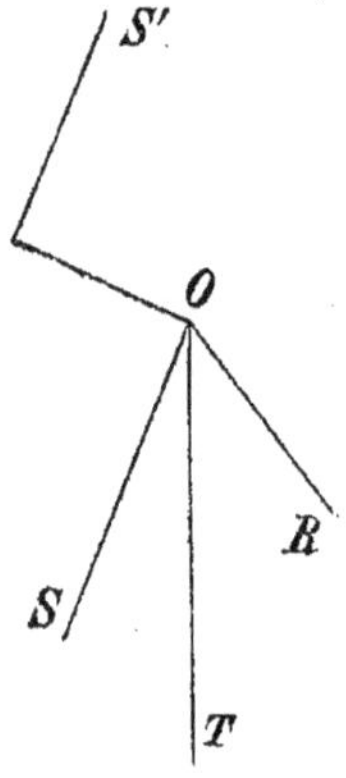

Si ni R ni le couple C n'est nul, on peut transporter celui-ci de façon qu'une des extrémités de son bras tombe en O : soit SS' ce couple. Les forces R et S se composent en une seule T, et tout le système se réduit aux deux forces S' et T, dont l'une T est appliquée au point arbitraire O.

21. Il peut se faire que la force R soit dans le plan du couple SS'. Dès lors, avant le transport de celui-ci, la force était // à ce plan. Dans ce cas, on peut encore dé-

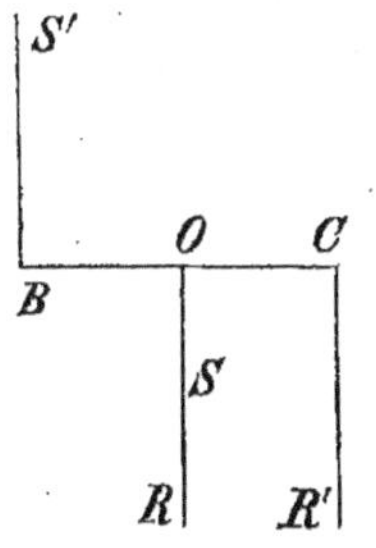

placer le couple SS' dans son plan, jusqu'à ce que S coïncide en direction avec R : les deux forces S et R se composent en une seule R + S, appliquée en O ; celle-ci et S' se composent d'ailleurs en une seule R' = R + S — S' = R, appliquée à un point C de BO prolongé, point tel que S' : R' = OC : OB (nº 9, 2º), et tout le système des forces données sera réduit à la seule force R' = R. Pour cela, on voit qu'il suffit qu'en général R soit // au plan de C. Cette condition est d'ailleurs nécessaire. En effet, si une force R et un couple C ont une résultante R', c'est qu'une force R_1, égale et opposée à R', fait équilibre à R et C. Or, si R et R_1 ont une résultante, elle ne saurait faire équilibre à C ; si R et R_1 se réduisent à une force R'' et un couple C', celui-ci se composera avec C en un seul qui peut être nul, mais ne saurait faire équilibre à R''.

Il ne reste plus que le cas où R et R' forment un couple,

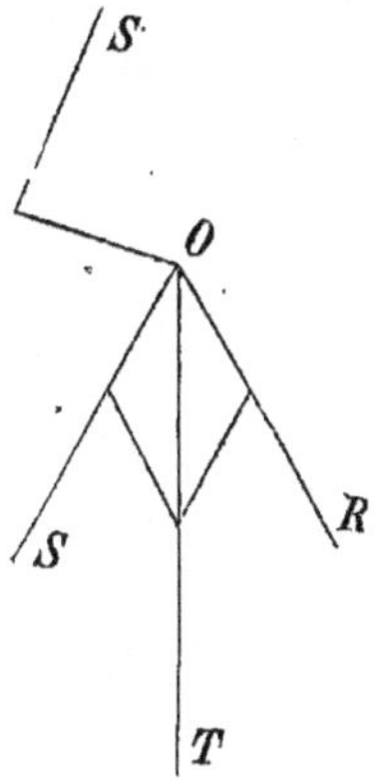

et pour que ce couple fasse équilibre, il faut que son plan soit // à celui de C (nº 18) ; donc R doit être // au plan de C. Lorsque la force R n'est pas // au plan de C, les forces T et S', auxquelles le système se réduit, ne sont pas dans le même plan ; car on voit qu'il y a deux plans, dont l'un, SOS', contient S' ; l'autre, ROS, contient T ; l'intersection de ces plans est OS, qui est coupée par T, tandis que S' lui est parallèle (à OS).

22. A ce propos on fera remarquer que deux forces non situées dans le même plan, ne se réduisent jamais à

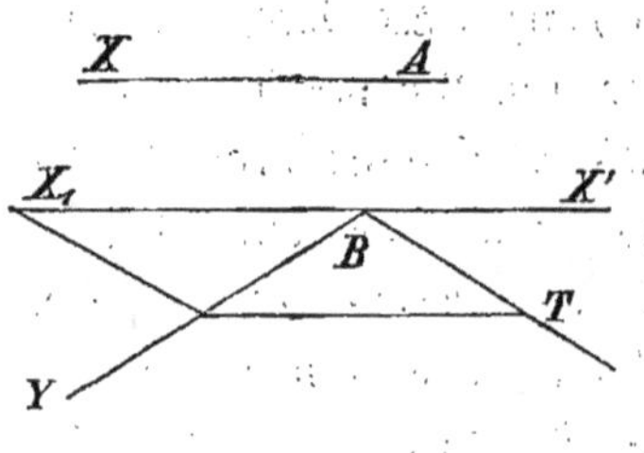

une seule ; car soient deux forces X, T, non situées dans le même plan ; A, B leurs points d'application : à un point B de la direction de T, j'applique deux forces X_1, X', contraires, égales et parallèles à X ; X et X' forment un couple; T et X_1 donnent une résultante Y, qui rencontre le plan de ce couple en B, et n'est pas dans ce plan. Donc la force Y et le couple X, X', c'est-à-dire les deux forces X et T ne se réduisent pas à une seule force.

23. La réduction donnée art. 19 est inutile si le corps n'est sollicité que par des couples (nº 17), vu que ceux-ci se composent immédiatement en un seul, qui peut être nul. Que si les forces sont parallèles, couples ou non, on peut les composer deux à deux, avec le secours du nº 8.

24. Soient d'abord des forces parallèles et de même sens P_1, P_2, P_3... appliquées à des points A_1, A_2, A_3... d'un corps solide.

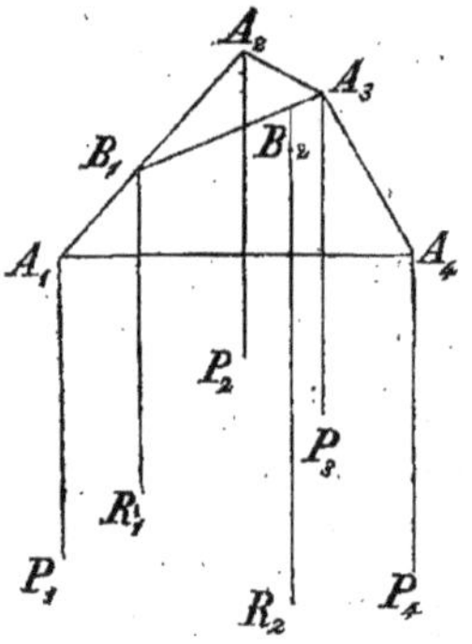

Prenant deux de ces forces, P_1, P_2, on en détermine la résultante $R_1 = P_1 + P_2$, qui divise A_1A_2, en raison inverse de P_1, P_2, en un point B_1 ; puis on pourra composer R_1 avec P_3, ce qui donne une force $R_2 = R_1 + P_3$, qui divise B_1A_3, en raison inverse de R_1, P_3, en un point B_2 etc. La résultante finale sera égale à la somme $P_1 + P_2 +$ etc.

S'il s'agit de forces parallèles, les unes d'un sens, les autres de l'autre, chacun de ces deux groupes donne une résultante égale à la somme de ses composantes : soient S et T. Si ces deux forces sont inégales, elles donneront une résultante égale à leur différence, comme plus haut. Si elles sont égales, elles formeront un couple.

25. Dans tous les cas où il y a une résultante, son point d'application ne change pas, 1° si on multiplie toutes les forces par un nombre quelconque ; 2° si on déplace les directions des forces par rapport au corps, ou réciproquement, pourvu que les directions restent parallèles ; car le point B_1, où passe la résultante des deux premières forces, ne change pas, vu que le rapport de ces forces reste le même, et que les forces ne cessent pas d'être parallèles. Il en est de même des points B_2, etc. Le point d'application de la résultante se nomme le *centre des forces parallèles*.

26. De quelque manière, du reste, que les forces soient dirigées, la réduction générale conduit à des équations qui expriment les conditions de l'équilibre, s'il y a lieu : c'est ce qu'on va développer.

§ 3. *Forces parallèles dans un plan.*

27. Soient P_1, P_2 etc. les forces ; d'un point O, pris à volonté sur le plan, je mène une droite indéfinie Ox, perpendiculaire aux forces ; les points A_1, A_2..., où Ox coupe les directions de P_1, P_2....., seront rapportés à ce point O, comme origine. — Prenant la force P_1, j'applique au point O deux forces contraires, P'_1, P''_1, égales et parallèles à P_1, et, au lieu de P_1, j'ai la force P'_1 en O, et le couple $P_1 P''_1$, comme au n° 19. Transformant ainsi toutes les

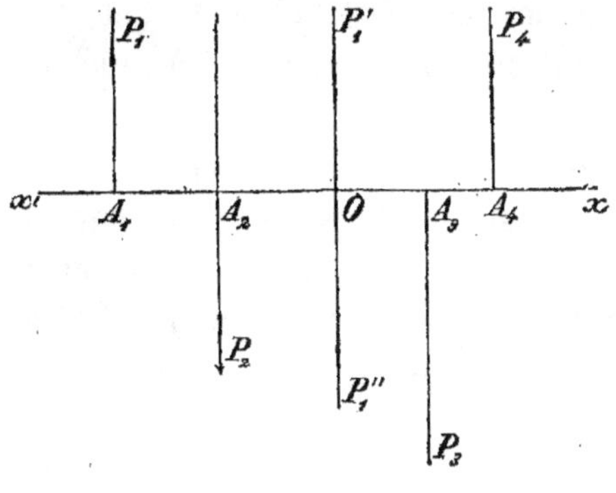

forces, j'aurai au point O des forces égales et directement parallèles à P_1, P_2, P_3... ; je regarderai comme positives, par exemple, celles qui sont de même sens que P_1, et comme négatives les autres, etc.

Ces forces, appliquées en O, donneront une résultante égale à leur somme algébrique, que je nomme $R = P_1 + P_2 + \ldots$ ou $= \Sigma P$. On aura de plus une série de couples, tels que $P_1 P''_1$, dont les moments ont pour *valeurs absolues* celles de $P_1 x_1$, $P_2 x_2$, ... en désignant par x_1, x_2... les abscisses des points A_1, A_2...

Ces couples se composeront en un seul, égal à leur somme algébrique. Or je dis que, si à la convention faite sur les signes des forces on joint celle qui ordinairement se fait sur les coordonnées, et qu'on regarde, par exemple, comme positives les abscisses qui tombent à gauche de O, etc., je dis que, parmi les produits $P_1 x_1$ etc., ceux qui se rapportent aux couples d'un même sens auront le même signe, et les autres le signe contraire. En effet, le couple $P_1 P''_1$ est de gauche à droite, et le produit $P_1 x_1$ est $> o$. Remarquez que le sens de chaque couple est celui que la force donnée y relative (P_1, P_2...) offre au spectateur placé en O et regardant cette force : la force P_2, transportée en O, donnera donc un couple de droite à gauche; mais aussi le produit $P_2 x_2$ est $< o$, parce que $P_2 < o$ et $x_2 > o$. La force P_3 produira un couple de gauche à droite, et le produit $P_3 x_3$, dont les deux facteurs sont $< o$, est lui-même $> o$. P_4 donne un couple de droite à gauche, et $P_4 x_4$ est $< o$.

Donc le moment ou l'axe du couple résultant est $P_1 x_1 + P_2 x_2 + \ldots$ ou $\Sigma P x$. (Par exemple, si P_3 est de 4 kilogrammes et OA_3 de 2 mètres, on pose $P_3 = -4$, $x_3 = -2$, et il vient $P_3 x_3 = +8$.) Selon ce qui a été dit plus haut, les conditions de l'équilibre du corps supposé libre sont

$$\Sigma P = o, \quad \Sigma Px = o.$$

On appelle moment d'une force par rapport à un point, le produit de la force par sa distance à ce point : $P_1 \times OA_1$ est le moment de la force P_1 par rapport au point O. Les deux conditions de l'équilibre peuvent donc s'énoncer ainsi :

Il faut et il suffit, 1° que la somme algébrique des forces parallèles soit nulle, et 2° que la somme algébrique des moments des forces, par rapport à un point de leur plan, soit aussi nulle.

28. Que le corps solide soit libre ou non, les forces appliquées se réduisent à la force ΣP_1 et au couple ΣPx. Plusieurs cas peuvent se présenter :

1° ΣPx est nul ; les forces se réduisent à la force $R = \Sigma P$, appliquées en O. Si on trouve, par exemple, $\Sigma P = -10^k$, on conclura que la résultante appliquée en O est de 10 kilogrammes et qu'elle est dans le sens de P_2.

2° ΣP est $= o$; les forces se réduisent à un couple, dont le moment et le sens sont déterminés par ΣPx : si on trouve $\Sigma Px = -12$, ce couple est de droite à gauche; on peut lui donner un bras de 1 mètre, et des forces de 12 kilogrammes ; ou un bras de 2 mètres et des forces de 6 kilogrammes.

3° Aucune des deux sommes ΣP, ΣPx n'est nulle ; le système est réduit à une force ΣP et à un couple ΣPx, et comme la force ΣP est dans le plan du couple, celui-ci se réduira avec cette force en une force ou résultante = et // à ΣP, mais appliquée ailleurs qu'en O. Le point d'application peut se trouver ainsi qu'il suit :

Soit R la résultante, x son abscisse : une force égale et opposée à R, et combinée avec les forces P_1, P_2 ... devra produire l'équilibre ; cette force peut être représentée par

R', et on aura $R' = -R$. Puisque les forces R', P_1, P_2... sont en équilibre, on a

$$R' + \Sigma P = o, \quad R'x + \Sigma Px = o,$$

d'où R, qui $= -R'$, $= \Sigma P$, et Rx ou $-R'x = \Sigma Px$.

La résultante R est donc égale à la somme algébrique des composantes, ce qu'on savait, et son moment Rx, par rapport à un point du plan des forces, est égal à la somme algébrique des moments des composantes. Cette dernière condition donne $x = \frac{\Sigma Px}{\Sigma P} = \frac{\Sigma Px}{R}$.

Ainsi la distance algébrique de la résultante à un point du plan est égale à la somme des moments des forces par rapport à ce point, divisée par la somme des forces. La résultante et son abscisse sont donc connues.

§ 4. *Forces parallèles dans l'espace, appliquées à un corps solide.*

29. Soient P_1, P_2... les forces; je prends trois axes rectangulaires Ox, Oy, Oz, dont le dernier soit // aux forces; je regarde comme positives les forces qui agissent dans le sens Oz, comme négatives les autres. Soit B la trace de la direction de P_1 sur xy, point où on fera $x_1 = OC = BD$; $y_1 = BC = OD$. Opérant comme art. 19, j'ai au point O une série de forces P'..., respectivement égales et parallèles aux forces données P_1, P_2..., et un système de couples P_1P''..., ayant pour bras OB... La résultante des forces P' etc., qui $= P_1 + P_2 + \ldots$ ou ΣP, doit être nulle pour l'équilibre, et le couple résultant de P_1P''... doit aussi être nul. Or le couple P_1P'' peut (art. 16) se décomposer en deux autres, l'un $P''OCQ_1$ ayant pour bras $OC = x$, et pour

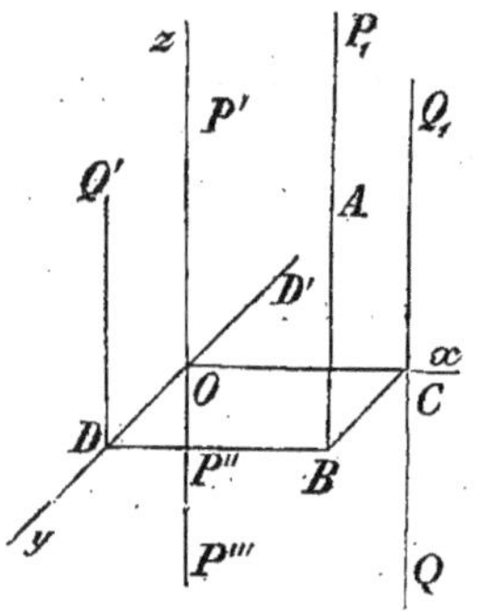

forces deux forces P', Q, égales à P_1; son moment est $= P_1 x_1$; le second $P'''ODQ'$ a pour bras $OD = y_1$, pour forces P''', Q', égales à P_1, et pour moment $P_1 y_1$. Les couples situés dans xz se composent en un seul, dont le moment $= \Sigma Px$, somme algébrique ; ceux du plan yz se composent aussi en un seul, dont le moment $= \Sigma Py$, somme algébrique.

Le couple résultant de ΣPx, ΣPy, dont les plans se coupent, devant être nul, chacun des deux devra l'être, et l'on aura pour l'équilibre les deux autres équations $\Sigma Px = o$, $\Sigma Py = o$.

Or, dans la somme algébrique ΣPy, chaque terme prend, en vertu des signes des P, y etc., le signe $+$, si le couple est de gauche à droite; le signe $-$, s'il est de droite à gauche[1]. Dans le plan xz, c'est l'opposé : ici tout couple de gauche à droite a son moment négatif. Cela n'a aucun inconvénient, parce que les couples de l'un des plans ne seront jamais combinés par addition avec ceux de l'autre, et, dans tous les cas, on peut tenir compte de ces signes, et écrire le couple du plan xz sous la forme $\Sigma(-Px)$.

Cela posé, dans le moment $P_1 x_1$, x_1 est la distance de la force donnée P_1 au plan yz : c'est aussi celle de son point d'application au même plan ; car $P_1 x_1 = P_1 DB$ (sauf le signe), et le produit d'une force par la distance de son point d'application à un plan se nomme le *moment* de la force par rapport à ce plan, ces distances étant traitées comme des coordonnées.

Pour l'équilibre des forces parallèles, appliquées à un

[1] Par exemple, pour une force de sens contraire à P_1, et appliquée en A_1, le couple analogue à $Q'P''$ sera de droite à gauche, et son moment sera de signe contraire à celui de $Q'P''$. Que si l'y, BC, et par suite OD, tombent sur OD', on aurait $y = -$ OD', et le moment Py serait de signe contraire à $P_1 y_1$; aussi le couple appliqué sur OD' serait de droite à gauche.

corps solide libre, il faut donc et il suffit, 1° que la somme des forces soit nulle; 2° que la somme de leurs moments, par rapport à deux plans parallèles à leurs directions et perpendiculaires entre eux, soit nulle pour chacun des deux plans.

30. Que le corps soit libre ou non, si ΣPx, ΣPy sont nuls sans que ΣP le soit, les forces données ont une résultante ΣP, appliquée en O.

Si ΣP est nul sans que les moments ΣPx, ΣPy le soient, le système se réduit à un couple, qui est le résultant de ΣPx, ΣPy.

Enfin, si ΣP et l'un des moments au moins ne sont pas nuls, il y a la résultante ΣP et le couple résultant que je nomme C; or, la force ΣP étant // au plan du couple C (plan qui passe par Oz), elle se compose avec lui en une seule force = et // à ΣP, mais non située dans Oz. Soient x, y, z le point d'application de cette résultante, que je nomme R; la force $-R$, appliquée à ce point, devra faire équilibre aux forces données; donc on a

$$-R + \Sigma P = o,$$
$$-Rx + \Sigma Px = o,$$
$$-Ry + \Sigma Py = o,$$

d'où $R = \Sigma P$, ce qu'on savait, et

$$Rx = \Sigma Px, \quad Ry = \Sigma Py,$$

c'est-à-dire que le moment de la résultante, par rapport à un plan // aux forces, est égal à la somme (alg.) des moments de ces forces par rapport au même plan. Les deux dernières équations donnent

$$x = \frac{\Sigma Px}{\Sigma P}, \quad y = \frac{\Sigma Py}{\Sigma P}. \qquad (1)$$

Ces équations déterminent la position de la résultante,

dont le point d'application est partout où l'on voudra sur la droite qu'elles représentent.

Ces mêmes équations prouvent que la distance (alg.) de la résultante à un plan // à sa direction est égale à la somme des moments des forces, pris par rapport à ce plan, divisée par la somme des forces.

Supposons qu'on fasse tourner les forces autour de leurs points d'application, jusqu'à ce qu'elles soient parallèles à un plan donné M : le moment de la résultante, par rapport à ce plan, sera encore égal à la somme des moments des forces. Nommant donc z_1, z_2, ... les distances des points d'application des forces P_1, P_2 ... par rapport au plan xy, on peut, aux équations (1), joindre l'équation

$$z = \frac{\Sigma Pz}{\Sigma P}.$$

Ces trois équations déterminent le centre des forces parallèles (n° 25).

§ 5. *Forces de directions quelconques dans un plan, et appliquées à un corps solide.*

31. Chacune des forces P_1... se transforme en une force P', appliquée au point O, origine des axes rectangulaires Ox, Oy, pris à volonté dans le plan, et un couple P_1 P''. La force P' se décompose en deux, l'une X_1 sur Ox, l'autre Y_1 sur Oy. On aura donc ainsi deux résultantes partielles $X_1 + X_2$ ... ou ΣX dans Ox, et ΣY dans Oy, et un couple. Je nomme X, Y ces forces ΣX, ΣY; elles se composent en une seule $R = \sqrt{X^2 + Y^2}$, et pour l'équilibre il faut et il suffit

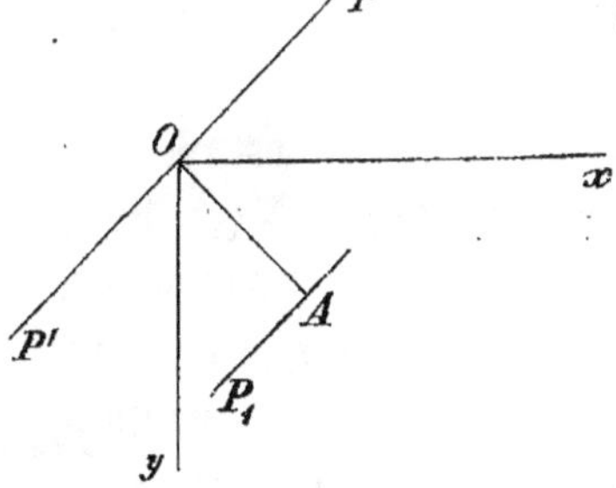

que le couple résultant et la force R soient nuls ; cette dernière condition revient à $X = o$, $Y = o$.

Quant au couple, soit p_1 la perpendiculaire menée de O sur la force P_1; le moment du couple $P_1 P''$ est $P_1 p_1$; or le couple résultant sera $\Sigma(\pm Pp)$, et doit être nul. Donc la troisième équation de l'équilibre est $\Sigma(\pm Pp) = o$.

Dans cette équation, les P, p sont absolus : on donnera donc le signe + aux moments des couples qui ont un sens, et le signe — aux autres. Ce signe, ou le sens, se déterminera à vue par le spectateur placé en O, et regardant la force. C'est ainsi que, P_1 tendant pour lui de gauche à droite, on écrira $+ P_1 p_1$.

L'équation $\Sigma(\pm Pp) = o$ exprime que la somme algébrique des moments des forces, par rapport à un point quelconque O du plan est nulle.

32. Si R et $\Sigma(\pm Pp)$ ne sont pas nuls tous les deux, il n'y a pas équilibre. Or, que le corps soit libre ou non, trois cas peuvent se présenter.

1° $\Sigma(\pm Pp)$ est seul nul ; par suite, les forces se réduisent à la force R, appliquée en O, et qui est la résultante de X, Y, de sorte que $R = \sqrt{X^2 + Y^2}$, $\cos Rx = \frac{X}{R}$, $\cos Ry = \frac{Y}{R}$.

2° X et Y sont seuls nuls. Le système se réduit au couple $\Sigma(\pm Pp)$.

3° Ni R ni $\Sigma(\pm Pp)$ n'est nul. Le système est réduit à une force R, appliquée en O ; plus le couple $\Sigma(\pm Pp)$, et comme R est dans le plan du couple, elle se composera avec lui en une seule force = et directement // à R, mais non appliquée au point O. On peut déterminer ainsi qu'il suit la position de cette résultante, que je nomme R_1, supposée = et // à R.

Puisque R_1 est la résultante, une force R', égale et opposée à R_1, tiendra les forces P_1... en équilibre. On a donc d'abord $R_1 = R = \sqrt{X^2 + Y^2}$, $\cos R_1x = \frac{X}{R}$, $\cos R_1y = \frac{Y}{R}$.

Soit r la distance du point O à la résultante, et supposons $\Sigma(\pm Pp) > o$. Puisque R' fait équilibre à P_1..., la somme des moments $R'r$ et $\Sigma \pm Pp$ doit être nulle, ce qui exige que $R'r$ soit de sens contraire à $\Sigma(\pm Pp)$; donc $-R'r + \Sigma(\pm Pp) = o$, d'où $r = \frac{\Sigma(\pm Pp)}{R'}$ ou $= \frac{\Sigma(\pm Pp)}{R}$.

La force R' tend donc de droite à gauche, et R_1 de gauche à droite. Par conséquent, au point O on élèvera sur R une perpendiculaire, et on cherchera de quel côté, D ou D', il faut appliquer une force // à R, pour qu'elle tende de gauche à droite : ici c'est D. On prend donc $OD = r$, et en D on applique une force $R_1 =$ et directement // à R. Si $\Sigma(\pm Pp)$ était $< o$, c'est vers D' qu'on prendrait $OD' = r$, puis la force $R'_1 =$ et // à R.

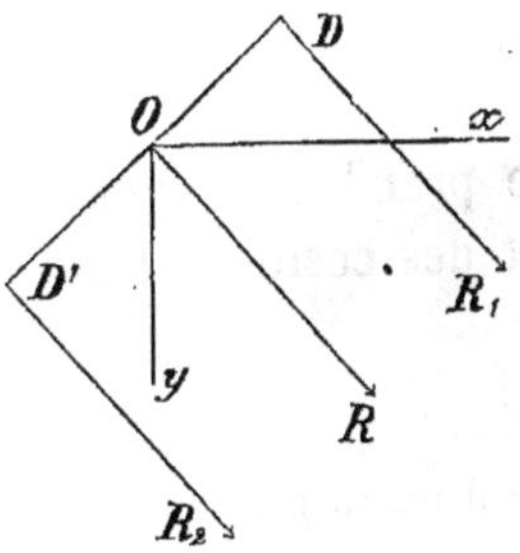

33. *Autre forme de l'équation des moments.* Soit P_1 une force appliquée en A_1 : je la décompose en deux, X_1, Y_1, respectivement parallèles aux axes Ox, Oy. Faisant de même pour les autres, j'ai deux groupes de forces parallèles; l'un comprend Y_1, Y_2..., et l'autre X_1, X_2... Le groupe Y_1, Y_2... donne, comme

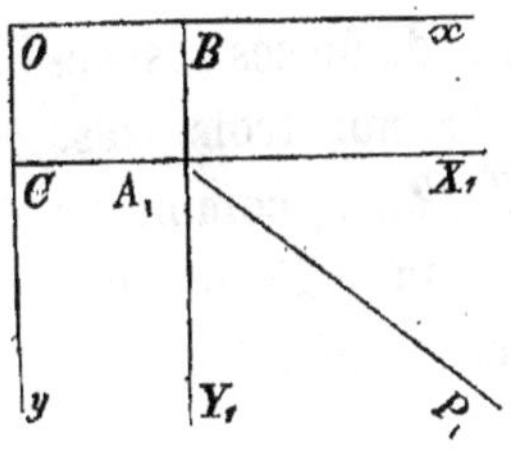

le système $P_1 \ldots$, de n° 27, une force ΣY, dirigée sur Oy, et un couple ΣYx. Les signes de ces produits dépendent de ceux des facteurs, comme au n° 27. Le groupe $X_1, X_2 \ldots$ donne dans Ox une force ΣX, et un couple. Or les couples où les facteurs X, y, sont positifs, sont de droite à gauche; donc leur type est $-Xy$, et le couple résultant de tous est $\Sigma(Yx - Xy)$. Pour l'équilibre, si le corps est libre, on a donc les équations $\Sigma X = o$, $\Sigma Y = o$, $\Sigma(Yx - Xy) = o$.

Il est peu difficile de prouver que $Y_1 x_1 - X_1 y_1 = \pm P_1 p_1$.

34. Si les trois équations ne sont pas satisfaites, on nomme R la résultante, x, y son point d'application; et on a

$$R \cos Rx = X = \Sigma P \cos Px,$$
$$R \cos Ry = Y = \Sigma P \cos Py,$$
$$\text{et} \quad Yx - Xy = \Sigma(Yx - Xy).$$

Cette équation est celle de la résultante.

Dans ces équations, chaque terme prend son signe d'après les signes des coordonnées et des cosinus. Les P, R, sont absolus.

§ 6. *Forces quelconques appliquées à un corps.*

35. On rapporte les forces à trois axes rectangulaires, et nommant P_1 l'une d'elles, A_1 son point d'application; x_1, y_1, z_1 ses coordonnées; on la décompose en trois forces $X_1 Y_1 Z_1$, respectivement parallèles aux axes. Opérant de même sur toutes, on aura trois groupes de forces respectivement parallèles aux trois axes. En traitant les $Z_1, Z_2 \ldots$, comme on a fait des $P_1, P_2 \ldots$ au n° 29, on aura une force ΣZ dans Oz, et deux couples, l'un ΣZy dans zy, l'autre $-\Sigma Zx$ dans xz, en toute généralité.

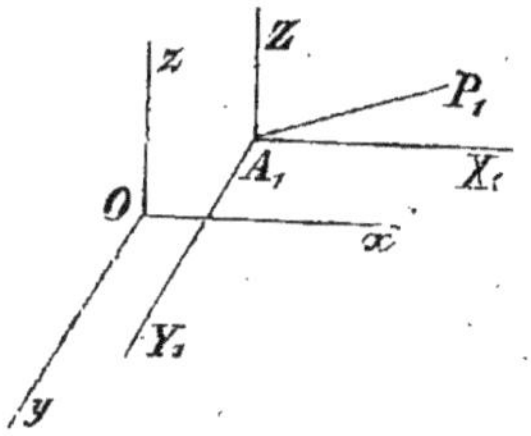

Le groupe des $Y_1, Y_2 \ldots$ donne de même dans l'axe Oy une force ΣY ; dans le plan yz, un couple $-\Sigma Yz$, et dans xy, le couple $+\Sigma Yx$; le troisième groupe $X_1, X_2 \ldots$ donne dans Ox la force ΣX, dans le plan xz le couple ΣXz, et dans xy le couple $-\Sigma Xy$. Donc le système est transformé en trois forces ΣX, ΣY, ΣZ, dans les trois axes, et trois couples ; savoir :

$$\text{Dans } zy,\ \Sigma(Zy - Yz),\quad \text{dans } zx,\ \Sigma(Xz - Zx),$$
$$\text{et dans } xy,\ \Sigma(Yx - Xy).$$

Je désigne les trois forces par X, Y, Z, et les trois couples par L, M, N, et j'ai

$$X = \Sigma X = \Sigma P \cos Px,$$
$$Y = \Sigma Y = \Sigma P \cos Py,$$
$$Z = \Sigma Z = \Sigma P \cos Pz,$$
$$L = \Sigma(Zy - Yz) = \Sigma P(y \cos Pz - z \cos Py),$$
$$M = \Sigma(Xz - Zx) = \Sigma P(z \cos Px - x \cos Pz),$$
$$N = \Sigma(Yx - Xy) = \Sigma P(x \cos Py - y \cos Px).$$

Les moments L, M, N représentent aussi les axes des trois couples, dirigés le premier, L, sur Ox, M sur Oy, N sur Oz.

D'ailleurs, chacun des trois groupes de forces parallèles, se comporte comme les $P_1, P_2 \ldots$ du n° 29 ; et les résultats sont de toute généralité.

Les trois forces X, Y, Z, appliquées en O, se composent en une seule R, pour laquelle on a

$$R^2 = X^2 + Y^2 + Z^2,$$
$$X = R \cos Rx,\quad Y = R \cos Ry,\quad Z = R \cos Rz.$$

Les équations de la direction de R sont

$$\frac{x}{\cos Rx} = \frac{y}{\cos Ry} = \frac{z}{\cos Rz},\ \text{ou}\ \frac{x}{X} = \frac{y}{Y} = \frac{z}{Z}.$$

Les trois couples L, M, N se composent en un seul,

que je nomme G, quant à la valeur absolue de son axe, et j'ai

$$G^2 = L^2 + M^2 + N^2,$$

$$L = G \cos Gx,\ M = G \cos Gy,\ N = G \cos Gz.$$

L'axe G a pour équations $\frac{x}{L} = \frac{y}{M} = \frac{z}{N}$.

Le plan du couple, qui est perpendiculaire à cet axe, est

$$Lx + My + Nz = o.$$

36. Pour que le corps supposé libre soit en équilibre, il faut et il suffit que la force R et le couple G soient nuls, ce qui entraîne les six équations

$$X = o,\ Y = o,\ Z = o,\ L = o,\ M = o,\ N = o.$$

Les trois premières expriment que la somme des forces projetées sur trois axes rectangulaires est nulle pour chacun des axes. Quant aux trois dernières, nous dirons d'abord que, si une force P et une droite Ox sont projetées sur un plan MN perpendiculaire à Ox, la force P sur Q, et Ox en D; le moment de Q par rapport au point D, se nomme le moment de la force P par rapport à la droite Ox, et si DI est la perpendiculaire menée du point D sur la direction de Q, ce moment est $Q \times DI$, ou en posant $DI = p$, et n'oublant pas que $Q = P \sin Px$, ce moment $= Pp \sin Px$.

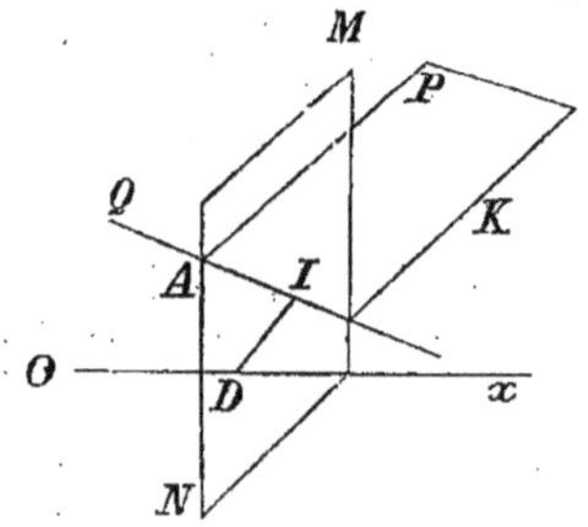

Je dis en second lieu que DI est égal à la plus courte distance entre Ox et P. Car le plan APK, que je suppose projeter P sur le plan MN, est perpendiculaire à celui-ci, et par suite il est // à Ox. Par conséquent la distance de Ox au plan APK est égale à celle qui sépare Ox de toute droite non // à Ox, menée dans ce plan APK, et notamment à la plus courte distance entre Ox et P. Mais DI est perpendiculaire à Q, par construction, et à Ox, qui est perpendiculaire au plan MN; donc DI est la plus courte distance entre Ox et Q, par suite perpendiculaire au plan AK et à P, en même temps qu'à Ox. Donc le moment de P, pris par rapport à Ox, est aussi le produit de la plus courte distance entre la force P et la droite Ox, distance multipliée par la force projetée sur un plan perpendiculaire à Ox.

Cela posé, je dis que $Z_1 y_1 - Y_1 z_1$ est en valeur absolue $= P_1 p_1 \sin P_1 x$. En effet, soient B, C les points où les directions de Y_1, Z_1 rencontrent les plans xz, yz, D celui

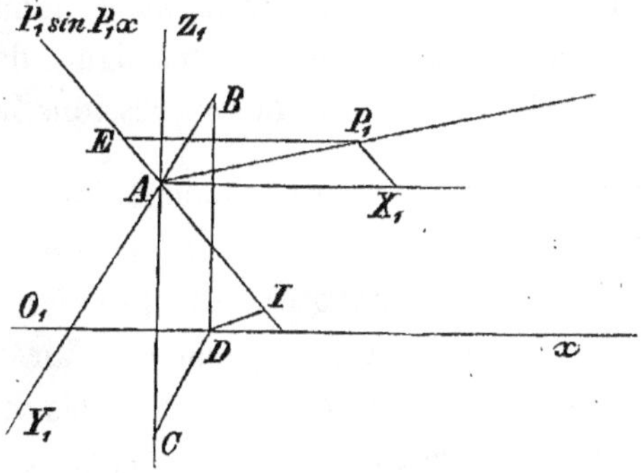

où le plan de ces forces coupe Ox : on a $BD = z_1$, $CD = y_1$, et les produits $Z_1 y_1$, $Y_1 z_1$ sont les moments des forces Z_1, Y_1 par rapport au point D. Ces forces étant de sens contraire par rapport au spectateur Ox, la différence $Z_1 y_1 - Y_1 z_1$ est égale au moment de leur résultante, et cette résultante est du sens de celle des deux forces Z_1, Y_1 qui a le plus grand moment; ladite résultante est $= \sqrt{Y_1^2 + Z_1^2} = P_1 \sin P_1 x_1$;

et comme composée avec X_1, elle reproduit P_1, elle est dans le plan P_1AX_1, et se confond avec la projection de P_1: soit AE sa direction, p_1 sa distance DI au point D ; son moment par rapport à ce point est $p_1 P_1 \sin P_1x$; on peut donc remplacer $Z_1y_1 - Y_1z_1$ par $\pm p_1 P_1 \sin P_1x$; le signe $+$ convient au cas où $Z_1y_1 - Y_1z_1$ est $> o$, et dans ce cas $P_1 \sin P_1x$ tend de gauche à droite ; sinon, on prend le signe $-$; mais les deux forces P_1 et $P_1 \sin P_1x$ sont dans un même plan // à Ox, tirent du même côté de AX_1, c'est-à-dire tendent dans le même sens par rapport à Ox ; donc on prendra le signe $+$, si P_1 tend de gauche à droite, et le signe $-$ dans le cas contraire. Donc $Z_1y_1 - Y_1z_1$ est le moment de P_1 par rapport à Ox.

Ainsi les équations $L = o$, $M = o$, $N = o$ signifient que la somme algébrique des moments des forces, par rapport à trois axes rectangulaires, est nulle pour chacun des axes, eu égard aux signes qu'il faut placer devant les moments, et qui ne résultent pas spontanément des signes des facteurs (P, p, $\sin Px$), au contraire des expressions Zy, Yz.

37. *Remarque* 1. Pour calculer le moment d'une force P, par rapport à une droite quelconque Ox, en un point A de la direction de P, décomposez cette force en trois : l'une X_1, // à Ox, les autres Y_1, Z_1, perpendiculaires entre elles et à Ox : les directions de Y_1, Z_1 étant celles de deux nouveaux axes Oy, Oz (arbitraires d'ailleurs), et $y_1 z_1$ étant les coordonnées de A relativement à ces axes : $Z_1y_1 - Y_1z_1$ est le moment cherché.

Rem. 2. Les composantes parallèles aux axes, des vitesses de rotation, $py - qx$, etc. (p. 57, t. I), celles de l'accélération centrifuge composée, $rv - wq$, etc. (p. 84, t. I), et les moments $Zy_1 - Y_1z_1$, supposent, sous les formes que nous avons trouvées, 1° que, si l'axe des x tourne autour de l'origine pour décrire la région des x et y positifs, la rotation se fait de gauche à droite pour le spectateur Oz; 2° que, dans la rotation ω autour d'un axe, le demi-axe positif est celui autour duquel le mouvement est de gauche à droite, et que c'est ce demi-axe qu'il faut projeter sur les x, y, z, pour avoir les composantes ($p = \omega \cos \omega x$, etc.); 3° dans la composition des couples et de leurs axes, il en est de même. Rien n'empêche d'adopter d'autres conventions; mais, dans ce cas, il faut modifier les formules.

38. Que le corps soit libre ou non, les forces se réduisent à R et G, et si ces deux quantités ne sont pas nulles toutes les deux, l'un des trois cas suivants se présente :

1° G est nul, et R ne l'est pas. Le système se réduit à la force R appliquée en O; on l'a reconnue plus haut quant à son intensité et sa direction.

2° R est zéro, et G ne l'est pas. Le système se réduit au couple G.

3° R et G sont différents de zéro : il y a donc une force et un couple.

Nos formules peuvent servir à trouver la condition (connue déjà), pour que R et G se réduisent à une force unique, dont la valeur inconnue sera nommée R_1; je nomme x, y, z les coordonnées de son point d'application; α, β, γ les angles que R_1 fait avec les trois axes. Pour que R_1 soit la résultante, il faut et il suffit qu'une force égale et opposée à R_1 fasse équilibre aux forces données; cette nouvelle force sera appliquée au même point que R_1, et les angles qu'elle fait avec les axes sont $\pi-\alpha$, $\pi-\beta$, $\pi-\gamma$. Pour déterminer ces inconnues, on a les six équations d'équilibre, qui deviennent ici

$$R_1 \cos(\pi-\alpha) + X = o,\ R_1 \cos(\pi-\beta) + Y = o,\ R_1 \cos(\pi-\gamma) + Z = o,$$
$$R_1 [y \cos(\pi-\gamma) - z \cos(\pi-\beta)] + L = o, \text{ etc.},$$

d'où
$$R_1 \cos\alpha = X,\ R_1 \cos\beta = Y,\ R_1 \cos\gamma = Z,$$
$$R_1 (y \cos\gamma - z \cos\beta) = L\ldots,$$

et $R_1 = \sqrt{X^2 + Y^2 + Z^2} = R$, puis $\cos\alpha = \frac{X}{R}$, $\cos\beta = \frac{Y}{R}$,

$$\cos\gamma = \frac{Z}{R};$$

s'il y a une résultante, elle est, on le voit, égale et directement // à R.

Avec ces valeurs, les trois autres équations deviennent

$$Zy - Yz = L,\quad Xz - Zx = M,\quad Yx - Xy = N.$$

Or je dis que ces équations sont ou impossibles ou indéterminées, si X, Y, Z ne sont pas nuls. En effet, on peut (voy. *Algèbre*) remplacer l'une d'elles par celle qu'on peut obtenir en multipliant les trois par des facteurs quelconques et les ajoutant membre à membre, pourvu que le facteur employé avec l'équation remplacée ne soit pas nul. Mais je puis supposer $X \gtrless o$; je multiplie les trois équations par X, Y, Z, je les ajoute et je remplace la première par celle que j'obtiens ainsi, et qui est $LX + MY + NZ = o$, (1)
avec les deux $\qquad Xz - Zx = M,\quad Yx - Xy = N;$ (2)
l'égalité (1) ou est identique ou ne l'est pas; dans ce second cas, les équations (1) (2) sont impossibles, et il n'y a pas de résultante. Dans le premier cas, le système se réduit aux équations (2), qui seront celles de la direction de la résultante déjà signalée.

Comme $\cos Rx = \frac{X}{R}$, etc.... $\cos Gx = \frac{L}{G}$..., on a

$$\cos GR = \frac{LX + MY + NZ}{GR},$$

et l'égalité (1) exprime que l'angle $\widehat{GR}$ est droit. Mais si l'axe G est perpendiculaire à R, la droite R est // au plan du couple G, condition déjà trouvée.

39. Dans la réduction générale des forces, le point O, auquel on les a transportées, est absolument arbitraire; si, après avoir ainsi obtenu la force R, et le couple G ou

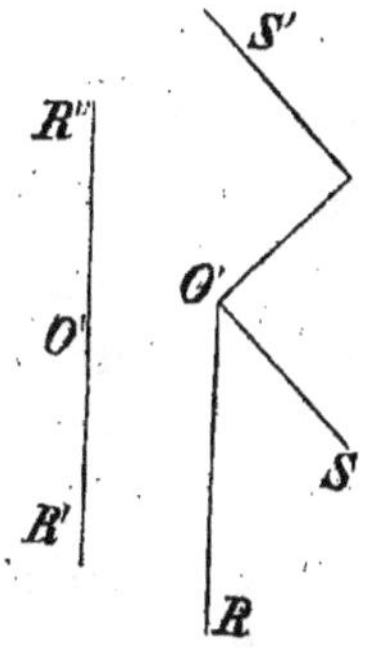

SS', on veut savoir ce que l'on aurait obtenu en opérant sur un autre point O' comme origine, au lieu de O, il suffit d'appliquer à ce point O' deux forces R', R'', contraires, égales et parallèles à R ; le couple RR'' pourra se composer avec SS' en un seul que j'appelle C', et le système sera transformé en la force R', appliquée en O', et le couple C'. On voit que, quelle que soit l'origine O, O'..., la résultante R, R'... est toujours la même quant à l'intensité et à la direction ; mais pour le couple C', résultant de SS' et RR'', on ne peut jusqu'ici rien affirmer.

Pour éclaircir la question, soit OA = R, et OB = G, axe du couple résultant de ceux qu'a produits le transport des forces données en O ; je projette le point B sur AO en C, et j'achève le rectangle ODBC. Le couple (ou axe) OB = G peut se décomposer dans deux autres qui ont pour axes OC et OD ; ce dernier axe étant perpendiculaire à R, le

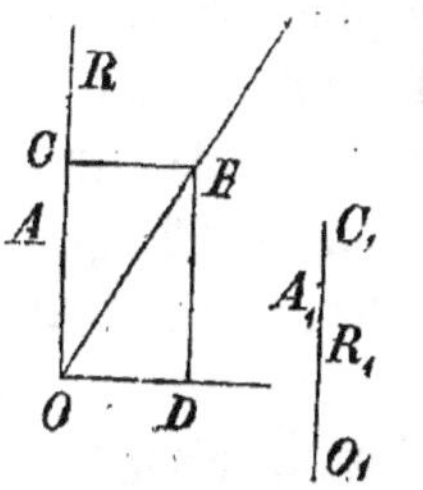

couple lui-même (axe OD) a son plan // à R, et se compose avec cette force en une autre R_1, égale et // à R; mais, appliquée en un point O_1, différent de O; à ce point O_1 on peut transporter l'axe OC en O_1C_1. Donc, si on transporte P_1, P_2... en O_1 au lieu de O, on aura une résultante R_1, toujours = et // à R, et un couple dont l'axe OC, // à R, est nécessairement < OB, et par conséquent un minimum.

40. Soit (p. 32) I une origine pour laquelle le couple résultant est minimum, et par suite // à R : soit IA = R, IC l'axe du couple. Je prends un cercle de rayon quelconque I I', ayant son centre sur la droite indéfinie C C', son plan perpendiculaire à la même droite; en un point I' quelconque de cette circonférence j'applique deux forces R', R'', contraires,

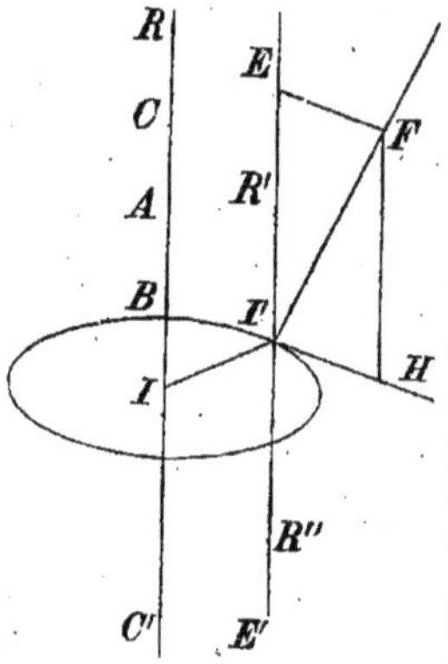

égales et //s à R ; j'ai la force R′, appliquée en I′, le couple RR″, et celui qui a pour axe IC. Je prends I′E = IC ; je mène I′H tangente au cercle et égale à l'axe du couple RR″ ; comme la droite I′H est d'ailleurs perpendiculaire au plan de ce couple, et qu'elle est tracée de façon que pour H le couple RR″ soit de gauche à droite, I′H est l'axe de ce couple, lequel axe se compose avec I′E en un seul I′F, diagonale du rectangle I′F, de sorte que, si P_1, P_2... étaient transportées en I′, la résultante serait R′ = R, et l'axe du couple résultant I′F.

41. Cela posé, 1° si, au lieu du point I, on prend pour origine un autre point quelconque de CC′, ni R, ni le couple IC ne change, puisqu'on peut appliquer la force R en un point quelconque de sa direction.

2° Si on prend pour origine un point I′, situé hors de CC′, l'axe du couple résultant I′F est plus grand ; sa direction n'est plus la même. Plus la distance I I′ est grande, plus est grand le moment I′H = I I′ × R du couple RR″ ; donc aussi l'axe I′F augmente avec I I′, et l'angle EI′F, que cet axe fait avec R, augmente et tend vers 90°, limite qu'il n'atteint point.

3° Si on prend pour origine un autre point du cercle I I′, le moment I′H ne changera pas, et pour opérer cette transformation, il suffit de faire tourner la figure autour de CC′, jusqu'à ce que I′ coïncide avec cet autre point : dans ce mouvement, l'axe I′F décrit autour de CC′ un hyperboloïde à une nappe dont le cercle I′F est le cercle de gorge, et qui est le lieu des axes dont l'origine est sur ce cercle.

4° Si on prend pour origine un autre point de la droite indéfinie E E′, il suffit de faire glisser la figure parallèlement à CC′, jusqu'à ce que I′ coïncide avec ce point : donc, pour tout point de EE′ pris pour origine, l'axe du couple résultant est égal et // à I′F, et le lieu de ces axes (ayant pour origine tous les points de EE′) est un plan EHE′, tangent au cylindre droit, dont l'axe est CC′ et le rayon II′ : le cercle II′ est une section droite de ce cylindre.

5° Enfin l'axe du couple minimum, comparé à un axe G, dont les projections sur Ox, Oy, Oz sont L, M, N, est $= G \cos \widehat{GR}$, et d'après la valeur donnée pour $\cos \widehat{GR}$, cet axe $= \dfrac{LX + MY + NZ}{R}$.

Par conséquent, si l'on conçoit tous les cylindres droits possibles qui ont pour axe CC′, on voit que, pour les origines prises sur une arête de l'un de ces cylindres, l'axe du couple résultant reste constant en grandeur et en direction : d'une arête d'un même cylindre à l'autre, l'axe du couple change de direction sans changer de grandeur : si les origines sont prises sur la circonférence d'une même section droite, le lieu des axes est l'hyperboloïde à une nappe dont il a déjà été question. Chaque section droite de chaque cylindre est le cercle de gorge d'une pareille surface. En partant de l'axe central CC′ du couple minimum, on arrive à des cylindres successifs qui présentent des axes de couples croissants, faisant avec les arêtes des cylindres des angles croissants etc.

42. *Cas particuliers.* 1° Le couple minimum IC est nul : dans ce cas, les forces données se réduisent à la force R, appliquée en I. Pour toute autre origine I′, le couple est $R \times II'$; son axe est I′H, perpendiculaire à R, et son plan est // à R. La condition, pour que le couple minimum $\dfrac{LX + MY + NZ}{R}$ soit nul, est $LX + MY + NZ = o$. L'accord est complet.

2° La résultante R est nulle : dès lors l'axe du couple est le même, de même grandeur et direction pour toutes les origines.

Il a été prouvé que L est la somme des moments des forces par rapport à Ox, et pour obtenir cette somme, on n'a qu'à projeter sur Ox l'axe G, qui est celui du couple résultant de tous ceux qu'a fait naître le transport des forces en O; cette projection $=$ L, de sorte que, pour avoir la somme des moments des forces données par rapport à une droite quelconque Ox, on peut prendre sur cette droite un point quelconque O, y transporter les forces, et, ayant trouvé l'axe du couple résultant, on le projette sur Ox. Cette projection est la somme demandée. Or, parmi toutes les droites menées par un même point O, il y a en a une qui donnera une somme de moments plus grande que toute autre : c'est l'axe G, dont la projection sur lui-même est $> L$, vu que $L = G \cos Gx$, relation qui prouve en même temps que la somme des moments L est la même pour toutes les droites qui, menées par O, font avec G le même angle, droites dont le lieu est un cône droit ayant son axe dirigé sur O. Cette somme L est d'autant plus petite que l'angle $\widehat{GL}$ ou $\widehat{Gx}$ est plus près de 90°; elle est nulle, si $\widehat{Gx} = 90$, c'est-à-dire pour toutes les droites menées par O perpendiculairement à G.

Pour avoir la somme des moments relatifs à une droite Ox', menée par O, au lieu d'y projeter G, on peut y projeter L, M, N, projections dont la somme $= G \cos \widehat{Gx'}$.

CHAPITRE II.

ÉQUILIBRE D'UN CORPS SOLIDE GÉNÉ.

§ 1. *Le corps a un point fixe.*

43. Je prends ce point fixe O pour origine des axes de coordonnées rectangulaires ; j'y transporte les forces, qui

se réduisent à une force R appliquée en O, plus un couple G. La force R est détruite par le point fixe ; quant au couple, il ne peut être annulé par un point fixe ; car on peut transporter une des extrémités de son bras à ce point, et la force appliquée à cette extrémité sera annulée, tandis que la force appliquée à l'autre extrémité ne sera sans effet que si elle est nulle, ou si elle est aussi appliquée au point fixe, c'est-à-dire pour les deux cas, si le couple est nul. Donc l'équilibre exige que $G = o$, ou que $L = o$, $M = o$, $N = o$, c'est-à-dire que la somme des moments des forces pris par rapport à trois axes rectangulaires, menés par le point fixe, soit nulle pour chacun des axes, et si, pour chacun des trois, elle est nulle séparément, G est nul.

Si les forces sont au nombre de deux seulement, il ne naîtra que deux couples, dont les plans renferment tous les deux le point fixe ; pour que ces deux couples soient en équilibre, il faut, ou qu'ils soient nuls tous les deux, ou qu'ils soient égaux et de sens contraire, par conséquent dans un même plan avec le point fixe. Dans le premier cas, chaque force est ou nulle ou appliquée au point fixe ; dans le second, les forces sont dans un même plan avec le point fixe, et leurs moments par rapport à ce point sont égaux.

Plus généralement, si un corps est sollicité par des forces situées toutes dans un même plan, avec un point fixe auquel le corps est lié, on pourra réduire (comme 32) les forces à une seule, appliquée à ce point qui la détruira, et à un couple dont le moment sera la somme algébrique des moments des forces, pris par rapport au point fixe. Cette somme devra donc être nulle, ce qui donne pour condition unique de l'équilibre, ou

$$\Sigma(\pm Pp) = o \quad \text{(form. 2 de 32)},$$

ou

$$\Sigma(Yx - Xy) = o \quad (33).$$

La pression du point fixe est la résultante R.

§ 2. *Équilibre d'un corps assujetti à un axe fixe.*

44. Une droite fixe est censée détruire toute force qui est située avec elle dans un même plan. D'abord, toute force qui rencontre l'axe se trouve par cela appliquée au point de rencontre, qui est fixe comme tout autre point de l'axe ; elle est donc détruite. Que s'il s'agit d'une force // à l'axe, on peut la transporter dans cet axe, qui la détruit. Reste le couple qui naît de ce transport : on pourra le faire tourner dans son plan jusqu'à ce que ses forces soient perpendiculaires à l'axe, et on reconnaîtra qu'il est détruit.

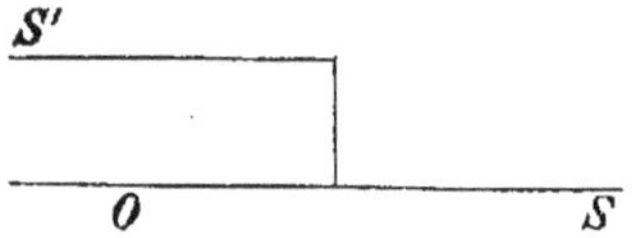

Cela posé, on prendra la droite fixe pour axe des x, et, transformant les forces comme à l'ordinaire, on aura la force R appliquée à un point de l'axe et détruite ; les couples M, N, situées dans les plans xz, xy, peuvent être déplacés de façon que leurs forces soient perpendiculaires à Ox ; ils sont également détruits. Reste le couple L, dont le plan est perpendiculaire à Ox, et qui devra être nul : ainsi l'équation unique, nécessaire et suffisante pour l'équilibre est $L = o$, ou $\Sigma(Zy - Yz) = o$, ou $\Sigma(\pm Pp \sin Px) = o$, et signifie que la somme des moments des forces par rapport à l'axe fixe doit être $= o$.

Les pressions de l'axe sont dues à la force R appliquée en O, et aux deux couples M, N, qui se réduisent à un seul SS', dont le plan passe par Ox (p. 37); on peut le transporter de façon que son bras se dirige sur Ox, l'une des forces S appliquée en O, l'autre en un point arbitraire A ; la résultante des forces R, S sera la pression en O; S' est la pression en A. Il suffit donc que l'axe soit capable en deux de ses points A, O, de résister à ces forces, pour qu'il reste fixe.

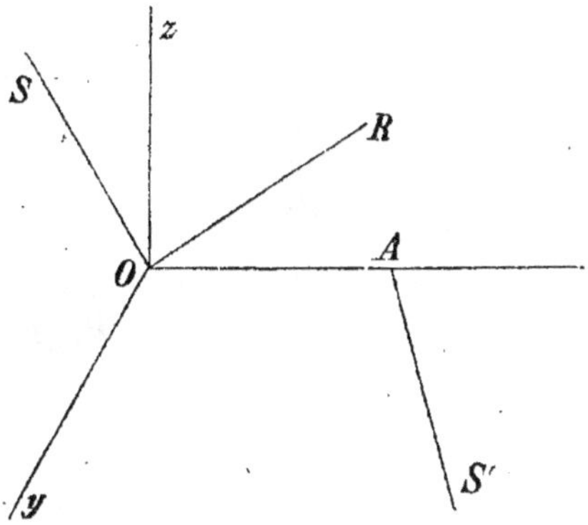

Cela est vrai en tant qu'il s'agit d'un système invariable, tel que nous l'avons défini ; dans un corps *naturel*, ces conditions relatives aux points A, B peuvent ne pas suffire.

§ 3. *Équilibre d'un corps appuyé sur une surface fixe.*

45. A chaque point de contact entre deux corps sollicités par des forces, il se développe une action qui peut être regardée comme décomposée en deux : l'une, normale aux surfaces des deux corps, l'autre tangente. Cette dernière n'entre en jeu que s'il y a tendance au mouvement ; elle est contraire à la vitesse du point mobile : on la nomme *frottement* etc. Nous en ferons abstraction jusqu'à nouvel avis. L'autre se nomme *pression,* si on la considère comme action reçue ; résistance ou réaction, si elle est considérée comme action exercée. Chacun des deux corps agit sur l'autre.

En regardant la surface, c'est-à-dire le corps qu'elle termine, comme inébranlable, il ne reste à considérer que l'action qu'il exerce sur le corps mobile, sollicité en outre par des forces. En chaque point de contact, il y a une pareille action, normale à la surface d'appui et indéterminée d'intensité : il faut qu'il y ait équilibre entre ces réactions et les forces appliquées.

46. S'il n'y a qu'un point d'appui, il n'y a qu'une réaction donnée de position; pour l'équilibre, il faut et il suffit que les forces données aient une résultante égale et contraire à cette réaction, de sorte qu'en nommant T ladite réaction, prenant pour origine le point d'appui, désignant par X, Y, Z, L, M, N les fonctions connues de P_1, P_2..., on a

$$T\cos Tx + X = o,$$
$$T\cos Ty + Y = o,$$
$$T\cos Tz + Z = o, \quad L = M = N = o.$$

Par conséquent $T = \sqrt{X^2 + Y^2 + Z^2} = R$.

Quant aux angles Tx, Ty, Tz, ils sont donnés.

Les équations de l'équilibre sont donc

$$L = M = N = o, \quad R\cos Tx + X = o, \quad R\cos Ty + Y = o,$$
$$R\cos Tz + Z = o,$$

mais l'une quelconque des trois dernières est une conséquence des deux autres.

47. Je suppose que la surface soit un plan; quel que soit le nombre des points d'appui, les réactions, étant toutes normales au plan, sont parallèles et ont une résultante aussi normale au plan. Cette résultante, indéterminée de grandeur, est limitée quant à sa position. En effet, si on lie les points d'appui par un polygone convexe dont chaque sommet soit un de ces points, et qui ne laisse aucun de ces points au dehors, la résultante des réactions coupera le plan quelque part dans l'intérieur ou sur le contour de ce polygone.... Si tous ces points étaient en ligne droite, la résultante couperait cette droite entre les deux points d'appui extrême. La composition des forces parallèles de même sens rend raison de tout cela. Ainsi la résultante des forces appliquées au corps doit être normale, presser

le corps contre le plan, et le couper entre les limites qu'on vient d'assigner.

Le corps peut s'appuyer sur le plan par une surface finie A ; si le corps est en équilibre, la base d'appui exerce sur le plan une pression normale, en éprouve une réaction normale, qui doit faire équilibre aux forces appliquées : celles-ci devront donc encore avoir une résultante normale au plan, pressant le corps contre le plan. De plus, chaque élément infiniment petit de la base d'appui exerçant une réaction normale, le point d'application de la résultante sera dans l'intérieur du contour convexe minimum qui les embrasse tous (voir les figures).

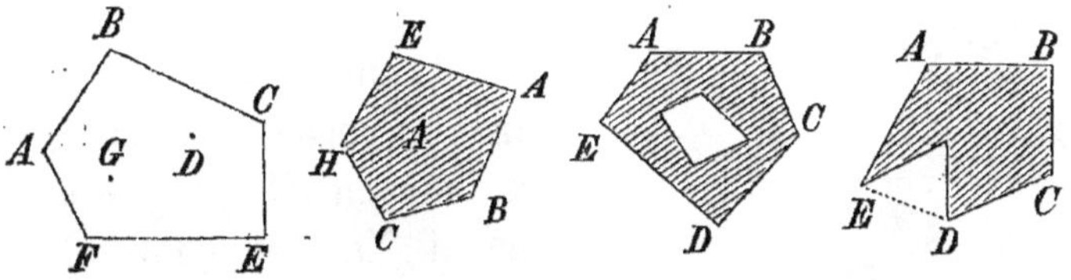

48. Lorsque les points d'appui sont au nombre de deux ou de trois non en ligne droite, on peut déterminer la pression que chacun d'eux éprouve dans l'état d'équilibre. En effet, s'il y en a deux, A, B, les réactions N, N' de ces points devant faire équilibre à la résultante R, on a

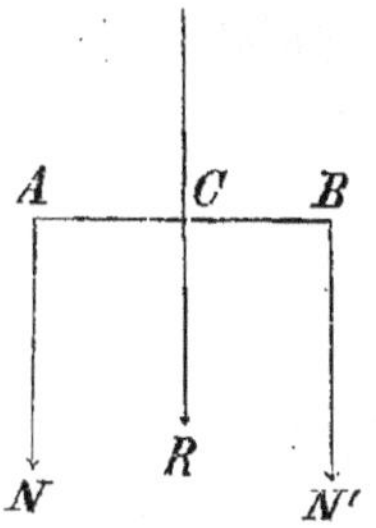

$$N = \frac{BC \,.\, R}{AB}, \quad N' = \frac{AC \times R}{AB},$$

car les réactions étant parallèles et de même sens, etc.

S'il y a trois points, A, B, C, non en ligne droite, on considère la pression totale R égale et // à la résultante, et supposée appliquée en D. On peut tirer BD, prolongée

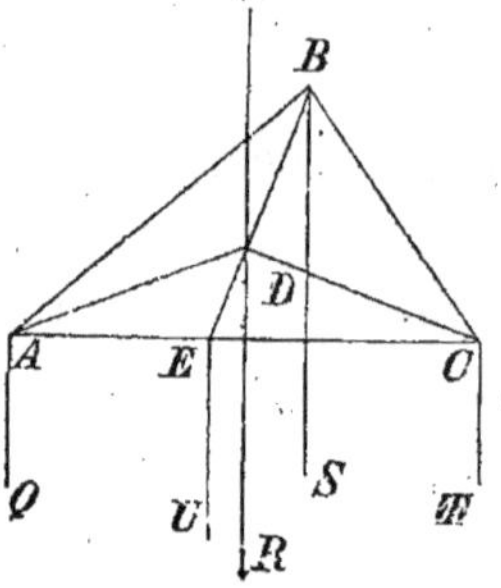

jusqu'au côté AC, et décomposer R en deux forces parallèles à R, appliquée en B et E; soient S,U; on décompose la force U en deux autres parallèles, Q et T, appliquées en A, C; S, Q, T sont les pressions que le plan supporte en A, B, C. De quelque manière qu'on fasse ces décompositions, on retrouve pour S, Q, T les mêmes valeurs respectives.

Mais s'il y a au moins trois points en ligne droite, ou plus de trois points en ligne droite ou non, les pressions restent indéterminées, parce qu'il n'est plus nécessaire pour l'équilibre que le plan puisse supporter telle ou telle pression en chaque point d'appui. En effet, qu'il y ait quatre points d'appui, tels que A, B, C, D; si la résultante R perce le plan en E, l'équilibre aura lieu même si le point B ne supporte aucune pression, puisque le Δ ADC renferme le point E; de même les trois points d'appui A, D, B suffisent.

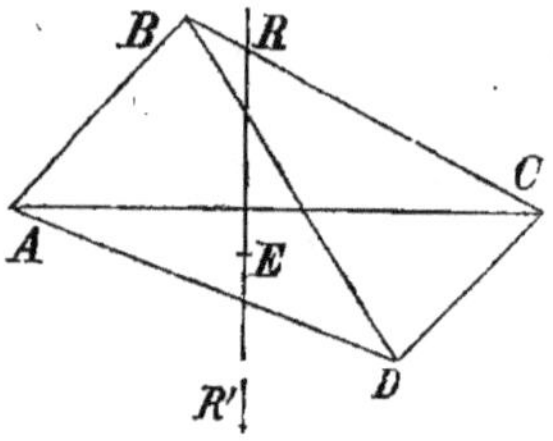

CHAPITRE III.

APPLICATION AUX CORPS PESANTS REGARDÉS COMME INVARIABLES DE FORME.

49. Tout corps solide pesant, suspendu à l'extrémité d'un fil attaché à un point fixé par l'autre extrémité, finit par prendre une position d'équilibre; son poids est une force dirigée suivant le fil, c'est-à-dire verticale. Si l'on

conçoit le corps divisé en molécules infiniment petits, le poids de chacune de celles-ci est de même une force verticale. Chaque point de la surface de la terre a sa verticale : pour deux points, pris l'un à l'équateur, l'autre au pôle, les verticales sont perpendiculaires entre elles; mais, s'il s'agit de points dont la distance horizontale ne dépasse par un millier de mètres, les verticales sont sensiblement parallèles. Le poids d'un même corps varie avec la hauteur verticale à laquelle il est placé : on fera abstraction de cette variation, qui est insensible.

50. Cela posé, si, après avoir divisé un corps en parties, on connaissait le poids de chacune et son point d'application, qu'on nomme *centre de gravité*, on pourrait, par la composition des forces parallèles, ou par les formules des moments, assigner le point d'application de la résultante de ces forces, résultante qui est égale à leur somme, et s'appelle *le poids du corps*.

Soient P_1, P_2, ... les poids des parties; leurs centres de gravité respectifs rapportés à trois axes rectangulaires, ayant pour coordonnées x_1, y_1, z_1 (p. 30), on a pour celui du corps $x = \frac{\Sigma Px}{\Sigma P}$, $y = \frac{\Sigma Py}{\Sigma P}$, $z = \frac{\Sigma Pz}{\Sigma P}$.

Si les centres de gravité des parties sont dans un plan, on peut le prendre pour xy; de la sorte z_1, z_2... sont nuls; ΣPz est donc nul, et z aussi; le centre de gravité du corps est donc dans ce plan, et, pour le déterminer, on rapportera les centres de gravité aux axes x, y, traces des deux autres plans coordonnés, et il vient $x = \frac{\Sigma Px}{\Sigma P}$, $y = \frac{\Sigma Py}{\Sigma P}$.

En général, si $\Sigma Pz = o$, le centre de gravité est dans le plan xy; et réciproquement, s'il est dans ce plan, z est nul, de même que ΣPz : *par rapport à tout plan mené par le centre de gravité d'un système*, la somme des moments des poids des parties est donc nulle, et réciproquement. Si les centres de gravité des parties sont sur une droite qu'on peut prendre pour Ox, les $y_1, z_1, y_2, z_2 \ldots$ sont nuls : donc $\Sigma Py = o = \Sigma Pz$, et il suffit de $x = \frac{\Sigma Px}{\Sigma P}$ pour déterminer le centre de gravité.

51. Or, dans le cas où le corps est divisé en parties infiniment petites du troisième ordre, ou molécules, on peut prendre pour centre de gravité de chacune tel de ses points qu'on veut, pourvu qu'on applique les règles des réductions infinitésimales. En effet, soient $p_1, p_2 \ldots$ les poids des molécules; $z_1, z_2 \ldots$ les ordonnées rigoureuses de leurs centres de gravité respectifs; on aura pour le centre de gravité du corps $z = \frac{\Sigma pz}{\Sigma P}$. Soient ensuite pris dans chaque molécule un point quelconque; soient $z_1 + \vartheta_1, z_2 + \vartheta_2 \ldots$ les ordonnées de ces points, et prenons l'expression

$$z' = \frac{p_1(z_1 + \vartheta_1) + p_2(z_2 + \vartheta_2) + \ldots}{p_1 + p_2 + \ldots}$$

$$= \frac{p_1 z_1 + p_2 z_2 + \ldots}{p_1 + p_2 + \ldots} + \frac{p_1 \vartheta_1 + p_2 \vartheta_2 + \ldots}{p_1 + p_2 + \ldots}$$

La première partie $= z$; la deuxième se compose de termes infiniment petits du quatrième ordre, et d'après le nº 22, t. I, est infiniment petite : Donc $z = z' +$ infiniment petit; $z' = z -$ infiniment petit. Et il suffit de réduire z' à sa partie infinie absolue, qui $= z$.

Nommant $x_1\, y_1\, z_1,\ x_2\, y_2\, z_2 \ldots$ les coordonnées des centres de gravité des molécules, ou des points qu'on leur substitue; x, y, z celui du corps : on aura pour déterminer ce point

$$x = \frac{\Sigma px}{\Sigma p},\ y = \frac{\Sigma py}{\Sigma p},\ z = \frac{\Sigma pz}{\Sigma p}.$$

52. Les poids étant proportionnels aux masses, on peut les remplacer par celles-ci, et le centre de gravité prend une signification indépendante de la pesanteur à la surface du globe terrestre. Ainsi on aura les centres de gravité du soleil, de la lune, des planètes, etc.

S'il s'agit de corps homogènes, on peut remplacer les masses par les volumes. Enfin, si dans les formules ci-dessus, on remplace p_1, p_2... 1° par les éléments infiniment petits (1er ordre) d'une ligne droite ou courbe; 2° par les éléments infiniment petits (2e ordre) d'une aire; 3° par ceux (3e ordre) d'un volume, ces formules déterminent ce que l'on appelle centre de gravité d'une ligne, d'une aire, d'un volume.

53. Or, 1° s'il s'agit d'une ligne $z = fx$, $y = f_1x$, on la décompose en arcs du 1er ordre $ds = \sqrt{dx^2 + dy^2 + dz^2}$, formule qui prend la forme $\varphi x . dx$, et, pour obtenir le centre de gravité de l'arc terminé à deux points, dont les abscisses sont x_1, x_2, on fera $p = \varphi x . dx$, et, remplaçant le Σ par $\int_{x_1}^{x_2}$, on a à traiter

$$s = \int_{x_1}^{x_2} \varphi x . dx, \quad s . x = \int_{x_1}^{x_2} x . \varphi x . dx, \quad s . y = \int_{x_1}^{x_2} y . \varphi x . dx, \quad sz = \int_{x_1}^{x_2} z . \varphi x . dx.$$

54. *Aires*, et d'abord une *aire plane*, terminée par deux courbes AB, A'B' et les ordonnées de deux points A, B, dont les abscisses sont $OC = x_1$, $OD = x_2$. Soient $y = fx$, $y' = f_1x'$ les équations des deux courbes. Au lieu d'éléments du 2e ordre, il suffit d'éléments du premier, tels que ab, supposés terminés par deux ordonnées voisines.

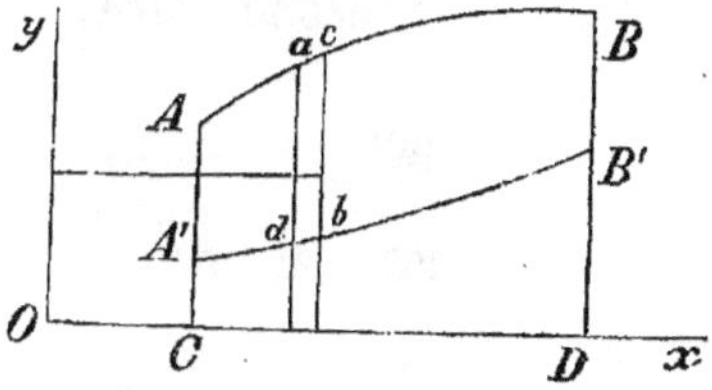

L'aire de cet élément est $(y - y')\, dx = (fx - f_1x)\, dx$.

La distance de son centre de gravité à Oy étant x, on pose l'aire $\int_{x_1}^{x_2}(y-y')\,dx = A$, et on a le moment $Ax = \int_{x_1}^{x_2}(y-y')\,xdx$.

Comme le centre de gravité de ab est au milieu de sa hauteur ab, son ordonnée est $\frac{1}{2}(y+y')$; le moment de ab par rapport à Ox est donc $\frac{1}{2}(y+y')(y-y')\,dx$, et

$$Ay = \tfrac{1}{2}\int_{x_1}^{x_2}(y^2 - y'^2)\,dx.$$

On n'oubliera pas que y' ici doit être remplacé par f_1x, et non par f_1x'.

55. *Aires de surfaces de révolution*, terminées à deux plans perpendiculaires à l'axe de révolution. Soit ABC la courbe génératrice, Ox l'axe, $OD = x_1$, $OE = x_2$ les abscisses des plans limites : on divise l'aire en troncs de cônes par des plans perpendiculaires à Ox. Soient Bb, $B'b'$ les rayons des bases de l'un, son côté $BB' = ds$, son aire $2\pi z\,ds$; le centre de gravité de chacune de ces aires est sur l'axe Ox, et le moment de l'élément par rapport au plan yz est $2\pi z\,ds \times x$: donc on a l'aire

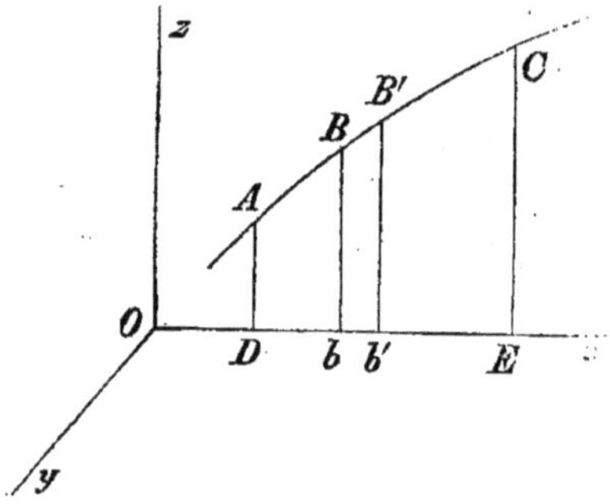

$$A = \int_{x_1}^{x_2} 2\pi z\,ds, \qquad \text{et } A \times x = 2\pi\int_{x_1}^{x_2} z\,x\,ds.$$

56. *Aires courbes quelconques*. L'élément du second ordre est $dx\,dy\sqrt{1 + \frac{dz^2}{dx^2} + \frac{dz^2}{dx^2}} = \lambda\,dx\,dy$, pour abréger, et il y aura à traiter quatre intégrales doubles, savoir :

l'aire $A = \iint \lambda\,dx\,dy$, $Ax = \iint \lambda x\,dx\,dy$, $Ay = \iint \lambda y\,dx\,dy$, $Az = \iint \lambda z\,dx\,dy$.

57. *Volumes.* Corps dont on sait calculer les tranches parallèles à un plan donné, et qui est terminé par deux pareils plans. Soit Ox (p. 44) perpendiculaire à ces plans : une section faite perpendiculairement à Ox a pour aire une fonction de x, par exemple fx; la tranche dont la trace sur le plan xz est $BB'b'b$, aura pour volume $fx.dx$; son moment par rapport au plan yz est $fx.x\,dx$: donc

$$\text{Volume } V = \int_{x_1}^{x_2} fx\,dx, \quad \text{et } V \times x = \int_{x_1}^{x_2} fx.x\,dx.$$

Dans le cas où chaque tranche a son centre de gravité sur Ox, ces formules suffisent pour trouver celui du corps, qui est aussi sur Ox. En général, on peut diviser le corps en éléments, tels que $dx\,dy\,dz$, et pour trouver le centre de gravité, on aura à calculer

$$V = \iiint dx\,dy\,dz, \quad Vx = \iiint x\,dx\,dy\,dz, \quad Vy = \iiint y\,dx\,dy\,dz,$$
$$Vz = \iiint z\,dx\,dy\,dz.$$

Si le corps est limité par des cylindres ou des plans perpendiculaires à xy, l'intégration relative à z peut s'effectuer, et donne les résultats suivants, où z, z' sont les ordonnées des surfaces qui limitent le corps parallèlement aux z :

$$V = \iint (z-z')\,dx\,dy, \quad Vx = \iint (z-z')x\,dx\,dy, \quad Vy = \iint (z-z')y\,dx\,dy,$$
$$Vz = \tfrac{1}{2}\iint (z^2 - z'^2)\,dx\,dy.$$

On peut aussi employer les coordonnées polaires u, θ, ψ. (Renvoi au *Cours d'analyse.*)

CHAPITRE IV.

ÉQUILIRRE DES SYSTÈMES VARIABLES DE FORME.

58. Dans les systèmes de forme invariable, la figure est donnée, et les forces y appliquées sont censées ne pas pouvoir l'altérer. Dans un système de forme variable, au contraire, la détermination de la figure peut être en partie

ou en totalité l'objet de la question. Dans tous les cas, il faut que les forces remplissent les conditions qui seraient nécessaires et suffisantes, si le système — dans l'état d'équilibre — était invariable de forme. Car, si l'équilibre a lieu, on ne le troublera pas en rendant le système invariable de forme. Si le système est libre, ce sont les six équations générales $X = o$, etc., $L = o$, etc.; s'il renferme un point fixe, c'est $L = o$, $M = o$, $N = o$, etc.

§ 1. *Systèmes funiculaires, fils, cordons.*

59. Soit un fil flexible, inextensible, c'est-à-dire un fil ou système linéaire, dont la figure peut varier lorsqu'il est sollicité par des forces, mais dont la longueur est invariable : si un pareil fil est attaché par un bout à un point fixe, et sollicité à l'autre par une force qui le *maintient* en équilibre, et tend à éloigner son point d'application du point fixe; le fil prendra la figure d'une ligne droite, qu'on supposera sans épaisseur ni poids. Dans le cas où le fil aurait une figure invariable quelconque, telle que ABC, et qu'attaché en A à un point fixe, il fut sollicité en C par une force tendant à *rapprocher ou à éloigner* le point C du point A, cette figure ne changerait pas, et dans l'état d'équilibre, la direction de la force P, prolongée, s'il le faut, passerait par le point A.

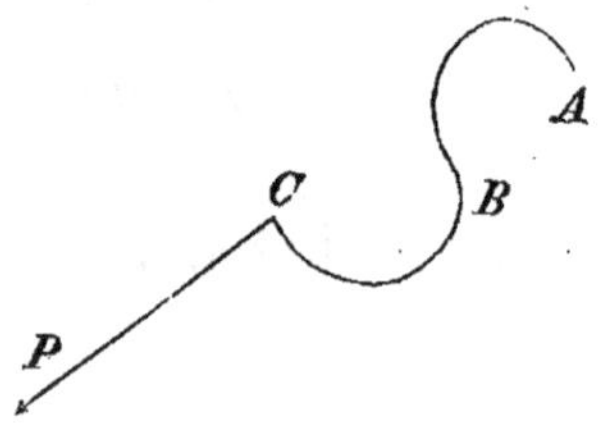

Enfin, si ABC est un fil élastique, rectiligne ou non, sa longueur, dans le premier cas, et en outre sa figure, dans le second, peuvent être altérées par la force P, dont la direction passera encore par A, etc.

60. Dans ce qui suit, il ne s'agira que de fils flexibles de longueur invariable. Si un pareil fil, de figure recti-

ligne, est tiré à ses deux bouts par des forces égales, dirigées sur les prolongements du fil, en sens contraire, il est en équilibre : il est *tendu*, et la valeur commune des deux forces est ce qu'on appelle sa *tensiou*. On peut fixer l'une des deux extrémités du fil, sans rien changer à son état, et rien n'empêche dès lors de supprimer la force qui y est appliquée : la réaction du point fixe tiendra lieu de cette force. L'autre force mesurera la tension du fil, qui est toujours l'ensemble de deux forces égales, action et réaction.

Un fil étant ainsi tendu, on peut supprimer une partie *ab* de sa longueur, pourvu qu'en *a* et *b* on applique des forces Q, Q', égales entre elles et à P, et dirigées comme le montre la figure.

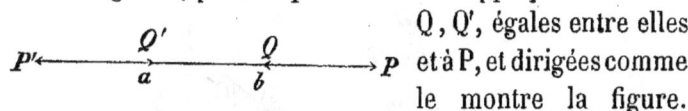

Toutes les fois qu'un fil reste *lâche* et *flottant*, on peut le supprimer.

61. Soient trois fils réunis par un nœud C, qui ne peut couler sur aucun des trois ; deux de ces fils sont attachés en A et B à des points fixes ; le troisième est sollicité par une force P, le système est au repos et les fils sont tendus. On pourra par conséquent remplacer les points fixes par les forces T, T', que je suppose égales aux tensions. Il s'ensuit que les trois forces T, T', P (ou les fils) sont dans un même plan, et que chacune est égale et opposée à la résultante des deux autres ; donc $T = \frac{P \sin \widehat{PT'}}{\sin TT'}$, T' =, etc.

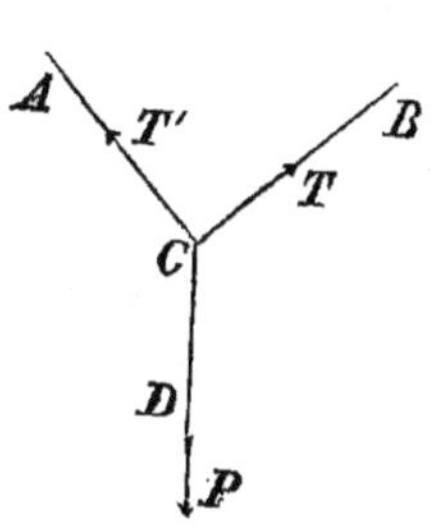

Si l'angle TT' diffère peu de 180°, sans que l'angle PT' approche de zéro, T sera très-grand par rapport à P. Si donc le fil ACB était tendu en ligne droite, une très-petite force, transversalement y appliquée, produirait sur ACB une tension énorme, infinie : le fil se romprait ou les points fixes céderaient.

62. Si ACB est un fil non interrompue et C un nœud coulant fixé au fil CD, les tensions T, T' seront égales, et la direction de P prolongée sera la bissectrice de l'angle ACB.

63. Un polygone funiculaire $A_1 A_2 \ldots A_n$ est sollicité à chacune de ses extrémités A_1, A_n par deux forces P_0, P_1 à A_1 ; P_n, P_{n+1} à A_n. A chacun des sommets intermédiaires $A_2 \ldots A_{n-1}$ est appliquée une force $P_2 \ldots P_{n-1}$.

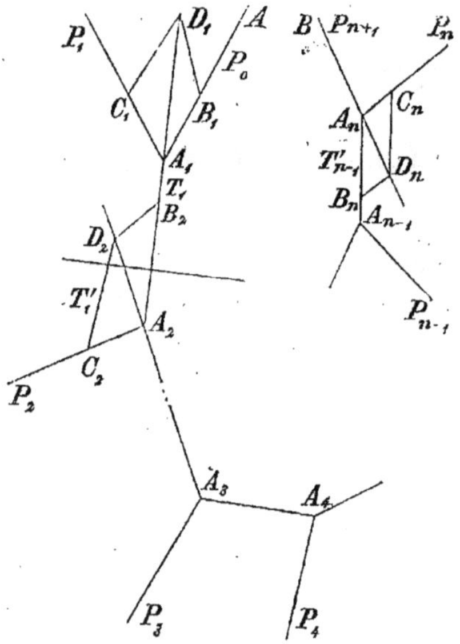

Les points d'application $A_2, \ldots A_{n-1}$ sont relativement fixes sur le fil, c'est-à-dire que les côtés $A_1 A_2$, ne varient pas de longueur. Ces côtés sont supposés tendus, et ne varient donc pas non plus de figure. Les angles seuls du polygone peuvent varier : c'est donc à vrai dire un polygone articulé, chaque côté pouvant prendre dans l'espace toutes les directions possibles. — Quelles sont les conditions pour que le fil reste en équilibre ?

Chaque côté est dans le même état que s'il était sollicité par deux forces opposées représentant sa tension, et que, du reste, ce fil ou côté fut rompu. Chaque sommet est donc en équilibre sous l'action des forces et tensions qui le sollicitent. Je prends trois axes de coordonnées rectangulaires, et désigne les coordonnées de A_1 par x_1, y_1, z_1; celles de A_2 par x_2, etc.

Les trois équations de l'équilibre du point A_1 sont :

$$(1)\quad \begin{cases} P_0 \cos P_0 x + P_1 \cos P_1 x + T_1 \cos T_1 x = o, \\ P_0 \cos P_0 y + \ldots\ldots\ldots = o, \\ P_0 \cos P_0 z + \ldots\ldots\ldots = o. \end{cases}$$

Celles du point A_2 :

$$(2)\quad \begin{cases} P_2 \cos P_2 x - T_1 \cos T_1 x + T_2 \cos T_2 x = o, \\ P_2 \cos P_2 y - \ldots\ldots\ldots = o, \\ P_2 \cos P_2 z - \ldots\ldots\ldots = o, \end{cases}$$

car la force T'_1 étant égale et opposée à T_1, ses composantes sont $- T_1 \cos T_1 x$, etc.

Pour A_n :

$$(n)\quad \begin{cases} P_n \cos P_n x + P_{n+1} \cos P_{n+1} x - T_{n-1} \cos T_{n-1} x = o, \\ P_n \cos P_n y \ldots\ldots\ldots\ldots = o, \\ \text{etc.} \end{cases}$$

D'ailleurs, si l_1, $l_2 \ldots l_{n-1}$ sont les longueurs des côtés, on a

$$\cos T_1 x = \frac{x_2 - x_1}{l_1}, \quad \cos T_1 y = \frac{y_2 - y_1}{l_1}, \text{ etc.}$$

Entre ces $3n$ équations, on peut éliminer les $n-1$ tensions $T_1 \ldots T_{n-1}$; il restera $2n+1$ équations entre les forces, leurs angles et les coordonnées x_1, y_1, etc. Pour faire cette élimination, on peut éliminer d'abord T_1 des trois premières; à cet effet, on tire les valeurs de $T_1 \cos T_1 x$, $T_1 \cos T_1 y$, $T_1 \cos T_1 z$, on carre et on ajoute, ce qui donne

$$T_1^2 = (P_0 \cos P_0 x + P_1 \cos P_1 x)^2 + (P_0 \cos P_0 y + P_1 \cos P_1 y)^2 + (P_0 \cos P_0 z \ldots)^2.$$

Cette équation exprime que T_1 a pour valeur celle de la résultante de P_0, P_1, ce qu'on sait.

Si on substitue pour T_1 la valeur tirée de là dans deux des trois premières équations, on aura deux des équations cherchées.

Prenant maintenant les deux premiers groupes, on les ajoute par rang d'ordre, c'est-à-dire celles qui se rapportent au même axe; T_1 disparaît, et on a

$$P_0 \cos P_0 x + P_1 \cos P_1 x + P_2 \cos P_2 x + T_2 \cos T_2 x = o,$$
etc.

Ces équations expriment que T_2 est la résultante de P_0, P_1, P_2 : on peut éliminer cette quantité, et on a deux nouvelles équations sans T. On combine de même les trois premiers groupes, puis les quatre premiers, puis les $n-1$. On a ainsi $2(n-1)$ équations.

Enfin, combinant tous les groupes, on trouve les trois équations

$$\Sigma P \cos Px = o, \quad \Sigma P \cos Py = o, \quad \Sigma P \cos Pz = o,$$

ce qui donne $2(n-1)+3$ ou $2n+1$ équations.

Ces trois dernières équations sont trois des six équations auxquelles les forces satisfont aussi dans le cas où le système est invariable : les trois autres, celles des moments, peuvent également se déduire des $3n$ équations trouvées plus haut.

64. Dans les $(3n)$ équations, (1) (2)...(n), entrent les $n+2$ forces P et les $3(n+2)$ angles y relatifs; en outre $n-1$ tensions, les longueurs $l_1 \ldots l_{n-1}$ des côtés au nombre de $n-1$, et les différences $x_2 - x_1$, $y_2 - y_1$, etc., au nombre de $3(n-1)$: total $9n+3$ éléments.

Entre ces éléments, on a $3n$ équations d'équilibre, $n+2$ équations entre les cosinus des angles Px, etc.; $n-1$ équations entre les côtés et les x_2-x_1, etc., équations telles que $l_1^2=(x_2-x_1)^2+(y_2-y_1)^2+(z_2-z_1)^2$. Total $5n+1$ équations, de sorte que, sauf impossibilité, il y a $4n+2$ éléments disponibles. Mais on ne peut jamais prendre à volonté les angles Px, etc., au nombre de $3n+6$, lors même que ce nombre est $<4n+2$ ou $n>4$.

65. En second lieu, on ne peut pas se donner les $n+2$ forces en grandeur et en direction, ce qui ferait $n+2$ forces et $2(n+2)$ angles : total encore $3n+6$. On peut tout au plus se donner $n+1$ forces, chacune avec 2 angles, parce que, en vertu des équations (n), chacune des forces P est égale et opposée à la résultante de toutes les autres supposées appliquées à un point. Avec ces $n+1$ forces et les $2(n+1)$ angles, on peut se donner les $n-1$ côtés, ce qui fait $4n+2$ éléments, et je dis que ce problème est toujours possible.

66. En effet, je suppose que la force inconnue de grandeur et de direction soit P_{n+1} (fig. de p. 48). A un point arbitraire A_1, j'applique deux forces respectivement égales et parallèles aux deux premières $P_0 P_1$; la tension T_1 du premier côté fait équilibre à ces deux forces : ce côté est donc le prolongement de la diagonale $A_1 D$ du ▱ fait sur $A_1 B_1$, $A_1 C_1$, que je suppose représenter P_0, P_1. On y prendra la longueur du premier côté $A_1 A_2$. En A_2 on applique la force P_2, et T'_1 la tension; on prend donc $A_2 B_2 = A_1 D_1$, $A_2 C_2 = P_2$; on fait le ▱, et on a $A_2 D_2 = T_2$, et sur son prolongement on prend $A_2 A_3$, deuxième côté, etc.

On arrive ainsi à A_{n-1}; on aura déterminé la direction du dernier côté $A_{n-1} A_n$ dont la longueur est aussi donnée;

on aura déterminé T_{n-1}, on prend $A_nB_n = T_{n-1}$, on applique P_n; la résultante de P_n et T'_{n-1}, c'est-à-dire A_nD_n sera égale et opposée à P_{n+1}.

S'il ne s'agit que de déterminer les tensions et les directions des côtés, de même que P_{n+1}, on peut employer le polygone des forces, ainsi qu'il suit : D'un point arbitraire O, menez $Oa_0 =$ et directement // à P_0, puis de a_0 menez $a_0a_1 =$ et // à P_1, etc.... ; arrivé à a_{n-1}, déterminé par P_{n-1}, menez $a_{n-1}a_n$ = et directement // à P_n; tirez a_nO, qui sera la valeur et la direction de l'inconnue P_{n+1}. En outre, la diagonale Oa_1, résultante de Oa_0 et a_0a_1, qui représentent P_0, P_1, sera = et // à T_1, c'est-à-dire // à A_1A_2; Oa_2, résultante de $Oa_1 = T_1$ et de $A_1A_2 = P_2$, représente T_2, etc.

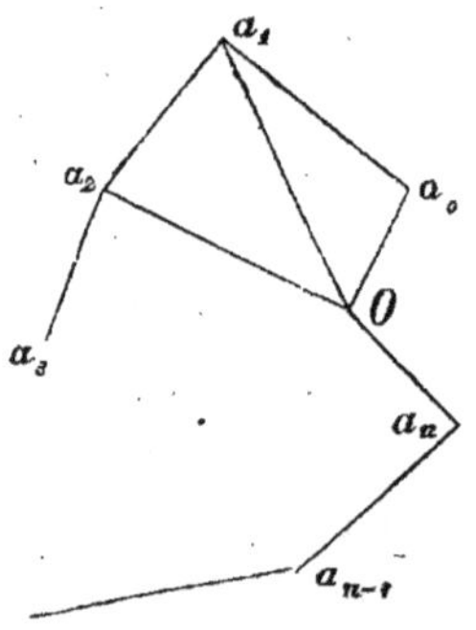

67. Dans le polygone de p. 48, supposé en équilibre, je fixe sur les côtés extrêmes deux points A, B; l'équilibre ne sera pas troublé, et les réactions des points fixes pourront remplacer les forces P_0, P_{n+1}, auxquelles elles seront respectivement égales. Si les directions de ces forces (fig. n° 67) se rencontrent en un point C, c'est qu'elles ont une résultante R qui passe en ce point C, et cette force R sera égale et opposée à celle de $P_1 \dots P_n$, de sorte que, si on connaît P_0 et R, on aura aussi P_{n+1}; car, si on prend sur R prolongé un segment CD qui représente R, et qu'on achève le ▱ CEDF, on a

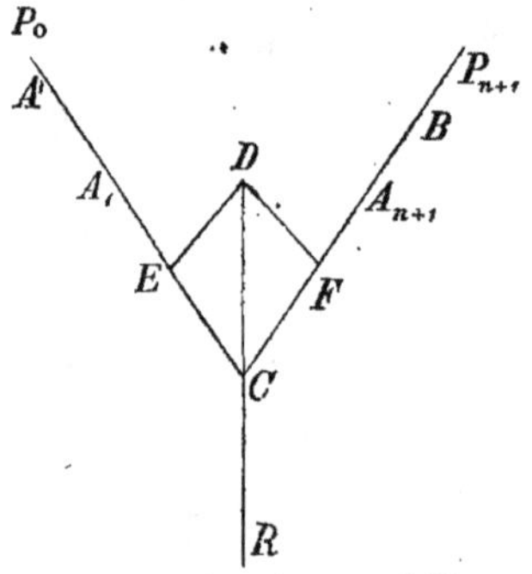

$R : P_0 : P_{n+1} = CD : CE : CF.....$ Du reste, dans un polygone en équilibre, on peut fixer deux points pris sur deux côtés quelconques, comme A, B, et on aura des résultats analogues, si ces côtés prolongés se coupent.

68. Dans le cas où les forces $P_0 \ldots P_{n+1}$ sont parallèles à un plan M, le polygone tout entier est dans un plan // à M. En effet, P_0 et P_1 déterminent un plan K // à M, et le côté AA_1, // à M, est dans ce plan K; ce côté AA_1 et P_2 déterminent un plan I, // à M; or ce plan I et le plan K passent par A_1A_2 et sont parallèles à un même plan M : donc ils se confondent, etc.

69. Si les forces $P_1 \ldots P_n$ sont toutes parallèles, le polygone est aussi plan, et son plan est // aux forces. Par suite, si ces forces sont verticales, le plan du polygone est vertical. Il s'ensuit que, dans le polygone auxiliaire, les côtés a_0a_1, $a_1a_2 \ldots$, respectivement parallèles et proportionnels

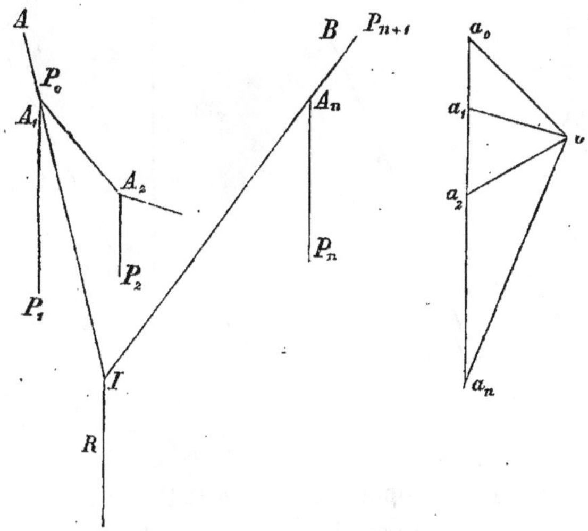

aux forces $P_1 \ldots P_n$, sont dirigées sur une droite, de sorte que, si les points A, B sont fixés, les réactions P_0, P_{n+1} faisant équilibre aux forces verticales, la résultante de celles-là est égale et opposée à la résultante de celles-ci. Donc, si (p. 53) on forme un triangle Oa_0a_n, dont deux côtés Oa_0, Oa_n soient respectivement parallèles à ces réactions, et le troisième vertical a_0a_n, ces trois côtés sont aussi proportionnels aux forces P_0, P_{n+1}, et R qui $= P_1 + P_2$ etc. $+ P_n$.

Mais ce qui vient d'être dit sur le polygone A_1A_n, avec ses points fixes en A et B, peut s'appliquer à toute portion de ce polygone, après qu'on y aura fixé deux sommets, par exemple A_1 et A_n, ou A_2 et A_n, etc., de sorte que, C, D étant ces sommets, et le Δ Och ayant les côtés Oc, Oh parallèles à CE, DH, et le côté ch vertical, on partagera ch

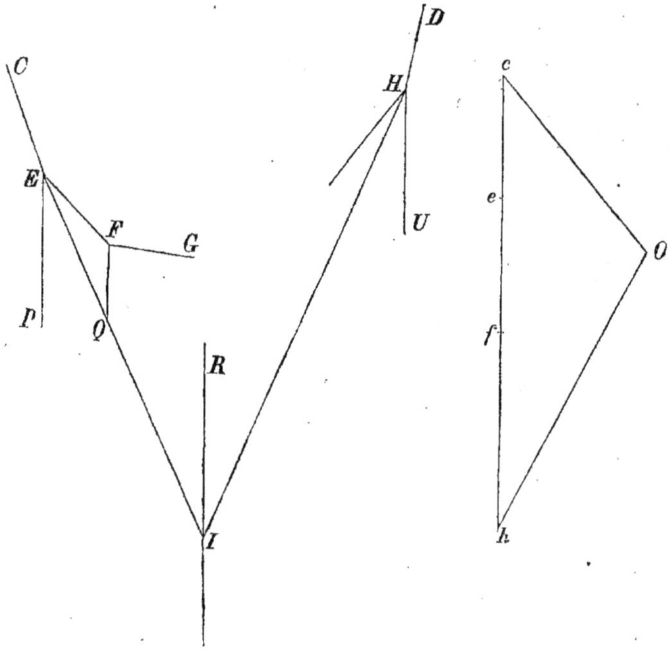

en parties ce, ef..., proportionnelles à P_1 P_2...; les diagonales Oe, Of... seront parallèles aux côtés du polygone et proportionnelles à leurs tensions. Enfin, on remarquera que les côtés suspendus CE, DH se coupent sur la direction de la résultante de P_1, P_2..., etc.

70. Dans les ponts suspendus, on suppose que le poids que porte chacune des deux chaînes de suspension (tablier, surcharge, tiges, chaîne), est réparti par parties égales aux sommets du polygone que forme la chaîne. — Ces poids partiels sont équidistants. Le nombre des côtés est impair, $2n+1$, et le côté du milieu est horizontal; le rang de ce côté est $n+1$; il est distingué par les lettres

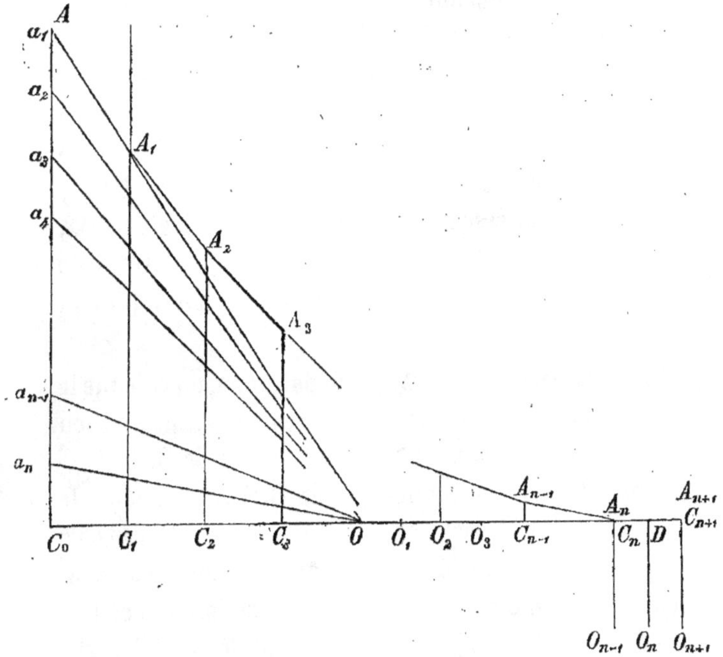

C_nC_{n+1}; on l'a prolongé jusqu'à sa rencontre avec la verticale du point A, qui est un point de suspension; il la coupe en C_0. La distance C_0C_n est supposée $= n.C_n.C_{n+1}$.

Je suppose $C_0C_1 = C_1C_2 = \text{etc.} = C_{n-1}C_n = C_nC_{n+1}$.

Les verticales élevées en C_1, C_2... sont les directions des tiges de suspension, et renferment les sommets du polygone; ces verticales sont aussi les directions des poids égaux P_1, P_2..., suspendus à ces sommets. Traitant la portion de polygone comprise entre A et C_{n+1}, comme on a fait plus haut, on reconnaît d'abord que la résultante des poids égaux suspendus entre ces deux sommets passe au milieu de $C_1 C_n$ ou de $C_0 C_{n+1}$: soit O ce point. Comme la tension T_{n+1} du côté $C_n C_{n+1}$ passe en O, celle du premier côté y passe également, et AO sera la direction de ce premier côté : les trois droites AO, AC_0, OC_0 étant //s aux trois forces, T_1 tension du premier côté, $P_1 + P_2 \ldots\ldots + P_n$, résultante des poids, et T_{n+1}, tension de $C_n C_{n+1}$, on divisera $A C_0$ en n parties égales aux points a_2, $a_3 \ldots a_n$; la droite $a_2 O$ sera la direction du deuxième côté, et en représentera la tension (comme AO celle du premier); $a_3 O$ est // au troisième côté ...; Oa_n au côté de rang n. Donc, ayant pris A_1, intersection de AO avec la verticale de C_1, on mènera $A_1 A_2$ // à $A_2 O$, jusqu'en A_2 (sur la verticale de C_2), etc. Ayant trouvé A_{n-1}, on mène $A_{n-1} A_n$, qui doit être // à Oa_n.

En isolant la partie $A_1 \ldots A_{n+1}$ du polygone, on voit que la résultante de $P_2 \ldots P_n$ passe au milieu de $C_1 C_{n+1}$, milieu qu'on trouve en prenant $OO_1 = \frac{1}{2} C_0 C_1$; car de C_1 à C_{n+1} il y a une division de moins que de C_0 à C_{n+1} : donc le côté $A_1 A_2$ prolongé passe en O_1 ; soit $O_1 O_2 = OO_1$; le côté $A_2 A_3$ passera en $O_2 \ldots$ Ainsi on pourra prendre des demi-divisions de O en C : il y en aura $n+1$, la dernière se terminant en C_{n+1}. Les côtés successifs prolongés, à partir de $A_1 A_2$, passeront en O_1, $O_2 \ldots O_{n-1}$, qui est aussi C_n. Car A_1 se joint à O_1 pour fournir le point A_2; A_2 se joindra à O_2 pour fournir le point A_3; et A_{n-1} se joindra à O_{n-1} (qui est A_n et C_n).

71. Les sommets A, $A_1 \ldots$ peuvent être liés par une relation fort simple. Je pose $AC_0 = y_0 \ldots$ en général $A_r C_r = y_r$; je représente par $2a$ chaque division $C_0 C_1$, $C_1 C_2$, etc.

Le côté $A_{r-1} A_r$ fait avec $C_0 C_{n+1}$ un angle dont la tangente est $(y_{r-1} - y_r) : 2a$. Ce côté est // à la droite qui joint le point a_r au point O; l'ordonnée $a_r C_0$ est

$$= AC_0 - (r-1)\frac{AC_0}{n} = \frac{y_0(n-r+1)}{n},$$

et C_0O, moitié de C_0C_{n+1}, est $= a(n+1)$: cette tangente est donc aussi $= y_0 \frac{n-r+1}{an(n+1)}$.

Donc $$\frac{y_{r-1}-y_r}{2a} = y_0 \cdot \frac{n-r+1}{an(n+1)},$$

d'où $$y_r = y_{r-1} - 2y_0 \cdot \frac{n-r+1}{n(n+1)},$$

puis $$y_{r-1} = y_{r-2} - 2y_0 \cdot \frac{n-r+2}{n(n+1)}, \text{ etc.}$$

$$y_1 = y_0 - 2y_0 \cdot \frac{n}{n(n+1)},$$

sommant

$$y_r = y_0 - \frac{2y_0}{n(n+1)} \cdot \frac{(2n-r+1)r}{2} = y_0 \cdot \frac{n(n+1)-r(2n-r+1)}{n(n+1)}$$

$$= y_0 \cdot \frac{(n-r)(n-r+1)}{n(n+1)}.$$

Je prends pour origine le point D, milieu de $C_n C_{n+1}$; je désigne par x, y les coordonnées de A_r; j'ai

$$y \text{ ou } y_r = y_0 \frac{(n-r)(n-r+1}{n(n+1)},$$

et $x = DC_0 - C_0C_r = (2n+1)a - 2ra = a(2n-2r+1)$.

J'élimine r; à cet effet, je tire

$$n - r = \frac{x-a}{2a}, \text{ puis } n-r+1 = \frac{x+a}{2a},$$

substituant $$y = y_0 \frac{x^2-a^2}{4a^2 n(n+1)},$$

parabole dont l'axe est la verticale du point D. Si on fait DC_0 ou $(2n+1)\,a = x_0$, il vient

$$2an = x_0 - a,$$
$$2a(n+1) = x_0 + a,$$

et l'équation prend la forme

$$\frac{y}{y_0} = \frac{x^2 - a^2}{x_0{}^2 - a^2}.$$

Ces calculs ne supposent pas nécessairement que la droite $C_0 C_{n+1}$ soit perpendiculaire à AC_0.

§ 2. *Équilibre d'un fil flexible, sollicité en tous ses points par des forces.*

72. Les extrémités du fil peuvent être libres ou attachées à des points soit fixes, soit mobiles, ou assujetties à rester sur des surfaces données, ou sur des lignes données, etc. Si le fil a une figure d'équilibre, on la suppose continue; lorsqu'il a pris ou qu'on lui a donné cette figure, on suppose que chaque élément infiniment petit du fil est sollicité par une force du même ordre que cet élément. Cette force pourra être supposée appliquée à un point quelconque de l'élément.

73. Le fil étant en équilibre, tout segment de ce fil est en équilibre, en vertu des forces qui y sont appliquées et des réactions qu'exercent sur lui les autres parties du fil. Mais, si, pour assurer cet état d'équilibre, on divisait le fil en parties finies, pour exprimer que chacune jouit de cette propriété, il faudrait pour chacune poser les six équations d'équilibre d'un corps solide, qui encore ne suffiraient pas, vu que le fil n'est pas de forme invariable. On évite cette difficulté en divisant le fil en parties infiniment petites, dont chacune sera traitée comme un point matériel, et il suffira d'écrire que, pour chacun de ces éléments, les

trois équations d'équilibre du point matériel sont satisfaites.

A cet effet, on rapporte le système à trois axes rectangulaires; on suppose la figure du fil continue; on distinguera deux espèces d'éléments : savoir les éléments intermédiaires, dont chacun tient par ses deux bouts au reste du fil, et les deux éléments extrêmes, dont chacun est à l'une des extrémités du fil, auquel il ne tient par conséquent que par un bout; l'autre, étant assujetti à certaines conditions particulières, comme d'être attaché à un point fixe, ou de rester sur une ligne fixe, ou d'être sollicité par des forces autres que celle qui sollicite tout élément du fil.

Ces conditions sont dites *conditions aux limites*, et on y aura égard dans chaque cas. Les conditions relatives aux éléments intermédiaires sont dites *générales*, et s'appliquent à tous, pourvu que 1° la force qui sollicite chaque élément soit une fonction continue de x, y, z; je la nomme P; 2° que la figure d'équilibre soit elle-même continue; 3° que l'expression de la longueur du fil soit aussi une fonction continue de l'une des trois coordonnées, x par exemple.

74. Cela étant, lorsqu'un fil flexible a sa figure d'équilibre, on appelle tension du fil en un point C la valeur commune de l'action et de la réaction développée au point C entre

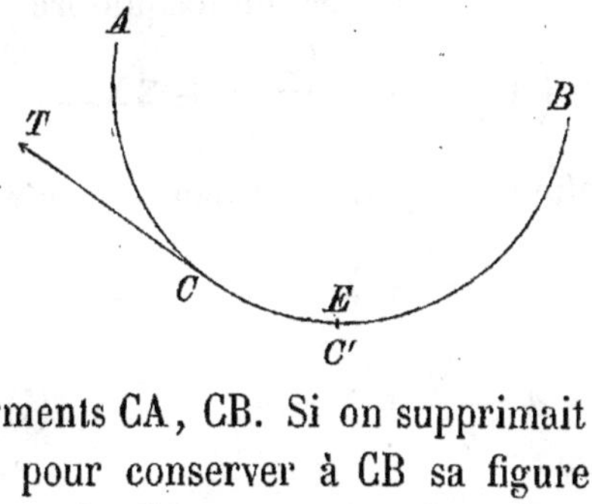

les deux segments CA, CB. Si on supprimait la partie CA, il faudrait, pour conserver à CB sa figure d'équilibre, appliquer au point C une certaine force T égale à l'action qu'exerçait CA, c'est-à-dire à la tension. Or, l'action et la réaction étant opposées, ces deux forces sont dirigées sur la tangente à la courbe ACB en C ; car, si, prenant un arc infiniment petit CE, on fixe le point E, l'équilibre ne doit pas cesser d'avoir lieu, de sorte que le moment de la force finie T, par rapport au point E, est égal à celui de la force infiniment petite P ; ce dernier étant du second ordre, celui de T doit l'être ; par suite, la distance de la force T au point E est de ce même ordre, ce qui est le caractère de la tangente (Raisonnement dû à M. LIOUVILLE).

Soit un segment du fil CC' qu'on pourra d'abord supposer fini ; T la tension en C, dont les coordonnées sont x, y, z ; T' la tension en C', où les coordonnées seront $x + \Delta x$, $y + \Delta y$, $z + \Delta z$; on va écrire que la somme des forces qui sollicitent le segment CC', projetées sur trois axes rectangulaires, est nulle pour chacun. Ces forces sont les deux tensions T, T' et les forces P, ..., dont les composantes seront nommées X, Y, Z. La projection de T sur l'axe des x est $-\mathrm{T}\frac{dx}{ds}$; celle de T' a la valeur absolue que prend $\mathrm{T}\frac{dx}{ds}$, lorsqu'on y remplace x par $x + \Delta x$, ce qui est

$$=\mathrm{T}\frac{dx}{ds} + \Delta . \frac{\mathrm{T}dx}{ds},$$

et l'on a en toute rigueur l'équation d'équilibre

$$-\mathrm{T}\frac{dx}{ds} + \left(\mathrm{T}\frac{dx}{ds} + \Delta . \frac{\mathrm{T}dx}{ds}\right) + \Sigma \mathrm{X} = o ;$$

supposant Δx infiniment petit, on mettra X pour ΣX, et on a

$$d . \frac{\mathrm{T}dx}{ds} + \mathrm{X} = o,$$

de même

$$d . \frac{\mathrm{T}dy}{ds} + \mathrm{Y} = o, \qquad (1)$$

$$d . \frac{\mathrm{T}dz}{ds} + \mathrm{Z} = o.$$

Pour que le fil soit en équilibre, il faut et il suffit que ses équations en x, y, z et l'expression de T satisfassent à ces trois équations, les conditions aux limites étant supposées remplies, ce qui signifie que les intégrales générales des équations (1) comprennent comme cas particuliers les deux équations de la figure du fil et celle qui exprime T en x, y, z. Ces équations (1), qui sont du second ordre, donnent des intégrales qui renferment six constantes, que l'on déterminera au moyen des conditions aux limites.

75. On arrive aussi aux équations (1) en considérant, dans un polygone funiculaire, trois sommets consécutifs en équilibre; x, y, z étant les coordonnées de l'un; x_1, y_1, z_1, celles du suivant; x_2, y_2, z_2, celles du troisième; P, P_1, P_2, les forces y appliquées; T, T_1, les tensions : on a pour l'équilibre du deuxième sommet

$$X_1 + T.\frac{x-x_1}{\Delta s} + T_1.\frac{x_2-x_1}{\Delta s_1} = o, \text{ ou } X_1 + \Delta.\frac{T\Delta x_1}{\Delta s_1} = o, \text{ etc.}$$

76. Quelle est la figure d'équilibre d'un fil flexible, inextensible, dont chaque élément ds est sollicité par une force verticale proportionnelle à la projection horizontale de ds?

Je prends l'axe des y vertical, ce qui donne $X = o$, $Z = o$; la première et la troisième des équations (1) deviennent par l'intégration

$$\frac{T\,dx}{ds} = \text{const.} \ldots \frac{T\,dz}{ds} = \text{const.},$$

d'où $\dfrac{dx}{dz} = C$ const., puis $x = Cz + C'$.

La courbe, figure du fil, est donc dans un plan vertical, que je prends pour plan xy, l'axe des y vertical de bas en haut, et la force Y qui sollicite ds sera

$$(a\,dx)\cos 180^o = -\,a\,dx,\ a \text{ étant absolu.}$$

Les équations (1) donnent

$$d.\frac{\mathrm{T}dx}{ds}=o,\quad -a\,dx+d.\frac{\mathrm{T}dy}{ds}=o,$$

d'où d'abord $\frac{\mathrm{T}dx}{ds}=b$ (const.).

Éliminant $\frac{\mathrm{T}}{ds}$, on a $d.\frac{dy}{dx}=\frac{a}{b}dx$, ou $=c dx$, c const., de là

$$dy=cx\,dx+c'dx,$$
$$y=\tfrac{1}{2}cx^2+c'x+c''.$$

C'est une parabole à axe verticale.

Je suppose les extrémités du fil fixes. Si sa longueur est donnée, l'intégration fournissant une valeur de s qui renferme une quatrième constante, et que je désigne par $s=f(x, c''')$, on aura quatre équations pour déterminer les quatre constantes, savoir deux pour exprimer que la courbe passe par les deux points donnés ; une pour exprimer que s est nul au premier de ces points, et une quatrième pour exprimer que s, supposé terminé au dernier point, est égal à la longueur donnée.

77. Figure d'équilibre d'un fil inextensible dont chaque élément ds est sollicité par un poids proportionnel à la longueur de ds, et que je nomme $n\,ds$, n étant $>o$ (chaînette).

Le fil sera situé dans un plan vertical que je prends pour plan xy, les y étant dirigés de bas en haut. On a donc $\mathrm{X}=o$, $\mathrm{Y}=-n\,ds$, et les équations d'équilibre sont

$$\frac{\mathrm{T}dx}{ds}=c,\quad -n\,ds+d.\frac{\mathrm{T}dy}{ds}=o.$$

Éliminant T, on a

$$-n\,ds+c\,d.\frac{dy}{dx}=o.$$

Cette équation intégrée donnerait s en fonction de $\frac{dy}{dx}$.

Pour obtenir l'équation entre x et y, on posera $\frac{dy}{dx} = p$,

d'où $ds = dx\sqrt{1+p^2}$,

et il vient $c\,dp = n\,dx\sqrt{1+p^2}$,

$$\frac{n}{c}dx = \frac{dp}{\sqrt{1+p^2}},$$

puis, α étant une constante, $\frac{nx}{c} + \alpha = \log\left(p \pm \sqrt{1+p^2}\right)$,

e désignant la base des logs. népériens, on tire de là

$$e^{\frac{nx}{c}+\alpha} = p \pm \sqrt{1+p^2},$$

d'où

$$p \text{ ou } \frac{dy}{dx} = \tfrac{1}{2}\left(e^{\frac{nx}{c}+\alpha} - e^{-\frac{nx}{c}-\alpha}\right),$$

puis $y = \frac{c}{2n}\left(e^{\frac{nx}{c}+\alpha} + e^{-\frac{nx}{c}-\alpha}\right) + c_1$, autre const.

Il y a donc les trois constantes c, c_1, α.

78. Je suppose que le fil, de longueur donnée l, doive être attaché à deux points donnés, situés sur une même horizontale; je prends pour axe des y la verticale qui passe à égales distances de ces points, dont les coordonnées seront pour l'un $x = a$, $y = b$, pour l'autre $x = -a$, $y = b$; puisque la courbe y passe, on a

$$b = \frac{c}{2n}\left(e^{\frac{na}{c}+\alpha} + e^{-\frac{na}{c}-\alpha}\right) + c_1,$$

$$b = \frac{c}{2n}\left(e^{-\frac{na}{c}+\alpha} + e^{\frac{na}{c}-\alpha}\right) + c_1.$$

On a d'ailleurs $ds = \frac{c}{n} . d . \frac{dy}{dx}$, d'où

$$s = \frac{c}{n}\frac{dy}{dx} + c', \quad c' \text{ const.},$$

$$s = \frac{c}{2n}\left(e^{\frac{nx}{c}+\alpha} - e^{-\frac{nx}{c}-\alpha}\right) + c' =$$

L'arc s, supposé nul au point $x = -a$, $y = b$, et $= l$ pour $x = a$, $y = b$, donne

$$o = \frac{c}{2n}\left(e^{-\frac{na}{c}+\alpha} - e^{\frac{na}{c}-\alpha}\right) + c',$$

$$l = \frac{c}{2n}\left(e^{\frac{na}{c}+\alpha} - e^{-\frac{na}{c}-\alpha}\right) + c',$$

$$\text{d'où } l = \frac{c}{2n}\left(e^{\frac{na}{c}+\alpha} - e^{-\frac{na}{c}+\alpha} - e^{-\frac{na}{c}-\alpha} + e^{\frac{na}{c}-\alpha}\right).$$

Les deux valeurs de b donnent

$$o = e^{\frac{na}{c}+\alpha} + e^{-\frac{na}{c}-\alpha} - e^{-\frac{na}{c}+\alpha} - e^{\frac{na}{c}-\alpha},$$

$$\text{ou } \left(e^{\alpha} - e^{-\alpha}\right)\left(e^{\frac{na}{c}} + e^{-\frac{na}{c}}\right) = o.$$

Ce qui exige ou que $\alpha = o$, ou que $\frac{na}{c} = o$.

Or a n'est pas nul, non plus que n; donc $\alpha = o$, et l'équation de la chaînette se réduit à

$$y = \frac{c}{2n}\left(e^{\frac{nx}{c}} + e^{-\frac{nx}{c}}\right) + c_1,$$

$$\text{avec} \quad s = \frac{c}{2n}\left(e^{\frac{nx}{c}} - e^{-\frac{nx}{c}}\right) + c'.$$

Pour déterminer c, nous avons

$$l = \frac{c}{n}\left(e^{\frac{na}{c}} - e^{-\frac{na}{c}}\right).$$

Je fais $\frac{na}{c} = z$, et il vient

$$\frac{e^{z} - e^{-z}}{z} = \frac{l}{a}. \qquad (1)$$

Dans cette équation, le second membre est > 2; car $l > 2a$.

Or le premier membre, que je nomme fz, pour $z = o$ devient $\frac{o}{o}$; mais le rapport des dérivées des deux termes de fz est $\frac{e^{z} + e^{-z}}{1}$ et $= 2$ pour $z = 0$. De plus, je dis que cette valeur 2 est le minimum de fz pour toutes les valeurs de z, de o à ∞.

En effet, on a $f'z = \frac{z\left(e^{z} + e^{-z}\right) - \left(e^{z} - e^{-z}\right)}{z^2} =$

$$= \frac{e^{z}(z-1) + e^{-z}(z+1)}{z^2}.$$

Cette dérivée est $> o$ tant que $z \gtreqless 1$. Ainsi, à partir de $z = 1$, fz va croissant avec z jusqu'à $z = \infty$, où $fz = \infty$. Si $z < 1$, on a

$$f'z = \frac{1-z}{z^2 e^{z}}\left(\frac{1+z}{1-z} - e^{2z}\right).$$

Or $\log. \frac{1+z}{1-z} = 2\left(z + \frac{z^3}{3} + \ldots.\right)$ et $\log. e^{2z} = 2z$;

donc $f'z$ est aussi $> o$ pour $z < 1$, et jusqu'à $z = o$.

Ainsi $\frac{e^{z} - e^{-z}}{z}$ croît de 2 à ∞, lorsque z croît de o à ∞;

l'équation (1) a donc une *seule* racine entre o et ∞, que l'on calculera par rapprochement des limites. Du reste, cette équation a aussi une négation négative, de même valeur absolue que l'autre; car fz ne change pas si on change z en $-z$. On n'oubliera pas que $c = \frac{na}{z}$.

Une fois que c est connu, on a

$$c_1 = b - \frac{c}{2n}\left(e^{\frac{na}{c}} + e^{-\frac{na}{c}}\right), \qquad (2)$$

et

$$c' = l - \frac{c}{2n}\left(e^{\frac{na}{c}} - e^{-\frac{na}{c}}\right).$$

Sur l'axe des y je transporte l'origine au point dont l'ordonnée est c, et l'équation de la chaînette, en posant $\frac{c}{n} = r$, devient

$$y = \frac{r}{2}\left(e^{\frac{x}{r}} + e^{-\frac{x}{r}}\right), \text{ avec } s = \frac{r}{2}\left(e^{\frac{x}{r}} - e^{-\frac{x}{r}}\right).$$

On peut la construire au moyen des deux logarithmes

$$y' = re^{\frac{x}{r}}, \qquad y'' = re^{-\frac{x}{r}},$$

d'où

$$y = \frac{y' + y''}{2}.$$

La tension $T = \frac{c\,ds}{dx}$ ici sera $= \frac{c}{2}\left(e^{\frac{x}{r}} + e^{-\frac{x}{r}}\right) = ny$.

Avec ce système d'axes, la chaînette a son rayon de courbure égal à la normale; et la projection de l'ordonnée sur la tangente est égale à l'arc S qui $= \frac{r}{2}\left(e^{\frac{x}{r}} - e^{-\frac{x}{r}}\right)$.

Soient Kx, Ky les axes primitifs, F, F' les points fixes, FL $= b$, FI $=$ F'I $= a$. On a trouvé pour z, et par suite pour c, deux valeurs égales et de signes contraires; soient $\pm\gamma$ ces deux valeurs; il y a ainsi deux chaînettes, dont voici les équations.

$$y = \frac{\gamma}{2n}\left(e^{\frac{nx}{\gamma}} + e^{-\frac{nx}{\gamma}}\right) + c_1,$$

$$y = \frac{-\gamma}{2n}\left(e^{\frac{nx}{\gamma}} + e^{-\frac{nx}{\gamma}}\right) + c_2,$$

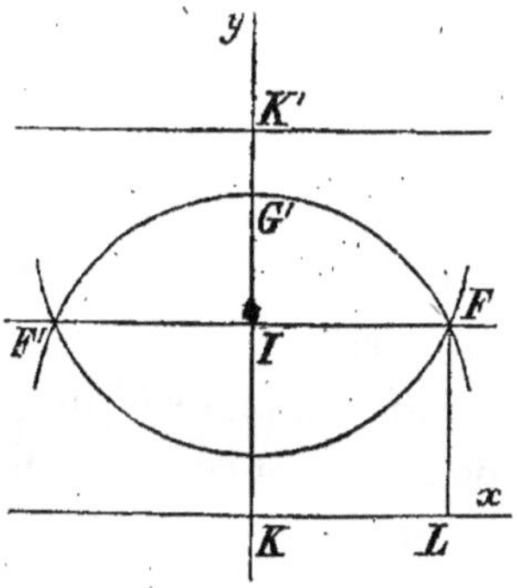

$$\text{avec } c_1 = b - \frac{\gamma}{2n}\left(e^{\frac{na}{\gamma}} + e^{-\frac{na}{\gamma}}\right),$$

$$\text{et} \qquad c_2 = b + \frac{\gamma}{2n}\left(e^{\frac{na}{\gamma}} + e^{-\frac{na}{\gamma}}\right).$$

La première coupe l'axe Ky au-dessous de FF'; car, pour

$x = o$, elle donne $y = \frac{\gamma}{n} + c_1 = b - \frac{\gamma}{2n}\left(e^{\frac{na}{\gamma}} - 2 + e^{-\frac{na}{\gamma}}\right) =$

$$= b - \frac{\gamma}{2n}\left(e^{\frac{na}{2\gamma}} - e^{-\frac{na}{2\gamma}}\right)^2, \text{ qui est} < b.$$

Pour la deuxième, $x = o$, donne

$$y = b + \frac{\gamma}{2n}\left(e^{\frac{na}{2\gamma}} - e^{-\frac{na}{2\gamma}}\right)^2, \text{ qui est} > b.$$

Cette deuxième courbe est la symétrique de la première par rapport à FF'; en effet, x, y étant les coordonnées d'un point quelconque, son symétrique, par rapport à FF', a pour coordonnées x, $2b - y$; la première courbe aura donc pour symétrique

$$2b - y = \frac{\gamma}{2n}\left(e^{\frac{nx}{\gamma}} + e^{-\frac{nx}{\gamma}}\right) + c_1,$$

ou $y = 2b - c_1 - \frac{\gamma}{2n}\left(e^{\frac{nx}{\gamma}} + e^{-\frac{nx}{\gamma}}\right)$;

mais $2b - c_1 = c_2$; donc, etc.

La 2e position d'équilibre est purement abstraite.

Dans les questions précédentes, la figure du fil était à déterminer; mais si le fil est plié sur une courbe ou sur une surface, ou cette figure est connue, ou on en connaît déjà une équation; dans ce cas, ce sont les conditions que doivent remplir les forces, qui sont au moins partiellement à déterminer.

79. Un fil flexible s'enroule sur une poulie fixe, sans épaisseur; il est tiré à ses deux bouts par des forces T_0, T_1, situées dans le plan de la poulie. Chaque élément de la partie enroulée est sollicité par une force qui est une fonction donnée des coordonnées de l'élément rapporté à

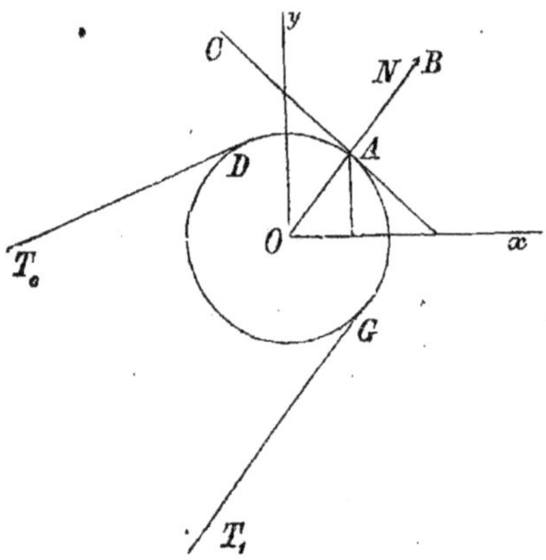

deux axes rectangulaires Ox, Oy, menés par son centre O, et qui, d'ailleurs, est situé dans le plan de la poulie. Établir les conditions d'équilibre de ces forces (POISSON, *Mécanique*).

Soient X, Y les composantes de la force qui sollicite l'élément ds, dont les coordonnées sont x, y, et qui est situé au point A. On pourra regarder le fil comme libre, si aux forces X, Y on joint la réaction que la poulie exerce sur lui, et que je nomme N, de sorte que les équations d'équilibre sont

$$X + N \cos Nx + d \,.\, \frac{Tdx}{ds} = o,$$

$$Y + N \cos Ny + d \,.\, \frac{Tdy}{ds} = o,$$

$$\text{où } \cos Nx = \frac{x}{a}, \text{ et } \cos Ny = \frac{y}{a}, \ a \text{ rayon de la poulie.}$$

Supposons que X, Y soient les composantes du frottement, supposé proportionnel à la pression N, et d'ailleurs tangent à la poulie, on aura (f coefficient)

$$X = -\frac{Nfy}{a}, \quad Y = \frac{Nfx}{a}; \text{ d'ailleurs } \frac{dx}{ds} = \frac{y}{a}, \ \frac{dy}{ds} = -\frac{x}{a};$$

substituant, on trouve

$$Nx - Nyf + d\,.\,Ty = o, \quad Ny + Nxf + d\,.\,Tx = o.$$

Ces équations donnent N et T. En éliminant N, on a

$$(y + fx)\, d\,.\,Ty + (x - fy)\, d\,.\,Tx = o;$$

développant et n'oubliant pas que

$$x^2 + y^2 = a^2, \quad x\,dx + y\,dy = o, \quad x\,dy - y\,dx = -a\,ds,$$

on trouve

$$\frac{dT}{T} = \frac{ds.f}{a}, \text{ puis } \log T = \frac{fs}{a} + \log C \text{ et } T = Ce^{\frac{fs}{a}}.$$

(C constante.)

En D, où $T = T_0$, je suppose s nul, et j'ai

$$T = T_0 e^{\frac{fs}{a}}. \qquad (1)$$

En prenant $s =$ arc DAG, on a $T = T_1$. Que si $s = 2a\pi$, il vient $T = T_0 e^{2\pi f}$.

En général, l'équation (1) exprime la condition que T et T_0 doivent remplir, pour que T fasse équilibre à T_0 et au frottement qu'on a supposé favorable à T_0.

80. Les équations générales du fil donnent (p. 60, (1))

$$X + \frac{dx}{ds} dT + Td.\frac{dx}{ds} = o,$$

etc.

multipliant par $\frac{dx}{ds}, \frac{dy}{ds}, \frac{dz}{ds}$, ajoutant, et n'oubliant pas que

$\frac{dx^2}{ds^2} + \frac{dy^2}{ds^2} + \frac{dz^2}{ds^2} = 1$, et que $\frac{dx}{ds} d.\frac{dx}{ds} + \text{etc.} = o$, on a

$$X\frac{dx}{ds} + Y\frac{dy}{ds} + Z\frac{dz}{ds} + dT = o, \qquad (1)$$

et la variation de la tension est égale à la projection de la force R sur la tangente à la courbe.

Si $X\frac{dx}{ds} + Y\frac{dy}{ds} + Z\frac{dz}{ds}$ est une différentielle exacte, on pourra déterminer la tension sans connaître la courbe. Par exemple, si $X = Z = o$, et $Y = -nds$, on a

$$T = \int n\,dy = ny + \text{const.}$$

81. Les équations générales (p. 60) donnent aussi :

$$T\frac{dx}{ds} = \int X,\ T\frac{dy}{ds} = \int Y,\ T\frac{dz}{ds} = \int Z, \qquad (1)$$

$$\text{d'où } T^2 = (\int X)^2 + (\int Y)^2 + (\int Z)^2.$$

Dans le cas où $X = Z = o$, $Y = -nds$, $\int Y = -ns + c$, etc.

82. Ces équations donnent encore

$$dy\int X = dx\int Y,\ \ dz\int X = dx\int Z,$$

équations de la courbe avec deux constantes.

Soit ici $X = Z = o$, $Y = -n\,ds$,

d'où $\int X = C$, $\int Y = -ns + C'$, et

$$C\frac{dy}{ds} = -ns + C', \text{ etc.}$$

83. Je suppose que la force infiniment petite R soit normale à la courbe ; l'équation (1), (p. 70), donne

$$dT = o,\ T = \text{const.}$$

Si le fil est tiré à chacun de ses deux bouts par une force, ces forces sont égales à T ; s'il est suspendu aux deux bouts, les réactions des point fixes sont $= T$.

Dans ce cas, on a $X + Td.\frac{dx}{ds} = o$, etc.,

d'où

$$X^2 + Y^2 + Z^2 \text{ ou } R^2 = T^2\left[\left(d.\frac{dx}{ds}\right)^2 + \left(d.\frac{dy}{ds}\right)^2 + \left(d.\frac{dz}{ds}\right)\right]$$

$$= T^2\frac{ds^2}{\rho^2},$$

où ρ désigne le rayon de courbure.

Si la force finie $\frac{R}{ds}$ est constante, $\frac{T}{\rho}$ l'est, et comme T l'est, ρ le sera. Donc, si un fil est sollicité par des forces normales, constantes par unité de longueur de fil, le rayon de première courbure est constant.

84. Soit un fil plié sur une courbe (gorge), tiré à ses deux bouts par des forces égales, la tension sera constante, s'il n'y a pas d'autre force appliquée, sauf la réaction de la courbe, que je nomme R (de l'ordre de ds).

On a $\frac{R}{ds} = \frac{T}{\rho}$, de sorte que la force finie $\frac{R}{ds}$ est inverse du rayon de courbure : ainsi aux points d'inflexion R est nul, vu que $\rho = \infty$.

85. Si ce fil est plié sur une surface, on a encore $T = \text{const.}$, et $\frac{R}{ds} = \frac{T}{\rho}$. D'ailleurs, comme ci-dessus

$$-X = Td.\frac{dx}{ds}, \quad -Y = Td.\frac{dy}{ds}, \quad -Z = Td.\frac{dz}{ds},$$

X, Y, Z sont les composantes de la réaction R.

En prenant s pour variable indépendante, on peut transformer ces équations dans les suivantes

$$-X = T\frac{d^2x}{ds}, \quad -Y = T\frac{d^2y}{ds}, \quad -Z = T\frac{d^2z}{ds}.$$

Or, si on nomme p la perpendiculaire au plan osculateur de la courbe, on a

$$\cos\widehat{px} = \rho.\frac{dy\,d^2z - dz\,d^2y}{ds^3},$$

$$\cos\widehat{py} = \text{etc.} \quad . \quad . \quad . \quad \cos\widehat{pz} = \text{etc.},$$

et comme $\cos\widehat{Rx} = \frac{X}{R}$, etc., il vient

$$\cos\widehat{pR} \text{ qui} = \cos\widehat{px}\cos Rx + \cos\widehat{py}\cos\widehat{Ry} + \cos\widehat{pz}\cos Rz = o.$$

Il s'ensuit que la réaction R $\left(\text{ou } \frac{R}{ds}\right)$ est dans le plan osculateur de la courbe, comme étant perpendiculaire à p, qui est normale à ce plan ; or R est normale à la surface : donc le plan osculateur l'est aussi, et la courbe est une ligne géodésique, tout comme la trajectoire d'un point matériel assujetti à rester sur une surface et sollicité par une force tangente à la trajectoire.

CHAPITRE VI.

ÉQUILIBRE DES FLUIDES OU HYDROSTATIQUE.

86. Un fluide est un corps qui peut éprouver des changements de forme illimités, dont les molécules ne sont, par conséquent, assujetties à aucune condition quant à leurs distances mutuelles. Tandis que, dans un corps solide, les distances des molécules sont invariables ; que, dans un corps flexible, élastique, ces distances ne peuvent varier qu'entre les limites plus ou moins resserrées, dans le fluide, je le répète, la distance de deux molécules peut virtuellement varier de zéro à l'infini, sans que le *fluide qui les environne* oppose le moindre obstacle à ces variations.

Lorsque les molécules d'un fluide, sollicitées par des forces, sont en équilibre, il arrive, comme dans les corps solides, que les forces appliquées à une molécule, se transmettant à d'autres, produisent sur ces autres molécules des actions, et subissent des réactions. Dans les corps solides, ces actions et réactions existent ; mais un pareil corps est de forme invariable, et les conditions de son équilibre sont indépendantes de ces forces intérieures, qui, d'un autre côté, modifient sa forme, s'il est flexible, élastique.

Cette action qu'exercent entre elles les molécules du fluide, et qui sont analogues à la tension dans les fils flexibles, se nomme *pression.*

87. Dans une masse fluide en équilibre, j'isole par la pensée, ou même matériellement, un canal AB; j'y fais une section *ab*, et, supprimant le fluide *ab a'b'*, j'admets que, pour maintenir le fluide *ab*A, il suffit d'appliquer contre *ab*, au moyen d'un piston, par exemple, une cer-

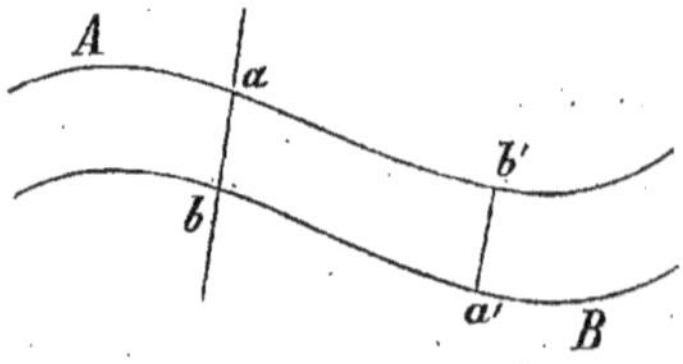

taine force normale : c'est cette force que j'appelle l'*action*, la pression du fluide *ab*B contre la section idéale *ab* ; la réaction du fluide *ab*A est égale et contraire à l'action. C'est donc la valeur commune de l'action et de la réaction, qui est la pression.

Soit O l'aire d'une portion de plan réel ou idéal plongé dans le fluide, P la pression normale qu'elle éprouve ; $\frac{P}{O}$ est la pression moyenne de l'unité de surface, prise sur O.

Soit encore a un élément ou portion d'aire infiniment petite du second ordre ; q la pression que cet élément supporte, $\frac{q}{a}$ sera aussi la pression sur l'unité de surface, et pourra avoir des valeurs différentes pour les différents éléments dans lesquels on peut décomposer O. $\frac{q}{a}$ se décompose généralement en deux parties : l'une finie absolue, que je désigne par p ; l'autre infiniment petite i ; la pression est donc $p + i$. Dans les réductions infinitésimales, elle se remplacera par p, qu'on nommera la pression en l'un des points de a. En rapportant le fluide à trois axes rectangulaires, nous supposerons toujours que p est une fonction continue des trois coordonnées d'un point de a, fonction qui, par conséquent, varie de ce point à un autre, mais infiniment peu, de sorte que, dans les réductions citées, il est indifférent de prendre tel ou tel point de a.

88. Cela posé, je dis, 1° que, si on fait tourner l'aire plane (a) autour d'un quelconque de ses points, la pres-

sion p ne changera pas, ce qui signifie que la pression en un point d'un fluide en équilibre est la même dans tous les sens autour de ce point ; 2° que la pression exercée en un point d'un fluide en équilibre se transmet partout dans le fluide, de sorte que, si on applique à une aire une pression p (sur une unité de surface), la pression en un point quelconque recevra un accroissement égal à p, sur une unité de surface.

Pour prouver ces propositions, je rapporte le fluide à trois axes rectangulaires, et je suppose que chaque molécule (de masse m) soit sollicitée par une force dont les projections sur les axes sont mX, mY, mZ. J'isole dans le fluide (par la pensée) un prisme AB, dont les arêtes soient parallèles aux x, et dont la section droite soit infiniment

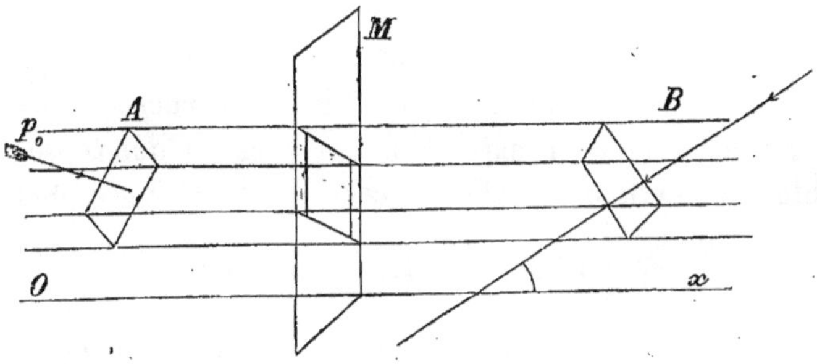

petite dans les deux sens et $= a$. Puisqu'il n'y a point de cohésion dans le fluide, l'action du fluide environnant n'empêche pas les molécules du prisme de se mouvoir dans le sens de ses arêtes (ce serait le contraire dans un corps solide), et par suite les forces parallèles aux x qui sollicitent ces molécules, ont une résultante nulle : je termine ce prisme à deux plans, A, B, dirigés comme on voudra. Soit p_0 la pression (sur l'unité de surface) qu'éprouve le plan A, s_0 l'aire de la section A : l'action du fluide extérieur sur A sera $p_0 s_0$; la projection de s_0 sur yz étant a, l'angle que p_0, normale à A, fait avec l'axe des x, a pour cosinus $\frac{a}{s_0}$, et la projection de $p_0 s_0$ sur Ox est $p_0 s_0 \times \frac{a}{s_0} = p_0 a$. De même, p_1 étant la pression en B, l'action du prisme sur le plan A est $p_1 a$, et la réaction du fluide extérieur contre le plan s_1 est $p_1 a$; sa projection sur Ox est $p_1 s_1 \times \frac{-a}{s_1}$, ou $-p_1 a$; ces forces $p_0 a$, $-p_1 a$ et les mX, toutes parallèles à Ox devant être en équilibre, on a

$$p_0 a - p_1 a + \int_{x_0}^{x_1} mX = o,$$

d'où
$$p_1 = p_0 + \int_{x_0}^{x_1} mX. \tag{1}$$

La valeur de p_1 est indépendante de $\frac{a}{s_1}$, cosinus de l'angle que le plan B fait avec y; donc la pression est la même dans tous les sens autour du point B. Cette conséquence est rigoureuse pour la partie finie de la pression que représente p_1 : la valeur complète de cette force, désignée plus haut par $\frac{q}{a}$, ne jouit pas de cette indépendance.

En second lieu, si à p_0 on ajoute une pression p', il faut au premier membre l'équation (1), ajouter aussi p', pour que l'équilibre subsiste. Donc une pression exercée en A se transmet sans variation à tout point B du fluide, et s'ajoute à la pression telle qu'elle était avant l'addition de p'.

Toute section transversale M *imaginée* dans le fluide, éprouve sur ses deux faces, parallèlement à Ox, des pressions égales et opposées, ce qu'on peut vérifier; car, soit x_2 l'abscisse de cette section, la pression sur la face gauche de M sera $p_0 + \frac{1}{a}\int_{x_0}^{x_2} mX$; sur la face droite $-p_1 + \frac{1}{a}\int_{x_2}^{x_1} mX$:

or, en vertu de notre équation d'équilibre (1), la somme de ces pressions est nulle ; car cette somme $= p_0 - p_1 + \frac{1}{a}\int_{x_0}^{x_1} mX$. Donc, etc.

Mais si la section M était une cloison fixe, sa réaction indéfinie annulerait les pressions que lui transmettraient les actions exercées en A et B. L'équilibre de la partie MA donnerait

$p_0 + \int_{x_0}^{x_2} mX +$ la réaction du plan M de droite à gauche $= o$;

celui de MB donne $- p_1 + \int_{x_2}^{x_1} mX +$ la réaction de M de gauche à droite $= o$. Et, comme ces réactions peuvent prendre telles valeurs qu'on veut, vu la fixité supposée de M, on n'en conclura plus que la pression p', exercée en A, se transmet sur B.

89. *Condition de l'équilibre d'une masse fluide.* La masse fluide est supposée limitée, soit qu'elle se termine par une surface libre, qui peut supporter des pressions extérieures, soit qu'elle se trouve en contact avec des corps solides fixes ou mobiles, formant vases ou non ; le fluide peut aussi présenter les deux cas, comme, par exemple, un liquide pesant dans un vase ouvert.

Pour que le fluide soit en équilibre, il faut que toutes ses parties le soient. Mais, si on décomposait le fluide en parties finies, il y aurait, pour exprimer les conditions d'équilibre, la même difficulté que pour la masse totale. Ces conditions comprendraient, outre les six équations de l'équilibre d'un corps solide, celles qui seraient nécessaires pour annuler les mouvements relatifs des molécules. Cette difficulté disparaît, si on divise le fluide en parties qui puissent se traiter comme des points matériels. Dès lors, pour chaque partie ou molécule, trois équations d'équilibre suffiront (comparez le fil flexible). Les molécules du fluide offrent deux cas, savoir : une molécule peut être entourée de fluide de tous côtés, c'est-à-dire plongée, ou elle est adjacente à une surface libre, à une paroi, etc. Ces dernières sont les molécules aux limites. Pour les autres, soit une molécule AC', figurant un parallélipipède, dont la masse est m, et dont les arêtes, infiniment petites, parallèles aux axes de coordonnées, sont dx, dy, dz. Elle est sollicitée par une force dont les projections sur les axes sont nommées mX, mY, mZ. Soit

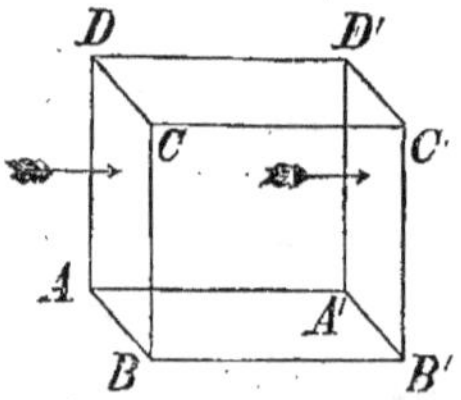

p_1 la pression moyenne sur la face AC; l'action que le liquide exerce sur cette face est $p_1 \times dy\, dz$; si p_1 était constant, cette pression se transmettrait sur la face opposée avec le même sens, etc. Mais comme elle est fonction de x, il faut dans p_1 changer x en $x + dx$, et la pression sur A'C' sera

$$dy\, dz \left(p_1 + \frac{\Delta p_1}{dx} \cdot dx\right);$$

la réaction du fluide sera $-\, dy\, dz \left(p_1 + \frac{\Delta p_1}{dx} \cdot dx\right)$, et l'équilibre des forces parallèles aux x exige que

$$p_1 \cdot dy\, dz - \left(p_1 + \frac{\Delta p_1}{dx} \cdot dx\right) dy\, dz + m\text{X} = o,$$

$$\text{ou bien } -\frac{\Delta p_1}{dx} dx\, dy\, dz + m\text{X} = o.$$

Si, dans cette équation, on supprime les infiniment petits du quatrième ordre, on remplacera d'abord Δ par d, puis p_1 par p, et on réduira l'équation à

$$-\frac{dp}{dx} dx\, dy\, dz + m\text{X} = o.$$

Je nomme ρ la densité aux environs du point A ; ρ est aussi supposé une fonction de x, y, z ; la masse m sera, au troisième ordre près, $\rho\, dx\, dy\, dz$, et

l'équation devient $\dfrac{dp}{dx} = \rho X$. (1)

La face AD donne une relation analogue, et, comme la partie finie de la pression en A est indépendante de la direction des faces pressées, la pression relative à la face AD est encore p, et on a l'équation $\dfrac{dp}{dy} = \rho Y$, (2)

De même $\dfrac{dp}{dz} = \rho Z$. (3)

Ces équations (1) (2) assurent l'équilibre de toute molécule entourée de fluide de tous côtés, d'ailleurs privée de vitesse initiale. Il faut de plus que les molécules qui ne sont pas entourées partout de fluide, telles que celles qui forment la surface libre, ou qui s'appuient contre des corps solides — parois — soient aussi en équilibre, comme on va le voir dans ce qui suit (analogie avec le fil flexible).

Ces trois équations montrent que l'équilibre n'est possible que si ρX, ρY, ρZ sont les dérivées partielles d'une même fonction, c'est-à-dire si

$$\frac{d(\rho X)}{dy} = \frac{d(\rho Y)}{dx}, \text{ et } \frac{d.(\rho X)}{dz} = \frac{d.(\rho Z)}{dx}.$$

Il est donc inutile de s'occuper de questions où ces deux relations ne sont pas satisfaites.

Nota. La molécule m a été traitée comme un point, ce qui dispense d'écrire pour l'équilibre les équations des moments.

90. Les équations (1) (2) (3) donnent

$$dp = \rho(X\,dx + Y\,dy + Z\,dz), \qquad (4)$$

qu'on appelle l'*équation d'équilibre des fluides*.

Dans tout le cours de ce raisonnement, on a constamment appliqué la loi des homogènes, supprimant les infiniment petits des ordres supérieurs à l'ordre le moins élevé.

91. Dans un fluide homogène de *densité donnée*, chaque molécule est sollicitée par une force proportionnelle à la masse, dirigée vers un point donné, et fonction de la distance à ce point. Quelle est la figure qu'il faut donner à ce fluide pour qu'il reste en équilibre (sans vitesses initiales)?

Je prends le point donné pour origine, nommant r la distance de ce même point à la molécule $m\,(x, y, z)$, et $m\varphi(r)$ la force. J'ai, si la force est attractive :

$$X = -\frac{x}{r}\varphi r, \quad Y = -\frac{y}{r}\varphi r, \quad Z = -\frac{z}{r}\varphi r,$$

donc $$dp = -\rho . \varphi r . \frac{xdx + ydy + zdz}{r},$$

et, vu que $r^2 = x^2 + y^2 + z^2$, $\quad dp = -\rho . \varphi r . dr.$

Soit fr l'intégrale indéfinie de $\varphi r . dr$; il vient

$$p = c - \rho . fr. \qquad (5)$$

Si la surface du fluide est libre et supporte en chaque point la pression donnée p_0. soit r_0, ce que devient r à la surface, on aura

$$p_0 = c - \rho fr_0. \qquad (6)$$

Cette équation montre que r_0 est constant à la surface, c'est-à-dire que celle-ci est une surface sphérique ; si le volume du fluide est donné et $=$ V, on aura $V = \frac{4}{3}\pi r_0^3$; de là on tire r_0, puis l'équation (6) donnera la valeur de c. Il faut donc donner à la masse fluide la figure d'une sphère qui ait son centre au point donné. L'équation (5) fera connaître la pression en chaque point du fluide : elle est constante avec r et ne varie qu'avec r.

92. Je suppose que le fluide est contenu dans un vase, dont la forme est celle d'un cylindre circulaire droit ouvert BACD, et dont l'axe, vertical, passe par le point donné O.

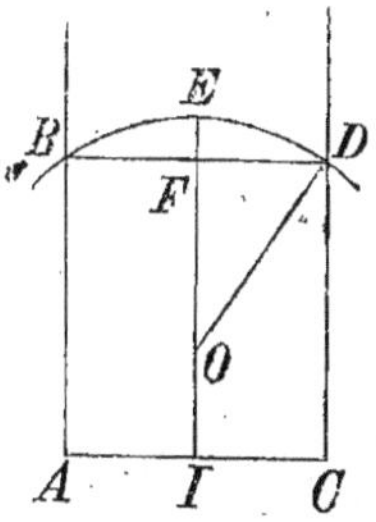

D'abord, la surface libre, où je suppose, comme ci-dessus, la pression constante et $= p_0$, doit encore être prise sur une sphère dont le centre est en O. Le cylindre détermine sur la surface de cette sphère une calotte BED. Nommons ξ l'inconnue AB, ζ la hauteur également inconnue FE de la calotte, R le rayon AI de la base du cylindre; l'expression du volume ABEDC est

$$\pi R^2 \xi + \tfrac{1}{2}\pi R^2 \zeta + \tfrac{1}{6}\pi\zeta^3 = V.$$

On a de plus $OD^2 = R^2 + OF^2$,

ou $$r_0^2 = R^2 + (r_0 - \zeta)^2,$$

posant $OI = h$, qui est donné, on a

$$\xi = OI + OF = h + r_0 - \zeta.$$

Voilà trois équations entre ξ, ζ, r_0. — Le reste comme plus haut.

Si le fluide n'est pas homogène, l'équation $dp = \rho\varphi r . dr$ montre que la densité ρ doit être une fonction de r, de sorte que le fluide doit être disposé par couches sphériques homogènes, ayant leur centre en O. Du reste, ces couches peuvent être d'épaisseur finie, et la question pourra se résoudre, si on connaît le volume du fluide de chaque couche. Que si ρ est une fonction continue de r, que je nomme ψr, on a

$$dp = -\varphi r . \psi r\, dr, \text{ d'où } p = C - \int \varphi r . \psi r\, dr, \text{ soit} = C - Fr.$$

Mettons que la surface soit libre, et la pression $= p_0$ en tous ses points : on y aura $p_0 = C - Fr_0$. (r_0 se rapporte à cette surface). r_0 est donc encore constant, et cette surface est celle d'une sphère dont la masse sera $\int_0^{r_0} (\psi r \times 4\pi r^2 dr)$, que je suppose $= M$. De là r_0, puis C, etc.

93. Je reprends $dp = \rho\,(X\,dx + Y\,dy + Z\,dz)$.

En général, le second membre doit être la différentielle d'une fonction des trois variables x, y, z, et que je nomme

$$F\,(x, y, z) = \int \rho\,(X\,dx \ldots),$$

d'où $$p = F\,(x, y, z) + C.$$

Soient x_0, y_0, z_0 les coordonnées d'un point quelconque de la surface libre ; la pression y sera

$$p_0 = F\,(x_0, y_0, z_0) + C.$$

Si cette pression est donnée en fonction de x_0, y_0, z_0, par exemple $= f_1\,(x_0, y_0, z_0)$, on aura à la surface

$$f_1\,(x_0, y_0, z_0) = F\,(x_0, y_0, z_0) + C; \qquad (a)$$

telle est l'équation de la surface.

La densité ρ étant donnée en fonction de x, y, z, on calculera la masse $\iiint \rho\,dx\,dy\,dz = M$; l'intégrale, qui a pour limites la surface (a), sera une fonction de C, ce qui fera connaître cette constante ; la surface (a) et p seront connues.

Les surfaces d'égale pression, ou surfaces de niveau, ont pour équation $F\,(x, y, z) + C = P$, P étant cette pression.

Dans le cas où $X\,dx + Y\,dy + Z\,dz$ est une différentielle $d.F\,(x, y, z)$, l'équation $dp = \rho\,dF$ montre que ρ doit être une fonction de F, et p également.

L'équation des surfaces de niveau est $F\,(x, y, z) = a$, et sur chacune de ces surfaces ρ et p sont constants ; et comme $Xdx + Ydy + Zdz$ y est nul, la force, dont mX, mY, mZ sont les composantes, est normale à la surface de niveau qui passe par la molécule m.

94. Ce qui vient d'être dit (p. 81) convient à tout fluide dans lequel la densité d'une même molécule ne varie pas avec la pression, et a, par conséquent, son volume indépendant de ladite pression : tels sont les liquides. Dans les

gaz, la densité varie ou peut varier avec la pression. Si, dans un gaz, la température est constante en tous les points, la densité est proportionnelle à la pression : ainsi

$$\rho = k.p, \quad k \text{ constant.}$$

Donc $\quad dp$, qui $= \rho\,(\mathrm{X}dx....)$,

donne $$\frac{dp}{p} = k\,(\mathrm{X}dx + \mathrm{Y}dy + \mathrm{Z}dz).$$

Soit encore $\mathrm{X}dx + \mathrm{Y}dy + \mathrm{Z}dz = d.\mathrm{F}\,(x, y, z)$,

on aura $$\frac{dp}{p} = k\,d.\mathrm{F},$$

d'où $$\log p = k\mathrm{F} + \log \mathrm{C}, \text{ et } p = \mathrm{C}e^{k\mathrm{F}},$$

puis $$\rho = k\mathrm{C}e^{k\mathrm{F}(x,y,z)}$$

95. Supposons que, dans une masse donnée M d'un gaz, les molécules soient attirées vers l'origine des coordonnées par une force φr, on aura $\mathrm{X}dx.... = -\varphi r.dr$ (voy. nº 91), $p = \mathrm{C}e^{-k\int\varphi r dr}$ $\rho = k\mathrm{C}e^{-k\int\varphi . dr}$

A la surface, p est, je suppose, constant et $= p_0$; je représente $k\int\varphi . dr$ par ψr; je nomme r_0 la valeur de r à la surface, et j'ai $p_0 = \mathrm{C}e^{-\psi r_0}$; donc r_0 est constant, et la surface est une sphère. La pression et la densité sont constantes avec r. La masse d'une couche sphérique sera

$$4\pi r^2 dr \times \rho =, \text{ où } \rho = k\mathrm{C}e^{-\psi r}.$$

L'intégrale $4\pi\int_0^{r_0} \rho r^2\, dr = \mathrm{M}$ fournit une relation entre C et r_0; on a de plus $p_0 = \mathrm{C}e^{-\psi r_0}$, deuxième relation entre C et r_0. Le problème est donc résolu.

96. Si la température θ n'est pas constante, k est une fonction de cette variable : ainsi $k =$ fonction de θ, et, comme $\quad \rho = k.p$, et que $dp = \rho\,d.\mathrm{F} = kp.d\mathrm{F}$,

d'où $\frac{dp}{p} = k.dF$, il faut que F soit une fonction de θ.

Par suite, p, ρ, F sont des fonctions de θ, de sorte que, sur chaque surface de niveau ($F(x, y, z) = a$) la température, la densité et la pression sont constantes.

97. *Fluides pesants.* L'axe des z étant vertical et dirigé de haut en bas, la force appliquée à la molécule m est son poids mg, par suite $X = Y = o$ et $Z = g$; l'équation de l'équilibre est donc

$$dp = g\rho\, dz,$$

ce qui exige que ρ soit une fonction de z, c'est-à-dire que, sur une même section horizontale, la densitité et la pression sont constantes.

Je suppose que le fluide soit composé de couches homogènes d'épaisseur finie, la surface supérieure étant libre, et soumise à une pression constante p_0; soient z_0, z_1 les ordonnées des plans horizontaux, qui comprennent entre eux la première couche à partir d'en haut, ρ_0 la densité. La pression à la surface inférieure de la couche sera

$$p_1 = p_0 + \int g\rho_0\, dz, \text{ ou } p_1 = p_0 + g\rho_0 (z_1 - z_0).$$

La couche suivante, dont la densité est supposée ρ_1, se termine à $z = z_2$, et sur sa surface inférieure on a la pression

$$p_2 = p_1 + g\rho_1 (z_2 - z_1),$$

etc.

En général, $p_n = p_{n-1} + g\rho_{n-1} (z_n - z_{n-1})$,
d'où $p_n = p_0 + g\Sigma\rho.\Delta z$, Δz représentant les différences $z_1 - z_0$, $z_2 - z_1$, etc.

Le terme $g\Sigma\rho\Delta z$ est le poids d'un prisme vertical de fluide qui a pour base l'unité de surface prise sur le plan $z = z_n$, et pour hauteur $z_n - z_0$. Si le plan $z = z_n$ est celui du fond d'un vase qui renferme le fluide, chaque unité de surface de ce fond supporte cette même pression p_n, et le fond, quelle que soit la forme des parois latérales, portera le poids de l'atmosphère, plus celui d'un prisme droit, qui s'élèverait sur ce fond jusqu'au niveau $z = z_0$.

98. *Vases communiquants.* Deux vases renferment des liquides qui, à leur niveau supérieur, sont pressés par l'atmosphère ; à leur partie inférieure, les liquides communiquent entre eux. Pour que le système soit en équilibre, il faut que l'équilibre ait lieu dans chaque vase, c'est-à-dire que, dans chaque vase et jusqu'au fond, les liquides soient disposés par couches horizontales homogènes. Dans la partie inférieure, qui forme à elle seule un vase, il faut que, dans toute l'étendue d'une même section horizontale, la pression soit la même : ainsi les couches homogènes devront s'étendre tout autour jusqu'aux parois; enfin, sur toute l'étendue du fond horizontal, la pression sera encore la même, de sorte que $g\Sigma\rho\Delta z$, pris pour le premier vase, devra être $= g\Sigma\rho'\Delta z$, pris pour le second : l'un et l'autre depuis AB jusqu'au niveau supérieur correspondant. Si les deux liquides sont homogènes, mais de densités différentes, à partir d'un plan horizontal A'B', qui ne traverse plus la couche inférieure, et qu'on nomme h, h' les hauteurs des deux niveaux au-dessus de A'B', l'équation précédente donne

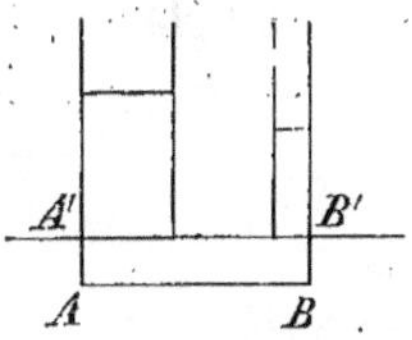

$$\rho h = \rho' h' \text{.... relation connue.}$$

99. *Pression sur des parois fixes.* Sur une paroi plane, et non horizontale, soit prise une aire A. Cette aire peut aussi être celle d'une face d'un corps, d'un plan, fixé dans le liquide. Si sur cette aire on prend un élément infiniment petit du second ordre λ, la pression qu'il supporte est indépendante de son inclinaison par rapport à l'horizon. On peut donc supposer λ horizontal, et dès lors la pression est le poids d'un prisme vertical de liquide dont la

base est λ, et la hauteur est la distance entre λ (horiz.) et le niveau. Soit z cette distance ; la pression sera $g\rho\lambda z$; la pression sur A sera $g\Sigma\rho\lambda z$, et, si ρ est constant, elle $= g\rho\Sigma\lambda z$, qui représente une intégrale double. Or $\Sigma\lambda z$ est la somme des moments des éléments de l'aire par rapport au plan du niveau, de sorte que, si z_1 est l'ordonnée du centre de gravité de l'aire A, la pression $= g\rho Az_1$. C'est le poids du prisme droit de liquide, qui a pour base l'aire A et pour hauteur la distance de son centre de gravité au niveau.

On appelle *centre de pression* le point où la direction de cette force perce le plan de l'aire A. Soient x', y', z' ses trois coordonnées, les plans coordonnés étant le niveau pour xy, et deux plans perpendiculaires entre eux et à xy. Le moment de la pression $g\rho\lambda z$ par rapport au niveau est $g\rho\lambda z^2$; par rapport à xz, $g\rho\lambda zy$, et par rapport au plan yz, $g\rho\lambda zx$: donc (centre des forces parallèles, dont la résultante $= g\rho Az_1$), ρ étant constant,

$$g\rho Az_1 . z' = \Sigma g\rho\lambda z^2, \quad \text{ou} \quad Az'z_1 = \Sigma\lambda z^2,$$
$$Az_1y' = \Sigma\lambda zy, \quad Az_1x' = \Sigma\lambda zx.$$

Σ est une intégrale double dont les limites sont celles de A. Le centre de pression est plus éloigné du niveau que le centre de gravité de l'aire A (à moins que A ne soit horizontal), c'est-à-dire $z' > z_1$; car $z_1 = \dfrac{\Sigma\lambda z}{\Sigma\lambda}$ et $z' = \dfrac{\Sigma\lambda z^2}{\Sigma\lambda z}$; il suffit donc de prouver que

$$\Sigma\lambda z^2 \times \Sigma\lambda > (\Sigma\lambda z)^2.$$

Désignant par ζ_1, ζ_2... les valeurs de z ; par λ_1, λ_2... celles de λ, on aura à prouver que

$$(\lambda_1\zeta_1^2 + \lambda_2\zeta_2^2 + \ldots)(\lambda_1 + \lambda_2 \ldots) > (\lambda_1\zeta_1 + \lambda_2\zeta_2 + \ldots)^2;$$

développant, simplifiant, on ramène cette relation à

$$\lambda_1\lambda_2(\zeta_1^2 + \zeta_2^2) + \lambda_1\lambda_3(\zeta_1^2 + \zeta_3)^2 + \ldots > 2\lambda_1\lambda_2\zeta_1\zeta_2 + \ldots;$$

mais $\zeta_1^2 + \zeta_2^2 > 2\zeta_1\zeta_2$. Donc, etc.

100. Un trapèze AA'BB' doit être plongé et maintenu dans un liquide homogène, de manière que ses bases restent parallèles au niveau, que la base AA' soit au-dessous du niveau à une distance c, et que le plan du trapèze fasse avec l'horizon un angle α : on demande l'ordonnée z_1 du centre de pression, point qui sera sur la médiane DE du trapèze.

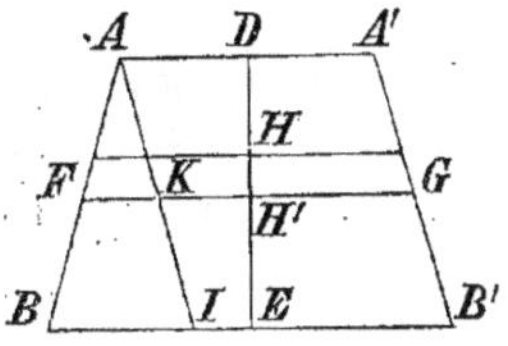

Je pose $AA' = a$, $BB' = b$, la hauteur $DE = h$. Je divise le trapèze en tranches parallèles aux bases : FG est une pareille tranche : tous les éléments λ de cette tranche ayant même z, la somme de leurs moments λz sera aire $FG \times z$, et la somme des λz^2 sera aire $FG \times z^2$. Soit u la distance DH de la tranche à la base AA', et $du = HH'$; pour la base FG de la tranche, on mène AI // à A'B', et on a

$$FG = a + FK = a + \frac{BI}{h} u = a + \frac{b-a}{h} u,$$

ainsi aire $FG = (a + \frac{b-a}{h} u)\, du$.

Par DE je conçois un plan vertical ; soit XY sa trace sur le plan du niveau ; je mène DL, HM perpendiculaires à XY,

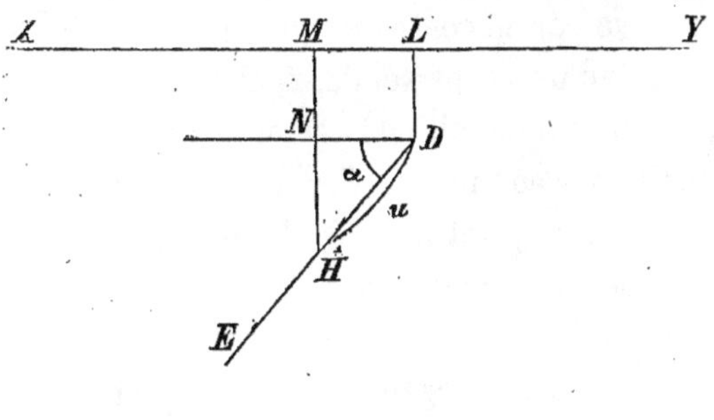

et j'ai $LD = c$; je mène DN // à XY ; d'où HM ou $z = MN + NH = c + u \sin \alpha$.

Donc aire $FG \times z = (a + \frac{b-a}{h} u)(c + u \sin \alpha)\, du$,

et aire $FG \times z^2 = (a + \frac{b-a}{h} u)(c + u \sin \alpha)^2\, du$.

En intégrant ces expressions de $u = o$ à $u = h$, on aura les valeurs de Az_1 et $Az'z_1$.

On trouve

$$z_1 = c + \frac{h}{3} \cdot \frac{a+2b}{a+b} \cdot \sin \alpha,$$

$$z' = \frac{6(a+b)c^2 + 4hc(a+2b)\sin\alpha + h^2(a+3b)\sin^2\alpha}{2h(a+2b)\sin\alpha + 6(a+b)c}.$$

Si on fait $b = a$, la figure devient un rectangle.

Avec $a = o$, on a un triangle isocèle dont le sommet est en haut, etc.

101. *Équilibre des corps plongés. — Principe d'Archimède.* Si dans un fluide pesant en équilibre on isole par la pensée une portion quelconque M, cette portion représente un poids en équilibre : ce poids est donc maintenu en équilibre par une force égale et contraire, due aux pressions que le fluide environnant exerce sur M ; car si ce fluide environnant était supprimé, M tomberait. Cette force, égale et contraire au poids, est appelée *la poussée ;* elle est verticale et sa direction passe par le centre de gravité de M. Si donc on remplace M par un corps solide, égal à M en volume et en surface, ce corps sera sollicité par la même poussée ; il est aussi sollicité par son poids. Ces deux forces, si leurs directions coïncident, ont une résultante égale à leur différence, et trois cas peuvent se présenter : 1° le poids est plus grand que la poussée, et le corps tend à descendre ; 2° ces deux forces sont égales — le corps reste en équilibre ; 3° la poussée est $>$ le poids ; le corps tend à s'élever. Dans ces trois cas, le corps perd donc une partie de son

poids, partie égale au poids du fluide, homogène ou non, dont il tient la place. C'est le principe d'Archimède. Si le fluide pesant est hétérogène, il doit être disposé par couches horizontales homogènes : dès lors la poussée est égale à la somme des poids des portions de couches dont il occupe la place.

Dans le premier cas, le corps plongé ne saurait rester en équilibre ; il descendra jusqu'au fond. Dans le deuxième cas, il sera en équilibre à toute hauteur dans le fluide, pourvu qu'il plonge en entier et que le centre de poussée soit avec le centre de gravité sur la même verticale. Dans le troisième cas, le corps sera en équilibre, si on le place de façon que la poussée soit égale au poids, et que les deux centres soient sur une même verticale.

Supposons que ces deux points ne soient pas sur la même verticale ; les deux forces, si elles sont inégales, se réduisent à une seule qui n'est pas nulle, ou, si elles sont égales, elles forment un couple qui n'est pas nul. Dans aucun de ces deux cas, le corps plongé n'est en équilibre.

Remarquez que le centre de poussée n'est autre chose que le centre de gravité du fluide dont le corps M occupe la place. Je me borne, dans ce qui suit, aux fluides (pesants) homogènes. Ici le centre de poussée est le même point que le centre de gravité du volume (du corps) plongé, et pour trouver la position d'équilibre d'un corps flottant A, il suffit de diviser ce corps par un plan en deux parties, telles que 1° le centre de gravité G du poids du corps total (homogène ou non), et celui (G′) du volume du fluide déplacé ou du volume plongé BCD, soient sur une verticale ; 2° que le poids du fluide déplacé (BCD) soit égal au poids du corps total.

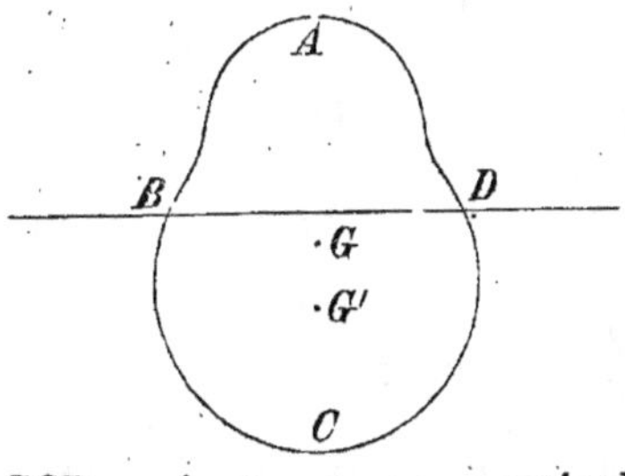

102. Toutes les fois que le corps se décompose en tranches homogènes parallèles qui ont leurs centres de gravité sur une droite ou axe AB, et que le poids du corps est $\overline{\gtrless}$ celui

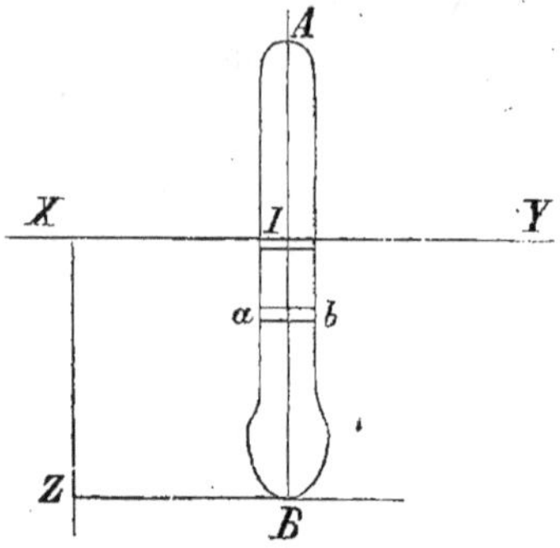

d'un égal volume de fluide, il y a deux positions d'équilibre où cette droite est verticale. En effet, soit XY le niveau du fluide, AB l'axe supposé vertical ; puisque le corps pèse moins qu'un égal volume d'eau, si on l'enfonce de façon que le point A soit au niveau, l'axe restant vertical, la poussée l'emporte sur le poids ; si on ramène B au niveau, le poids l'emporte sur la poussée : donc, en passant d'une de ces positions à l'autre, il y en a une où ces deux forces sont égales, et comme les deux centres de gravité sont supposés maintenus sur une verticale, il y a équilibre. Il en est de même si on renverse le corps de haut en bas.

Si on connaît l'expression de la section horizontale ab en fonction de sa distance au niveau, que je nomme z, le volume de la tranche ab du corps sera $\varphi z \,.\, dz$, φz étant cette section. Je nomme ρ la densité du fluide ; le poids de la partie déplacée est $= g\rho\int_0^{\mathrm{IB}} \varphi z \,.\, dz$, quantité qui doit être égale au poids du corps, etc. Si la section est constante et $= a^2$, l'intégrale devient $g\rho a^2\mathrm{BI}$. Le poids du corps total $= g\rho' a^2 \,.\, \mathrm{AB}$, ρ' étant sa densité. De là $\mathrm{BI} = \frac{\rho'}{\rho} \,.\, \mathrm{AB}$.

103. Les prismes, les cylindres, droits et homogènes, rentrent dans ce dernier cas; mais ces sortes de corps ont aussi des positions d'équilibre où les arêtes sont horizontales. Soit pour exemple un prisme triangulaire droit, flottant sur un fluide homogène. Les arêtes étant horizontales, le volume plongé sera aussi un prisme droit à arêtes horizontales. Le centre de gravité du prisme total, c'est-à-dire celui de son volume, et le centre de gravité du prisme plongé sont dans la section faite à égales distances des bases.

Soit ABC cette section, G, g les centres de gravité des triangles ABC, HCI (XY plan de flottaison); ces points sont

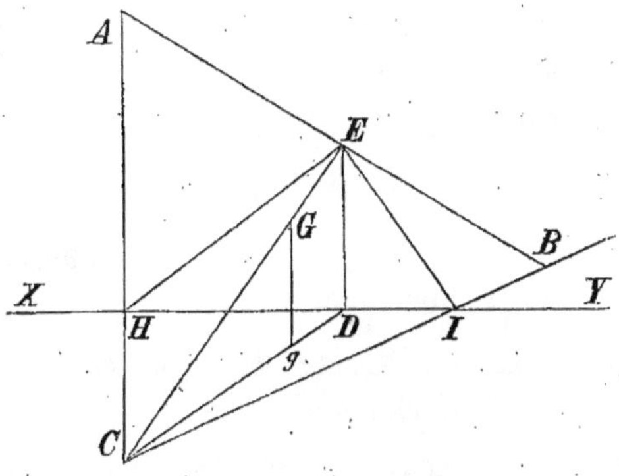

les centres de gravité des prismes; la droite Gg doit être verticale; mais les médianes CGE, CgD montrent qu'à cet effet la droite ED doit aussi être verticale, de sorte que le point E sera à égales distances des points H, I, et on écrira que HE = IE.

Je pose BC $= a$, AC $= b$, CH $= x$, CI $= y$, CE $= f$, angle ACE $= \alpha$, angle ECB $= \beta$; on a

$$EH^2 = x^2 + f^2 - 2fx \cos\alpha = EI^2 = y^2 + f^2 - 2fy \cos\beta. \quad (1)$$

D'ailleurs vol. ABC = aire ABC $\times$ hauteur $= \frac{1}{2}ab \sin C \times$ hauteur,
vol. HCI = $= \frac{1}{2}xy \sin C \times$ hauteur;

multipliant ces deux égalités par $g\rho$ et $g\rho'$, on en déduit l'égalité entre le poids et la poussée, qui, simplifiée, devient $ab\rho = xy\rho'$.

Je remplace $\frac{\rho}{\rho'}$ par ρ, d'où $xy = ab\rho$. (2)

J'élimine y entre (1) et (2), ce qui donne

$$x^4 - 2fx^3 \cos\alpha + 2fab\rho . x . \cos\beta - a^2b^2\rho^2 = o. \quad (3)$$

Cette équation a au plus trois variations. Si l'un des angles α, β est obtus, il n'y en a pas plus d'une. Dans le cas où α, β sont aigus, il y a au plus trois positions d'équilibre avec le sommet C plongé, et une au plus si l'un des angles α, β est obtus. Si le sommet C doit être le seul plongé, il faut en outre que $x < a$ et $y < b$.

Pour le cas de deux sommets plongés, on devra avoir aire ABIH $=$ ABC $\times \rho$,

ou ABC $-$ CHI $=$ ABC $\times \rho$, ou ABC $(1 - \rho) =$ CHI,

ou $ab(1 - \rho) = xy$, et il n'y a qu'à changer ρ en $1 - \rho$, et après ce changement, l'équation (3) n'aura aussi au plus que trois racines réelles, etc.

Si, dans le triangle ABC, $a = b$, et par suite $\alpha = \beta$, les équations (1) et (2) deviennent

$$x^2 - y^2 - 2f\cos\alpha\,(x - y) = o, \quad xy = a^2\rho.$$

La première se décompose en

$$x - y = o, \text{ et } x + y - 2f\cos\alpha = o.$$

On a donc une première solution, où $x = y = a\sqrt{\rho}$. La base AB est horizontale.

Les autres solutions sont fournies par les équations

$$x + y = 2f\cos\alpha, \quad xy = a^2\rho,$$

d'où
$$x = f\cos\alpha \pm \sqrt{f^2\cos^2\alpha - a^2\rho}.$$

Pour qu'elles soient réelles, il faut que $a^2\rho \overline{\gtrless} f^2\cos^2\alpha$.

Les deux valeurs de x (dont l'une pour y) sont $> o$; la deuxième est $< f$, *a fortiori* $< a$. Pour que la première soit $< a$, il faut que $f^2\cos^2\alpha - a^2\rho < (a - f\cos\alpha)^2$, etc.

Enfin, supposons que le triangle soit équilatéral, on aura

$f^2 = \frac{3}{4}a^2$, $\cos^2\alpha = \frac{3}{4}$: donc, outre $x = a\sqrt{\rho}$,

$$\text{on a} \qquad x = a\left(\frac{3}{4} \pm \sqrt{\frac{9}{16} - \rho}\right).$$

D'abord, pour la réalité, ρ doit être $< \frac{9}{16}$,

et pour qu'un seul sommet soit plongé, il faut que la première valeur de x soit $< a$, d'où $\rho > \frac{8}{16}$.

Si deux sommets doivent être plongés, on change ρ en

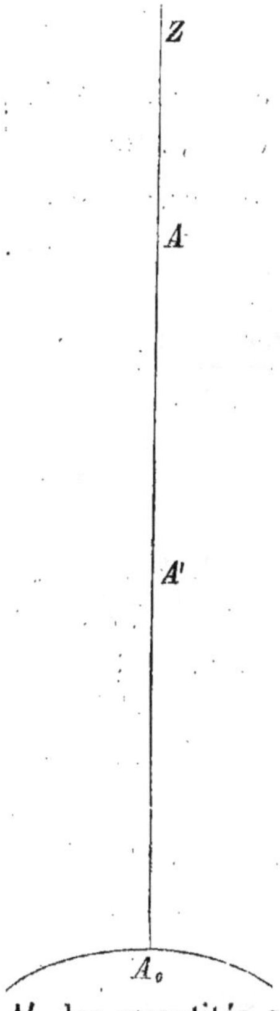

$1 - \rho$, et on trouve

$$1 - \rho < \frac{9}{16}, \quad 1 - \rho > \frac{8}{16},$$

c'est-à-dire $\rho > \frac{7}{16}$ et $\rho < \frac{8}{16}$.

Le même prisme ne peut donc avoir les deux espèces de position d'équilibre (outre celle où $x = y = a\sqrt{\rho}$).

104. *Mesure des hauteurs par le baromètre.* Soit AA_0 une verticale; au point A_0 la pression de l'air est p_0, la distance au centre de la terre r_0, la gravité γ_0, la température de l'air θ_0, celle du mercure T_0, la hauteur du mercure dans le baromètre h_0 ; ρ_0 la densité de l'air. Au point A, ces quantités sont p, r, γ..... ; on a de plus $r = r_0 + z$; de sorte que z est la différence de niveau des deux points A_0, A. En un point intermédiaire quelconque A', les quantités analogues sont p', $r' = r_0 + z'$, γ', etc.

L'axe des z positifs étant dirigé de bas en haut, l'équation d'équilibre de la colonne d'air est

$$dp' = -\rho'\gamma' dz', \tag{1}$$

d'ailleurs $p' = \rho' k(1+\alpha\theta')$, k const., (2)

d'où
$$\frac{dp'}{p'} = \frac{-\gamma' dz'}{k(1+\alpha\theta')}, \tag{3}$$

γ' θ' sont des fonctions de z', et $z' = r' - r_0$, d'où $dz' = dr'$.

En outre $\gamma' = \gamma_0 \frac{r_0^2}{r'^2}$ (loi de la gravité),

et (3) devient

$$\frac{dp'}{p'} = \frac{-\gamma_0 r_0^2}{k(1+\alpha\theta')} \cdot \frac{dr'}{r'^2}. \tag{4}$$

Pour intégrer, il faudrait connaître l'expression de θ' en fonction de r'. On éludera la difficulté, en mettant pour θ' une certaine valeur prise entre θ_0 et θ', et que je nommerai θ; intégrant de p_0 à p par suite de $r' = r_0$ à $r' = r$, on a, en changeant de signes,

$$\log \frac{p_0}{p} = \frac{\gamma_0 r_0^2}{k(1+\alpha\theta)}\left(\frac{1}{r_0} - \frac{1}{r}\right) = \frac{\gamma_0 r_0}{k(1+\alpha\theta)} \cdot \frac{r - r_0}{r}$$

$$= \frac{\gamma_0 r_0}{k(1+\alpha\theta)} \frac{z}{r}. \tag{5}$$

Les hauteurs du mercure dans le baromètre étant h_0 à la température T_0 et à la distance r_0 du centre; h, à T et r, on les ramènera à la même température (o), en les divisant respectivement par $1+\varepsilon T_0$, $1+\varepsilon T$, ε coefficient de dilatation absolue du mercure; ensuite on les ramènera à la distance 1... du centre de la terre, en les divisant encore par r_0^2 et r^2; ces hauteurs, corrigées, seront

$$\frac{h_0}{r_0^2(1+\varepsilon T_0)}, \quad \frac{h}{r^2(1+\varepsilon T)},$$

et leur rapport est celui des pressions, de sorte que

$\frac{p_0}{p} = \frac{h_0}{h} \cdot \frac{r^2(1+\varepsilon T)}{r_0^2(1+\varepsilon T_0)}$, et l'éq. (6) devient (posant $\frac{1+\varepsilon T}{1+\varepsilon T_0} = \beta$)

$$\log \frac{h_0}{h} + 2 \log \frac{r}{r_0} + \log \beta = \frac{\gamma_0 r_0}{k(1+\alpha\theta)} \frac{z}{r},$$

d'où $z = \frac{rk}{r_0} \cdot \frac{(1+\alpha\theta)}{\gamma_0} \cdot [\log \frac{h_0}{h} + 2 \log \frac{r}{r_0} + \log \beta]$. (6)

Dans cette formule, où $r = r_0 + z$, on supposera pour une première approximation $r = r_0$; on calculera le second membre, et on aura une valeur de z, qu'on substituera dans ce même second membre, ce qui fournira une seconde valeur de z, etc.... On remarquera que, si on réduit ainsi la fraction $\frac{r}{r_0}$ qui $= \frac{r_0 + z}{r_0}$ à $\frac{r_0}{r_0}$, on néglige $\frac{z}{r_0}$. Or z ne surpasse jamais un myriamètre, et $r_0 > 600$ myriamètres : $\frac{r}{r_0}$ est donc $< \frac{1}{600}$.

On peut faire subir encore quelques transformations à la formule (6). Soit a le rayon terrestre au niveau de la mer et à la latitude ψ, g_0 la gravité, on aura $\gamma_0 = \frac{g_0 a^2}{r_0^2}$; mais si g est la gravité à la latitude de Paris et encore au niveau de la mer, la théorie a montré que

$$g_0 = g \frac{1 - 0{,}002588 \cos 2\psi}{1 - 0{,}002588 \cos 2\varphi} \text{ (je pose } 0{,}002588 = n),$$

substituant dans (6) et multipliant par 2,302 pour transformer les logarithmes népériens en logarithmes vulgaires, on a

$$z = \frac{r}{r_0} \cdot \frac{k(1+\alpha\theta)}{g} \times \frac{r_0^2}{a^2} \cdot \frac{1 - n \cos 2\varphi}{1 - n \cos 2\psi} \times 2{,}302 \times$$
$$\times \left(\log \frac{h_0}{h} + \log \beta + 2 \log \frac{r}{r_0}\right). \qquad (7)$$

Reste à calculer k. Or, d'après (2), k est la pression de l'air à la température $\theta' = o$ et à la densité 1, et l'unité de densité est celle du corps dont l'unité de volume pèse g kilogrammes. Conservant les unités du système métrique, nous savons qu'à Paris le mètre cube d'air, à $\theta' = o$ et sous une pression $= 10325$ kilogr., pèse $1^k,3$: donc, s'il pèse g kilogr., la pression est $\frac{10325 \times g \text{ kilogr.}}{1,3}$: telle est la valeur de k. Mettant cette valeur de k dans (7), on trouve

$$z = \frac{10325 \times 2,302}{1,3} \cdot \frac{r_o^2}{a^2} \cdot \frac{1 - n\cos 2\varphi}{1 - n\cos 2\psi} \cdot \frac{r_o + z}{r_o} \times$$

$$\times \left[\log \frac{h_o}{h} + 2\log \frac{z}{r_o} + \log \beta\right].$$

On peut introduire la valeur de $\varphi = 48^\circ 50' 49''$, et si la première station est au niveau de la mer, on fera $r_o = a$, $r = a + z$; d'où

$$z = \frac{18336(1+\alpha\theta)}{1 - n\cos 2\psi} \cdot \log\left[\frac{h_o}{h} + 2\log\left(1 + \frac{z}{a}\right) + \log\beta\right] \times \left(1 + \frac{z}{a}\right).$$

Selon Ramond, pour de petites hauteurs, on peut prendre

$$z = 18393\,(1 + \alpha\theta)\log\frac{h_o}{h}.$$

105. *Équilibre relatif.* Les molécules d'un fluide homogène, sollicitées par des forces données, sont animées en outre d'une vitesse angulaire constante autour d'un axe fixe ; établir les conditions nécessaires pour que cette vitesse angulaire se conserve.

Les forces qui doivent ici être en équilibre relatif sur la molécule sont la force absolue, la force centrifuge (fictive), considérée comme appliquée à la molécule, et les pressions des molécules environnantes. Or soit pris cet axe immobile pour axe z ; les composantes de la force centrifuge par rapport aux deux autres axes (intersection du plan xy avec xz, yz, supposés immobiles[1]) sont $m\omega^2 x$, $m\omega^2 y$; si la force absolue extérieure a pour projections sur ces axes mX, mY, mZ, comme celles de la pression, qui est une force absolue intérieure, sont $-\frac{m}{\rho}\frac{dp}{dx}$, $-\frac{m}{\rho}\frac{dp}{dy}$, $-\frac{m}{\rho}\frac{dp}{dz}$, les équations de l'équilibre relatif sont

$$\frac{1}{\rho}\frac{dp}{dx} = X + \omega^2 x, \quad \frac{1}{\rho}\frac{dp}{dy} = Y + \omega^2 y, \quad \frac{1}{\rho}\frac{dp}{dz} = Z,$$

d'où $$\frac{1}{\rho}\,dp = X\,dx + Y\,dy + Z\,dz + \omega^2 (x\,dx + y\,dy). \qquad (1)$$

Je suppose que la pesanteur soit la seule force extérieure, et je prends l'axe z vertical, de bas en haut, ce qui donne $X = Y = o$, $Z = -g$; (1) devient

$\frac{1}{\rho}\,dp = -g\,dz + \omega^2 (x\,dx + y\,dy)$; soit ρ constant, on aura

$$\frac{1}{\rho}\,p = -gz + \tfrac{1}{2}\omega^2 (x^2 + y^2) + C\ldots\ldots \text{(const.)} \qquad (2)$$

Si à la surface libre la pression est constante et $= p_o$, l'équation de cette surface sera

$$\frac{1}{\rho}\,p_o = -gz + \tfrac{1}{2}\omega^2 (x^2 + y^2) + C. \qquad (3)$$

En général, pour toute valeur donnée à p, l'équation (2) est celle d'une surface de niveau, et ces surfaces (2) (3) sont des paraboloïdes de révolution, dont l'axe de révolution est Oz. Mais il faut en outre que les conditions aux limites soient remplies, ce qui exige d'abord que le fluide, qui doit tourner autour de Oz *comme un corps solide*, ne

[1]) Art. 161, tome Ier etc., il a été montré qu'on peut à volonté projeter les forces tant réelles que fictives, soit sur les trois axes fixes, soit sur les trois axes mobiles; ici on a choisi les axes fixes, mais, au contraire des articles cités, on leur a attribué les notations les plus simples : x, y, z au lieu de x', y', z'.

soit pas gêné par les parois fixes, vase etc. Il faut donc que ces parois forment aussi une surface de révolution dont l'axe soit Oz.

Je suppose que le fluide soit contenu dans un vase cylindrique droit, ouvert en haut, et dont l'axe est Oz, le rayon R; soit V le volume du fluide.

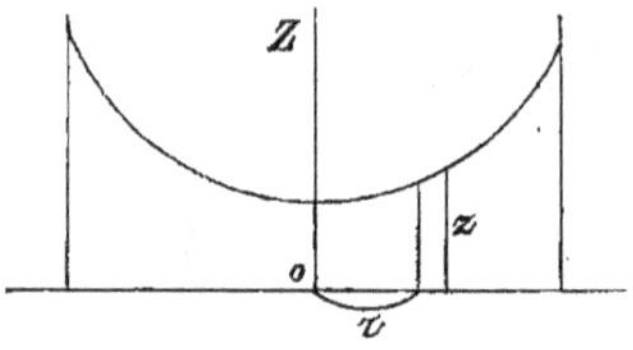

Posant $x^2 + y^2 = r^2$, on a

$$V = 2\pi \int_0^R zr\,dr,$$

et, en vertu de (3),

$$V = \frac{2\pi}{g} \int_0^R \left[\frac{p_0}{\rho} - C - \frac{\omega^2 r^2}{2}\right] r\,dr = \frac{2\pi}{g}\left[\left(\frac{p_0}{\rho} - C\right)\frac{R^2}{2} - \frac{\omega^2 R^4}{8}\right]$$

Cette équation donne C, que l'on substitue dans (2) et (3). On a ainsi la surface libre et les surfaces de niveau.

Les conditions aux limites, dont l'une est celle de cette surface, sont satisfaites; car, outre cette équation, le fluide s'appuie contre les parois du vase, qui ne le gênent pas dans son mouvement de rotation. D'ailleurs, le fluide ayant sa figure d'équilibre, on peut imaginer qu'une partie de ce fluide se congèle sans cesser de participer au mouvement de rotation, et forme ainsi des parois animées de ce mouvement.

CHAPITRE VII.

LOI GÉNÉRALE DE L'ÉQUILIBRE OU PRINCIPE DU TRAVAIL VIRTUEL.

106. Un point matériel immobile (t. Ier) est dit *libre*, si, soumis à l'action d'une force quelconque, il se met en mouvement sur la direction de cette force. Si le point est lié à un obstacle, par exemple à un point fixe, par un lien de longueur invariable, il ne peut, quelle que soit la force y appliquée, se mouvoir qu'en restant sur la surface d'une sphère ayant le point fixe pour centre.

Pour qu'un système de points matériels liés entre eux puisse être l'objet de questions de mécanique, il faut bien qu'il puisse se mouvoir, autrement nous n'avons pas à nous en occuper. Par exemple, relativement à un corps solide, ou système invariable, où il n'y a pas de points fixes, il y a, en fait de mouvements possibles, tous ceux qui ne tendent pas à changer les distances mutuelles des points du système (voy. la Cinématique). Les mouvements que les points d'un système quelconque peuvent prendre, en tant que ces mouvements ne détruisent pas la *constitution* du système, sont dits *mouvements virtuels*. Soit un système de points A, B, C ..., liés entre eux par telles conditions qu'on voudra ; soient A', B', C' ... les lieux que peuvent aller occuper ces points en vertu d'un mouvement virtuel ; tirons les droites AA', BB'..., supposons qu'aux points A, B, C... doivent être appliquées des forces $P_1, P_2...$, et nommons $p_1, p_2...$ les projections des mouvements virtuels AA', BB', etc., sur les directions des forces : $P_1 p_1$ est dit le travail virtuel de la force P_1 ; $P_2 p_2$ est le travail virtuel de P_2, etc.

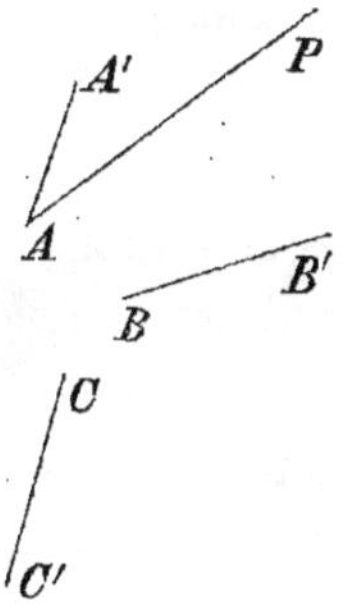

107. Soit A un point matériel libre, sollicité par des forces $P_1, P_2...$ en équilibre ; quel que soit le déplacement qu'on imagine, je dis que le travail virtuel des forces est nul, et réciproquement.

En effet, Ax étant une droite quelconque, menée par le point A, prenons sur cette droite un segment quelconque AA', que je pose $= a$; puisqu'il y a équilibre, on a

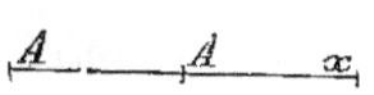

$$P_1 \cos P_1 x + P_2 \cos P_2 x + \ldots = o,$$

d'où

$$P_1 \times a \cos P_1 x + P_2 a \cos P_2 x + \ldots = o;$$

mais $a \cos P_1 x$ est la projection de AA', ou a, sur la direction de P_1 : donc $P_1 \times a \cos P_1 x$ est le travail virtuel de la force P_1, etc. Donc la somme des travaux virtuels est nulle.

Réciproquement, si, pour tout mouvement virtuel du point A, cette somme est nulle, les forces sont en équilibre. Car, soit Aa' un pareil mouvement ; on a, par hypothèse, $\Sigma a \mathrm{P} \cos \mathrm{P}x = o$, ou $a \times \Sigma \mathrm{P} \cos \mathrm{P}x = o$; donc $\Sigma \mathrm{P} \cos \mathrm{P}x = o$. Avec cela, il suffit de prendre deux autres axes menés par A, et formant avec Ax un trièdre trirectangle ; on prouvera, comme pour Ax, que

$$\Sigma \mathrm{P} \cos \mathrm{P}y = o, \quad \Sigma \mathrm{P} \cos \mathrm{P}z = o.$$

Cela posé, je considère un corps ou système de corps quelconques solides, flexibles, fluides, liés entre eux comme on voudra. Une molécule quelconque de ce système peut être regardée comme libre, quelles que soient les conditions de liaison, pourvu que toutes ces conditions soient remplacées par les forces, inconnues, il est vrai, dont elles tiennent lieu. Mais dès lors on a pour chaque point l'équation du travail virtuel, et en sommant ces équations, on a l'équation qui exprime que le travail virtuel total est nul.

108. Dans cette équation doit entrer le travail dû à toutes les réactions, par exemple réactions de surfaces, de courbes, sur lesquelles tels points peuvent être assujettis à rester ; réactions des points dits fixes, etc.

Si l'on se borne à considérer des déplacements infiniment petits et du premier ordre, il est permis de supprimer les travaux virtuels de l'action mutuelle de *tout couple* de points matériels, dont la distance est censée ne pas pouvoir changer. En effet, soient m, m' les deux points, F leur action mutuelle ; x, y, z les coordonnées du premier, x', y', z' celle du second, r leur distance, de sorte que

$r^2 = (x - x')^2 + (y - y')^2 + (z - z')^2$. Les composantes de l'action de m sont $F.\frac{(x-x')}{r}$, $F.\frac{(y-y')}{r}$, $F.\frac{(z-z')}{r}$,

et leurs travaux virtuels sont

$$F.\frac{x-x'}{r}dx,\; F.\frac{y-y'}{r}dy,\; F.\frac{z-z'}{r}dz;$$

pour m'.... $F.\frac{x'-x}{r}dx'$, $F.\frac{y'-y}{r}dy'$, $F.\frac{z'-z}{r}dz'$.

La somme de ces travaux est

$$F\left[\frac{x-x'}{r}(dx - dx') + \frac{y-y'}{r}(dy - dy') + \right.$$
$$\left. + \frac{z-z'}{r}(dz - dz')\right] = F\,dr,$$

et comme dr est nul, le travail l'est aussi.

On peut supprimer aussi les réactions des surfaces fixes. Ces réactions, telles que S, étant normales, tout déplacement infiniment petit IK, projeté sur la direction de la force, est du second ordre.

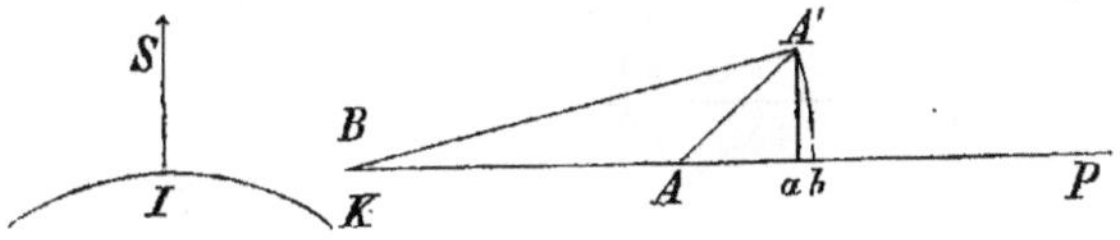

Donc la somme des travaux virtuels infiniment petits des forces appliquées, y compris les actions mutuelles de points qui peuvent changer de distance, travaux calculés au premier ordre près, est nulle.

109. On peut représenter le déplacement virtuel de la manière suivante. Soit prolongée la direction de la force P, en sens contraire de son action, vers B; je prends, à partir du point d'application A, un segment arbitraire AB fini, que je nomme p; soit AA' le déplacement virtuel de A, Aa sa projection sur la direction de P; je tire BA', que j'appelle $p + \vartheta p$, et je dis que ϑp est, au premier ordre près,

$=$ Aa ou AA' cos A'A a. En effet, du point B comme centre je trace l'arc de cercle A'b. La différence Ab, entre BA' et BA, que j'ai nommée ϑp, a le même signe que AA' cos A'Aa, car l'angle A'Aa est $< 90°$, si b tombe sur le prolongement de BA, c'est-à-dire si $\vartheta p > o$, etc. D'ailleurs Ab ou ϑp et Aa ne diffèrent entre eux que par ab, flèche de l'arc infiniment petit du premier ordre, de sorte que ab est du second, et l'équation ci-dessus prouvée est $\Sigma P \vartheta p = o$. Donc...

Réciproquement, si, pour un mouvement virtuel infiniment petit quelconque, la somme des travaux (virtuels) des forces est nulle, ces forces ne produiront pas le mouvement en question. En effet, soit AA' le déplacement que subirait un point A du système, quoique la somme des travaux virtuels dus au déplacement dont AA' fait partie, soit nulle, c'est-à-dire quoique $\Sigma P \vartheta p = o$. Si on remplace les réactions que subit le point A par des forces, comme ce point est dès lors libre, le mouvement AA', dû à la

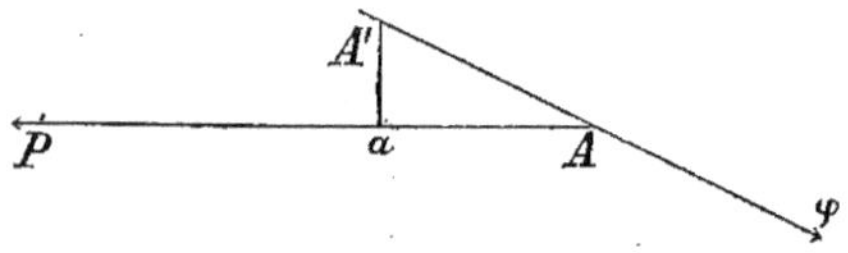

résultante de toutes les forces appliquées au point A, est dirigé sur cette résultante, de sorte qu'une force Q, égale et opposée à la même résultante, empêchera ce mouvement, qui $=$ AA', ce qui donne $-$ Q $\times$ AA' pour le travail virtuel de Q.

L'introduction de forces telles que Q établit donc l'équilibre, et l'on a

$$\Sigma P \vartheta p - \Sigma Q \times AA' = o,$$

ou, vu que $\Sigma P \vartheta p$ est nul par hypothèse, $\Sigma Q \times AA' = o$. Or, si dans cette somme il y a des termes qui ne sont pas nuls, ils sont de même signe : donc chacun est nul. Ainsi $Q \times AA' = o$, ce qui exige ou que $AA' = o$, c'est-à-dire que le point A ne se met pas en mouvement, ou que $Q = o$, ce qui signifie qu'il n'est pas besoin d'une force pour l'empêcher de se mouvoir. Donc le système est en équilibre.

L'équation $\Sigma P \vartheta p = o$, si on divise par dt, en supposant que les mouvements ϑp, s'ils ont lieu en effet, s'exécutent dant le temps dt, devient

$$\Sigma P \frac{\vartheta p}{dt} = o.$$

Or $\frac{\vartheta p}{dt}$ représente, au premier ordre près, la vitesse en vertu de laquelle le point A parcourt l'espace ϑp, de sorte que, supprimant les infiniment petits, et écrivant dp au lieu de ϑp, on a l'équation rigoureuse $\Sigma \frac{P dp}{dt} = o$, qu'on appelle *équation des vitesses virtuelles*.

Le principe du travail virtuel peut servir à mettre en équation tout problème de statique ; je me bornerai à montrer comment il reproduit les équations d'équilibre d'un corps solide.

110. Pour cela, on se fondera sur ce que, dans un pareil système, tout déplacement ou mouvement peut être regardé comme résultant de six mouvements arbitraires, dont trois respectivement parallèles à trois axes fixes rectangulaires x, y, z, et trois rotations autour de ces axes (t. Ier, nº 54). Soit $\vartheta\xi$ un mouvement infiniment petit // aux x : sa projection sur la direction de P (force) est $\vartheta\xi \cos Px$, et la somme du travail virtuel est $\vartheta\xi\, \Sigma P \cos Px = o$, d'où $\Sigma P \cos Px = o$. De même $\Sigma P \cos Py = o$, $\Sigma P \cos Pz = o$.

Soit maintenant une rotation infiniment petite $\vartheta\lambda$ autour de Ox ; j'imagine la perpendiculaire commune BC entre

Ox et la direction de P, et je la nomme p ; par p je mène un plan perpendiculaire à Ox, qui coupe Ox au point B ; j'y décris le cercle BC, ayant le point B pour centre ;

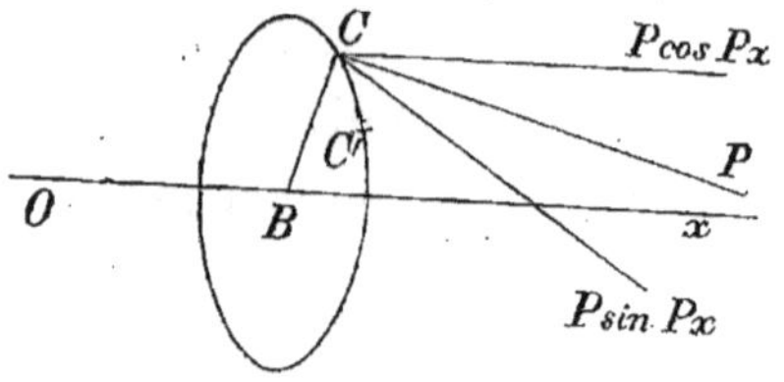

au point C, je décompose P en deux forces : l'une P cos Px // à Ox, l'autre P sin Px, tangente au cercle CB ; si le corps décrit l'angle $\vartheta\lambda$ autour de Ox, le point C décrit un arc $CC' = p\vartheta\lambda$; le travail de P cos Px, force perpendiculaire à CC', est nul ; celui de P sin Px est $Pp \sin Px\, \vartheta\lambda$: la somme des travaux virtuels $= \vartheta\lambda\, \Sigma Pp \sin Px$, d'où l'équation d'équilibre $\Sigma Pp \sin Px = o$, où on prendra les signes comme au nº 35. On aura de même les équations

$$\Sigma Pq \sin Py = o, \quad \Sigma Pr \sin Pz = o.$$

111. *Autre manière d'appliquer le principe.* Dans l'équation $\Sigma P\vartheta p = o$, on peut remplacer le travail virtuel de P par la somme des travaux de ses composantes X, Y, Z ; or, x, y, z étant les coordonnées du point d'application de P ; $x + \vartheta x$, $y + \vartheta y$, $z + \vartheta z$ celles du lieu qu'il occuperait en suite du mouvement virtuel, le travail virtuel de X est $X\vartheta x$, celui de Y est $Y\vartheta y$, celui de Z... $Z\vartheta y$, et $\Sigma P\vartheta p = \Sigma(X\vartheta x + Y\vartheta y + Z\vartheta z) = o$. Mais pour le point x, y, z, le mouvement virtuel le plus général est représenté, au premier ordre près, par les formules (t. Ier, nº 54)

$$\vartheta x = \vartheta\xi + z\vartheta\mu - y\vartheta\nu, \quad \vartheta y = \vartheta\eta + x\vartheta\nu - z\vartheta\lambda,$$
$$\vartheta z = \vartheta\zeta + y\vartheta\lambda - x\vartheta\mu,$$

l'équation du travail virtuel devient donc

$$o = \Sigma(X(\vartheta\xi + z\vartheta\mu - y\vartheta\nu) + \ldots) = \vartheta\xi\Sigma X + \vartheta\eta\Sigma Y + \\ + \vartheta\zeta\Sigma Z +$$

$$\vartheta\lambda\Sigma[Zy - Yz] + \vartheta\mu\Sigma[Xz - Zx] + \vartheta\nu\Sigma[Yx - Xy],$$

et comme $\vartheta\xi$, $\vartheta\eta$ etc. sont arbitraires, on retrouve les équations connues

$$\Sigma X = o, \quad \Sigma Y = o, \quad \Sigma Z = o, \quad \Sigma(Zy - Yz) = o, \\ \Sigma(Xz - Zx) = o, \quad \Sigma(Yx - Xy) = o.$$

Ici on a exprimé tous les déplacements virtuels en fonction d'un certain nombre (6) de mouvements arbitraires.

Je m'arrête là. LAGRANGE, dans sa *Mécanique analytique,* fait connaître les diverses manières de faire usage de notre principe, et le lecteur, après s'être familiarisé avec les théories contenues dans le présent ouvrage, trouvera un excellent sujet d'étude dans celui de l'illustre géomètre.

112. *Remarque générale.* Soit un système de molécules sollicitées par des forces ; quelles que soient les vitesses $v, v', v''\ldots$ des points du système, si, à une époque donnée t, on introduit un groupe de nouvelles forces (S), les variations de vitesses qu'elles imprimeront à ces points en dt, sont indépendantes des vitesses $v, v', v''\ldots$ (t. Ier, n° 82); elles sont par suite les mêmes, quelles que soient v, v', $v''\ldots$; et lors même que ces vitesses seraient nulles à t. Ainsi les conditions pour que les forces S impriment en dt aux molécules des variations de vitesses données sont les mêmes, que le système se trouve à t en mouvement ou au repos. Donc aussi les conditions pour que les variations de vitesses dues aux forces S soient nulles, sont les mêmes ; ce qui signifie que les conditions pour que le système des forces S soit en équilibre à t sont les mêmes, quel que soit l'état de mouvement ou de repos des molécules à t.

PRÉLIMINAIRE DE LA SECTION II.

Moments d'inertie.

113. Le moment d'inertie d'une molécule m par rapport à un axe est le produit de sa masse m par le carré de sa distance à l'axe ; le moment d'inertie d'un corps par rapport à l'axe est la somme des moments d'inertie de ses molécules.

Soit r la distance de la molécule m à l'axe, le moment du corps dont m fait partie sera désigné par Σmr^2. Si l'axe est celui des z, $\Sigma mr^2 = \Sigma m(x^2 + y^2)$.

Les moments d'inertie se présentent dans le mouvement de rotation, à propos des forces d'inertie des points matériels.

114. Soit un anneau cylindrique homogène d'une hauteur dz ; soient r, $r + dr$ ses rayons. Toutes ses molécules étant à la même distance de son axe Oz, son moment d'inertie par rapport à cet axe est égal à sa masse $\times r^2$. Soit ρ sa densité : sa masse est $\rho\, dz \,.\, \pi[(r + dr)^2 - r^2]$, ou $2\pi\rho r\, dr\, dz$, et son moment d'inertie

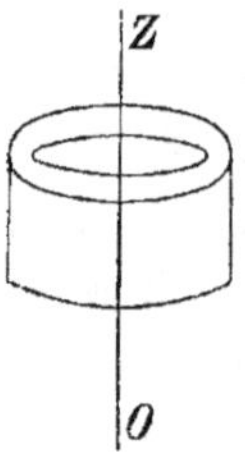

$$2\pi\rho r^3\, dr\, dz.$$

Si l'anneau a une hauteur h (cylindre creux, infiniment mince), le moment est $2\pi\rho h r^3\, dr$.

Soit un cylindre creux de hauteur h, ayant pour rayons R, R'. On intègre l'expression précédente de R' à R, et l'on a

$$\frac{\pi\rho h}{2}(R^4 - R'^4) ;$$

la masse est $M = \pi\rho h \cdot (R^2 - R^2)$,

$$\text{et le moment} \quad M \cdot \frac{R^2 + R'^2}{2}.$$

115. *Moment d'inertie d'un parallélipipède rectangle homogène, par rapport à un axe qui passe par les centres de deux faces opposées ou bases.*

Soit zz' cet axe, O le centre du corps; Ox, Oy deux axes parallèles aux arêtes des bases; je nomme $2a$ l'arête // à x, $2b$ // à y, $2c$ à z. Pour calculer $\Sigma m(x^2 + y^2)$, je le décompose en $\Sigma mx^2 + \Sigma my^2$. Prenant Σmx^2, j'étends d'abord la somme à un ensemble de molécules qui ont le même x, c'est-à-dire je prends une tranche déterminée par deux plans parallèles à yz, et d'une épaisseur $= dx$. Cette tranche a pour masse $\rho \times 2b \times 2c\,dx$; multipliant par x^2, et intégrant de $-a$ à $+a$, on a

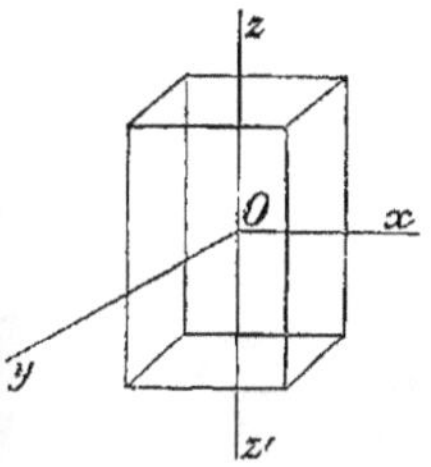

$$\Sigma mx^2 = \frac{8}{3}\rho a^3 bc, \quad \text{de même } \Sigma my^2 = \frac{8}{3}\rho ab^3 c;$$

$$\text{total} \qquad \frac{8}{3}\rho abc\,(a^2 + b^2).$$

La masse du corps est $8abc\rho = M$, et le moment d'inertie

$$= \frac{1}{3} M\,(a^2 + b^2).$$

Le plus grand des trois moments d'inertie par rapport aux axes menés par O parallèlement aux arêtes, est celui dont l'axe est // à la plus petite arête.

116. *Moment d'inertie d'un ellipsoïde homogène, par rapport à un axe principal.*

Soit l'équation de l'ellipsoïde

$$\frac{x^2}{a^2}+\frac{y^2}{b^2}+\frac{z^2}{c^2}=1.$$

Le moment d'inertie relatif à l'axe Oz est encore

$$\Sigma mx^2+\Sigma my^2.$$

Je prends, comme ci-dessus, une tranche // au plan yz, et d'épaisseur dx. L'équation de la section // à yz est

$$\frac{y^2}{b^2}+\frac{z^2}{c^2}=1-\frac{x^2}{a^2};$$

son aire $\pi bc\left(1-\frac{x^2}{a^2}\right)$.

La masse de la tranche $\times\, x^2$ est $\pi\rho bc\left(1-\frac{x^2}{a^2}\right)x^2dx$.

L'intégrale indéfinie $=\pi bc\rho\left(\frac{x^3}{3}-\frac{x^5}{5a^2}\right)+\mathrm{C}$,

entre $-a$ et $+a$, $\pi bc\rho\left(\frac{2a^3}{3}-\frac{2a^5}{5a^2}\right)=\frac{4\pi}{15}\rho a^3bc$,

de même $\Sigma my^2=\frac{4\pi\rho}{15}ab^3c$.

Somme $\frac{4}{15}\pi\rho abc\,(a^2+b^2)$,

la masse $\mathrm{M}=\frac{4}{3}\pi\rho abc$, et le moment $=\mathrm{M}\,\frac{a^2+b^2}{5}$.

Parmi les moments d'inertie relatifs aux trois axes principaux, le plus grand est celui qui se rapporte au plus petit axe.

117. S'il s'agit d'une sphère, on fera $b=c=a$,

et on aura $\frac{2}{5}\mathrm{M}a^2$, ou $\frac{8}{15}\pi\rho a^5$, en différentiant par rapport à a, on a le moment d'inertie d'une couche sphérique d'épaisseur da, lequel $=\frac{8}{3}\pi\rho a^4 da$.

118. On étend la définition du moment d'inertie aux aires planes au moyen de la formule $\iint\rho\, dx\, dy \times x^2$.

C'est le moment relatif à l'axe des y.

Par exemple, pour une ellipse $\frac{x^2}{a^2}+\frac{y^2}{b^2}=1$, et par rapport à l'axe des y, on peut prendre une tranche // à cet axe, et dont l'aire sera $2\frac{b}{a}\sqrt{a^2-x^2}\, dx$,

et le moment sera $2\rho\frac{b}{a}\int_{-a}^{a}\sqrt{a^2-x^2}\,.\,x^2dx$.

L'intégrale indéfinie $=\frac{b}{a}[x(a^2-x^2)^{\frac{3}{2}}+a^2\int\sqrt{a^2-x^2}\,.\,dx]$

entre $-a$ et $+a$ le premier terme s'annule, et

$$\int_{-a}^{a}\sqrt{a^2-x^2}\, dx=\tfrac{1}{2}\pi a^2,$$

donc le moment $\tfrac{1}{2}\pi a^3 b\rho$.

119. S'il s'agit d'une ligne dont l'arc est ds, son moment d'inertie relativement à l'axe des y est $\int_{s_0}^{s} x\, ds$. — Je suppose que la ligne soit droite, et la prends pour axe des x; sa longueur étant $2a$, le moment d'inertie pris par rapport à son milieu est $=\rho\int_{-a}^{a} x^2\, dx=\tfrac{2}{3}\rho a^3$.

120. Théorème. Connaissant le moment d'inertie d'un corps par rapport à un axe mené par le centre de gravité, on aura celui qui est relatif à un axe // au premier, en ajoutant au premier le produit de la masse du corps par le carré de la distance des axes.

Soit Oz l'axe mené par le centre de gravité, AB l'autre,

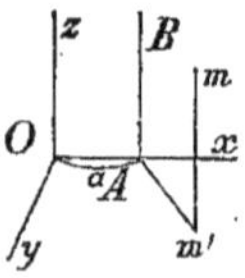

a leur distance ; je prends trois plans coordonnés, dont l'un xz passe par les deux axes. m étant une molécule dont les coordonnées sont x, y, z, m' sa projection sur xy, le carré de sa distance à AB est $\mathrm{A}m'^2 = (x-a)^2 + y^2$, et le moment d'inertie

$$\Sigma m\,[y^2 + (x-a)^2] = \Sigma m\,(y^2 + x^2) + a^2 \Sigma m - 2a\,\Sigma m x.$$

Le dernier terme est nul, vu que le plan yz contient le centre de gravité. Le premier est le moment relatif à Oz ; le second $a^2\,\Sigma m$ est la partie additionnelle annoncée.

Si un axe, sans changer de direction, s'éloigne du centre de gravité, le moment d'inertie y relatif augmente.

121. Par un point O d'un corps M on mène une droite quelconque OA, sur laquelle sera pris un segment OA, dont le carré soit inverse du moment d'inertie relatif à OA. On fait varier de position la droite OA; le point A variera sur ladite droite et décrira un lieu dont on demande l'équation.

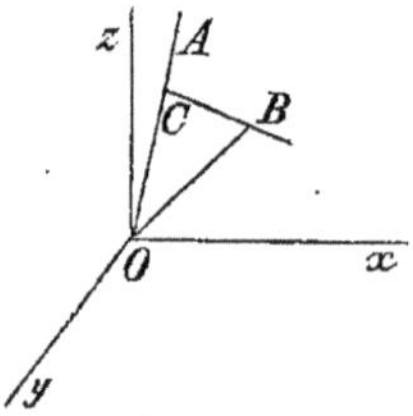

Je prends trois axes rectangulaires Ox, y, z; le moment d'inertie d'une molécule m située en B est $m\overline{\mathrm{BC}}^2$, BC étant perpendiculaire à OA.

Soient x, y, z les coordonnées de B; ξ, n, ζ celles de A,

on a $$\cos \mathrm{BOC} = \frac{\xi x + \eta y + \zeta z}{\mathrm{OB} \times \mathrm{OA}},$$

et comme $\overline{\mathrm{BC}}^2 = \mathrm{BO}^2 - \mathrm{BO}^2 \cos^2 \mathrm{BOC}$,

il vient $$\overline{\mathrm{BC}}^2 = \overline{\mathrm{BO}}^2 - \frac{(\xi x + \eta y + \zeta z)^2}{\overline{\mathrm{OA}}^2},$$

puis $\overline{\mathrm{BC}}^2 . \overline{\mathrm{OA}}^2 = (x^2 + y^2 + z^2)(\xi^2 + n^2 + \zeta^2) - (\xi x + ny + \zeta z)^2$
On multiplie cette équation par m, on somme par rapport à m, et l'on a

1° Pour le premier membre $\overline{OA}^2 \Sigma m . \overline{BC}^2$ qui $= 1$, vu que $\overline{OA}^2$ est inverse du moment d'inertie $\Sigma m . \overline{BC}^2$.

2° Pour le second membre, en ordonnant par rapport à ξ, η, ζ, et posant

$$\Sigma m (y^2 + z^2) = A, \ \Sigma m (x^2 + z^2) = B, \ \Sigma m (x^2 + y^2) = C,$$
$$\Sigma m yz = 2A', \ \Sigma m xz = 2B', \ \Sigma m xy = 2C',$$

on trouve $A\xi^2 + B\eta^2 + C\zeta^2 - 2A'\eta\zeta - 2B'\xi\zeta - 2C'\xi\eta$, expression qui doit donc $=$ le premier membre $= 1$.

Cette équation représente un ellipsoïde qui a son centre au point O; on le nomme *ellipsoïde central* relatif au point O. Tout rayon de cette surface a pour valeur l'inverse de la racine carrée du moment d'inertie relatif à ce rayon pris pour axe, de sorte que, si on coupe l'ellipsoïde par une sphère ayant son centre en O et pour rayon ce même inverse, les droites indéfinies, menées du centre à la courbe d'intersection, sont des axes de moments d'inertie égaux.

A, B, C sont ici les moments d'inertie du corps M relatifs aux trois axes coordonnés.

122. Si l'ellipsoïde central n'est pas de révolution, il y a un système unique d'axes principaux, qui ramènent son équation à la forme

$$A\xi^2 + B\eta^2 + C\zeta^2 = 1. \qquad (1)$$

De sorte que, pour ces trois axes, A', B', C' sont nuls. Donc il y a à chaque point d'un corps M un système unique (sauf exception) d'axes rectangulaires x, y, z, tels que $\Sigma mxy = \Sigma mxz = \Sigma myz = o$. Ce système est unique si, parmi les trois moments d'inertie A, B, C y relatifs, il n'y en a pas deux qui soient égaux.

Ces trois axes se nomment *axes principaux d'inertie*, et les moments d'inertie y relatifs, *moments principaux d'inertie*.

Supposons $A > B > C$ (toujours avec $A' = B' = C' = o$),

et soient α, β, γ les angles que OA fait avec les x, y, z. Je nomme I le moment d'inertie $\Sigma m.\mathrm{BC}^2$, lequel est aussi $=\dfrac{1}{\overline{\mathrm{OA}}^2}$. On a donc $\cos\alpha = \dfrac{\xi}{\mathrm{OA}} = \xi\sqrt{\mathrm{I}}$, d'où $\xi = \dfrac{\cos\alpha}{\sqrt{\mathrm{I}}}$.

De même $\eta = \dfrac{\cos\beta}{\sqrt{\mathrm{I}}}$, $\zeta = \dfrac{\cos\gamma}{\sqrt{\mathrm{I}}}$. Substituant dans (1), on a

$$\begin{aligned}\mathrm{I} &= \mathrm{A}\cos^2\alpha + \mathrm{B}\cos^2\beta + \mathrm{C}\cos^2\gamma,\\ &= \mathrm{A} - (\mathrm{A}-\mathrm{B})\cos^2\beta - (\mathrm{A}-\mathrm{C})\cos^2\gamma,\\ &= \mathrm{C} + (\mathrm{A}-\mathrm{C})\cos^2\alpha + (\mathrm{B}-\mathrm{C})\cos^2\beta,\end{aligned}$$

où $\mathrm{A}-\mathrm{B}$, $\mathrm{A}-\mathrm{C}$, $\mathrm{B}-\mathrm{C}$ sont $> o$. Donc I est $<$ A et $>$ C, et le plus grand des trois moments d'inertie principaux est un maximum pour le point O, tandis que le plus petit C est un minimum.

Le plus petit des trois moments principaux relatifs au centre de gravité est donc un minimum absolu parmi tous les moments possibles.

123. Si une droite Oz est un axe principal relatif au point O, quels que soient les axes Ox, Oy (principaux ou non), je dis qu'on a $\quad \Sigma mxz = o = \Sigma myz$.

Car si on rapporte l'ellipsoïde à ces trois axes, Oz sera un de ses trois axes principaux, le plan xy sera un plan principal, et l'équation de la surface ne contiendra pas la première puissance de ζ; donc $\mathrm{A}' = o = \mathrm{B}'$. C. q. f. d.

Réciproquement, si $\Sigma mxz = o = \Sigma myz$, l'équation de l'ellipsoïde est privée des termes en ζ, première puissance; donc Oζ est un axe principal.

124. Si l'ellipsoïde est de révolution autour de Oz, on a $\mathrm{A}=\mathrm{B}$; tous les diamètres de son équateur sont des axes principaux, et si on prend pour Ox, Oy deux pareils diamètres, perpendiculaires entre eux, l'équation de la surface est $\qquad \mathrm{A}\xi^2 + \mathrm{A}\eta^2 + \mathrm{C}\zeta = 1.$

Ces diamètres sont donc aussi des axes principaux d'inertie, de sorte qu'en O il y a une infinité de systèmes de ces axes : tous ces systèmes ont de commun l'axe Oz. Du reste, les moments d'inertie relatifs à tous les diamètres de l'équateur sont égaux, car on aura

$$I = A\cos^2\alpha + A\cos^2\beta + C\cos^2\gamma,$$
$$= A\sin^2\gamma + C\cos^2\gamma,$$

et pour $\gamma = 90$ $\quad I = A.$

Enfin, si l'ellipsoïde devient une sphère, on a $A=B=C$, et un système quelconque de trois diamètres rectangulaires de la sphère laisse à son équation la forme

$$A(\xi^2 + \eta^2 + \zeta^2) = 1.$$

Tout système pareil est un système d'axes principaux d'inertie, et $I = A$, quelle que soit la direction de l'axe auquel se rapporte I.

125. Quelles sont les conditions pour qu'une droite soit axe principal en chacun de ses points.

Je prends cette droite pour axe des z. Elle sera axe principal à l'origine O, si $\Sigma mxz = o = \Sigma myz$. Soit pris sur l'axe Oz un point O' à une distance $OO' = a$; Oz sera aussi axe principal en O', si $\Sigma my(z-a) = o$, $\Sigma mx(z-a) = o$, ou $\Sigma myz - a\,\Sigma my = o$, $\Sigma mxz - a\,\Sigma mx = o$, conditions qui se réduisent à $\Sigma mx = o$, $\Sigma my = o$, c'est-à-dire que Oz doit être un axe principal relatif au centre de gravité.

126. Si dans un corps les molécules sont disposées deux à deux symétriquement par rapport à un plan, pris pour xy, deux pareilles molécules m et m' donnent

$$myz - m'yz = o, \quad mxz - m'xz = o.$$

Donc l'axe des z, c'est-à-dire une perpendiculaire quelconque au plan en question, est axe principal pour son pied sur le plan.

127. La somme des moments d'inertie relatifs à trois axes quelconques, menés par un point, et perpendiculaires entre eux, est constante.

Soient I, I', I'' les trois moments; α, α', α'' les angles de leurs axes avec Ox; β, β', β'' avec Oy; γ, γ', γ'' avec Oz: on a

$$I = A\cos^2\alpha + B\cos^2\beta + C\cos^2\gamma,$$
$$I' = A\cos^2\alpha' + B\cos^2\beta' + C\cos^2\gamma',$$
$$I'' = A\cos^2\alpha'' + B\cos^2\beta'' + C\cos^2\gamma'',$$

d'où $I + I' + I'' = A + B = C$. C. q. f. d. (Le François, *Mémoire sur le mouvement de rotation.*)

128. Théorème. Parmi toutes les droites issues d'un point O, celles qui sont des axes de moments d'inertie égaux ont pour lieu un cône du second degré, qui a son sommet en ce point. Car, si α, β, γ sont les angles qu'une droite menée par O fait avec les axes, on a, relativement à cette droite,

$$I = A\cos^2\alpha + B\cos^2\beta + C\cos^2\gamma.$$

Si x, y, z sont les coordonnées d'un point de la droite, on a aussi

$$\cos\alpha = x : \sqrt{x^2+y^2+z^2}, \quad \cos\beta = y \text{ etc.}, \quad \cos\gamma = z \text{ etc.},$$

substituant, il vient

$$I\,(x^2 + y^2 + z^2) = Ax^2 + By^2 + Cz^2, \text{ cône du } 2^e \text{ degré.}$$

SECTION II.

DYNAMIQUE DES CORPS DE FORME INVARIABLE OU NON.

CHAPITRE PREMIER.

LES QUANTITÉS DE MOUVEMENT ; LES FORCES INSTANTANÉES.

129. On appelle *quantité de mouvement d'une molécule* m le produit de sa masse m par sa vitesse ; la direction de cette vitesse est appelée *direction de la quantité de mouvement.*

Si la molécule m est sollicitée par une force X // à un axe Ox, et que x soit l'abscisse de m, on a $m.\frac{d^2x}{dt^2}=X$, d'où $md.\frac{dx}{dt}=Xdt$; le produit $md.\frac{dx}{dt}$ s'appelle *quantité de mouvement élémentaire.*

L'intégrale $\int_{t_0}^{t}Xdt=m\left(\frac{dx}{dt}-\frac{dx_0}{dt}\right)$ est la variation de la quantité de mouvement $m\frac{dx}{dt}$, de t_0 à t. C'est la quantité de mouvement développée par la force X, de t_0 à t.

Soient F_1, F_2 ... des forces dont les directions sont constantes, de même que celle de leur résultante F; on a

$$F\cos Fx = F_1\cos Fx_1 + F_2\cos Fx_2 \ldots,$$
$$F\cos Fy = \ldots\ldots,$$

multipliant par dt, intégrant, on aura, vu que les angles sont constants,

$$\cos Fx\int_{t_0}Fdt = \cos F_1x\int_{t_0}F_1dt + \cos F_2x\int_{t_0}F_2dt + \ldots \text{ etc.} \quad (1)$$

ces équations prouvent que la quantité de mouvement développée par la résultante F est la résultante géométrique de celles que développent les composantes F_1, F_2 ... durant le même intervalle de temps. C'est là le polygone des quantités de mouvements, lequel a pour cas particuliers le parallélogramme et le parallélipipède.

La statique des forces étant la conséquence du ▱ des forces, il s'ensuit qu'aux quantités de mouvement s'appliquent, avec le seul changement de nom, toutes les propositions démontrées pour les forces.

130. Dans ce qui vient d'être dit, on a principalement en vue les forces dites *instantanées,* c'est-à-dire des forces qui, pendant un temps très-court, produisent sur les

points matériels auxquels elles sont appliquées des variations de vitesse considérables, pour ainsi dire brusques. L'accélération produite par une pareille force croît, à partir de zéro, pendant un temps très-court, atteint une valeur considérable, puis diminue et arrive promptement à zéro ; ainsi l'intégrale $\int_{t_0}^{t} \mathrm{F}dt$ est une somme telle que $\varphi_0 dt + \varphi_1 dt +$ etc. ... $+ \varphi_n dt$, où les $\varphi_0, \varphi_1 \ldots$ croissent pour ensuite décroître, comme on vient de le dire. Nous admettons que ces forces ne changent pas de direction durant le temps $t - t_0$, et que, durant ce même temps, on peut supposer constantes les forces telles que l'attraction, la pression des fluides, les actions musculaires, etc. Parmi ces forces instantanées se trouvent les chocs, les explosions, etc. — Cette distinction n'est qu'un pis aller dû à ce que nous ne connaissons pas les lois suivant lesquelles varient ces forces instantanées en fonction, soit du temps, soit des distances des molécules entre lesquelles elles se développent.

131. Parmi les quatre lois de la dynamique, l'inertie se rapportant à toutes les vitesses possibles, il n'y a rien à ajouter au nº 77, t. Ier, par rapport aux quantités de mouvement.

L'égalité entre l'action et la réaction, quant aux quantités de mouvement, consiste ici en ce que, si une molécule m communique à une autre m' une quantité de mouvement, m' communique dans le même temps à m une quantité égale et contraire.

En effet, soient X, Y, Z les composantes de l'action que m' développe dans m, de sorte que

$$m\frac{d^2x}{dt^2} = \mathrm{X}, \quad m\frac{d^2x}{dt^2} = \mathrm{Y}, \quad m\frac{d^2z}{dt^2} = \mathrm{Z},$$

où x, y, z sont les coordonnées de m au temps t; si x', y', z'

sont celles de m' à la même époque, on a $m'\dfrac{d^2x'}{dt^2}=-X$, etc., à cause de la 2e loi même. Donc

$$m\frac{d^2x}{dt^2}+\frac{m'd^2x'}{dt^2}=o\text{, etc.,}$$

et, intégrant, $m\dfrac{dx}{dt}-m\dfrac{dx_0}{dt}=-\left(m'\dfrac{dx'}{dt}-m'\dfrac{dx'_0}{dt}\right)$, etc.

Les premiers membres sont les quantités de mouvement imprimées à m parallèlement aux x, y, z; les seconds membres sont celles qui sont imprimées à m', changées de signes, et ces équations prouvent ce qui est en question.

L'indépendance entre les quantités de mouvement, développées par des forces simultanées, est déjà établie ci-dessus par les équations (1).

Enfin l'indépendance entre la vitesse acquise et la quantité de mouvement communiquée est prouvée par les formules ci-dessus $m\dfrac{dx}{dt}=m\dfrac{dx_0}{dt}+\int_{t_0}^{t}Xdt$, etc., qui montrent que la quantité de mouvement à t est la résultante géométrique de celle qui existe à t_0, et de celle que la force F communique durant $t-t_0$ (voy. t. Ier, nos 78 à 82).

CHAPITRE II.

THÉORIES GÉNÉRALES ; PRINCIPE GÉNÉRAL DE DYNAMIQUE, DIT PRINCIPE DE D'ALEMBERT.

132. Une molécule m d'un système est sollicitée par des forces données, qui se réduisent aux forces X, Y, Z, parallèles aux trois axes; elle est encore sollicitée par des réactions dues aux conditions qui la lient aux autres molécules du système, réactions qui peuvent aussi se réduire à trois forces X', Y', Z', parallèles aux axes ; en appliquant à la molécule ces forces X', Y', Z', on pourra la regarder

comme libre, de sorte que les équations du mouvement de cette molécule seront

$$m\frac{d^2x}{dt^2}=X+X', \quad m\frac{d^2y}{dt^2}=Y+Y', \quad m\frac{d^2z}{dt^2}=Z+Z'. \quad (a)$$

Ces équations prouvent qu'il y a équilibre entre la force d'inertie de m... $\left(-m\frac{d^2x}{dt^2}\ldots\right)$, considérée comme appliquée au point m, les forces appliquées $(\sqrt{X^2+Y^2+Z^2})$, et les actions que m éprouve de la part des autres molécules (points fixes, etc.). Donc, dans le système entier, il y a équilibre entre toutes les forces d'inertie, *considérées comme appliquées aux molécules*, les forces appliquées en effet, et les réactions, c'est-à-dire que les forces d'inertie et les forces appliquées sont en équilibre sur le système considéré comme remplissant toutes les conditions de liaison. Or la force d'inertie d'une molécule est (t. Ier, no 29) la résultante de la force d'inertie tangentielle $\left(-\frac{m\,dv}{dt}\right)$ et de la force centrifuge $\left(\frac{mv^2}{\rho}\right)$: donc il y a équilibre entre 1° les forces d'inertie tangentielles ; 2° les forces centrifuges, les unes et les autres, *considérées comme appliquées aux molécules respectives*) ; 3° les forces appliquées en effet, et 4° les réactions qui ne sont que les pressions changées de sens ; et par suite les trois premiers groupes forment un système équivalent aux pressions.

133. *Exemples*. S'il s'agit d'un corps solide libre, il faut et il suffit que les forces d'inertie et les forces appliquées satisfassent aux conditions d'équilibre d'un pareil corps.

Or, soient m_1, m_2... les masses des molécules; x_1, y_1, z_1 les coordonnées de m_1 ; X_1, Y_1, Z_1 les composantes de la force y appliquée ; la force d'inertie y relative a pour composantes $-m\frac{d^2x_1}{dt^2}$, $-m\frac{d^2y_1}{dt^2}$, $-m\frac{d^2z_1}{dt^2}$; de même des autres molécules. Les moments de ces forces, par rapport à Ox, Oy, Oz, sont

$$\left(Z_1 - m\frac{d^2z_1}{dt^2}\right)y_1 - \left(Y_1 - m\frac{d^2y_1}{dt^2}\right)z_1, \text{ etc.}$$

Les équations qui expriment que les sommes des projections des forces sur les trois axes sont nulles, seront donc

$$\Sigma\left(X - m\frac{d^2x}{dt^2}\right) = o, \Sigma\left(Y - m\frac{d^2y}{dt^2}\right) = o, \Sigma\left(Z - m\frac{d^2z}{dt^2}\right) = o \quad (1)$$

et celles qui expriment que les sommes des moments des forces par rapport aux axes sont nulles, seront

$$\Sigma\left[\left(Z - m\frac{d^2z}{dt^2}\right)y - \left(Y - m\frac{d^2y}{dt^2}\right)z\right] = o, \text{ etc.} \quad (2)$$

Si le corps renferme un point fixe, on le prendra pour origine, et les trois équations (2) seront seules nécessaires.

S'il y a un axe fixe et qu'on le prenne pour Oy, il y aura une seule équation d'équilibre, savoir :

$$\Sigma\left[\left(X - m\frac{d^2x}{dt^2}\right)z - \left(Z - m\frac{d^2z}{dt^2}\right)x\right] = o.$$

Veut-on écrire les équations du mouvement d'un fil flexible, on prendra les équations n° 72, et on y remplacera X, Y, Z par $X - m\frac{d^2x}{dt^2}$, $Y - m\frac{d^2y}{dt^2}$, $Z - m\frac{d^2z}{dt^2}$; on aura ainsi les équations

$$X - m\frac{d^2x}{dt^2} + d.\frac{Tdx}{ds} = o$$

$$Y - m\frac{d^2y}{dt^2} + d.\frac{Tdy}{ds} = o$$

$$Z - m\frac{d^2z}{dt^2} + d.\frac{Tdz}{ds} = o$$

Plus tard on les reprendra.

134. Dans tout ce qui précède, les quantités $X - \frac{md^2x}{dt^2}$, $Y - m\frac{d^2y}{dt^2}$, $Z - m\frac{d^2z}{dt^2}$, sont appelées *les composantes de la force perdue sur le point* m ; les équations mises sous la forme $o = X - \frac{md^2x}{dt^2} + X'$ prouvent donc que chaque point du système est en équilibre en vertu de la force perdue sur ce point, et de la réaction $(\sqrt{X'^2 + Y'^2 + Z'^2})$ qu'il subit de la part des autres points, et par suite le système total est en équilibre en vertu de toutes les forces perdues et de toutes les réactions; or celles-ci peuvent être remplacées par les conditions de liaison (comme tout à l'heure dans le cas du corps solide). Donc les forces perdues sont en équilibre sur le système pris avec toutes ses conditions de constitution (encore comme le corps solide).

Je décompose maintenant, par la pensée, le système total en deux groupes de points matériels que je nomme M, M'; le groupe M est sollicité par des forces appliquées, par les réactions de ses propres points et par celles des points de M'; si à M on suppose appliquées ces actions de M', il sera indépendant de M'; quant aux réactions de ses propres points, on peut les remplacer par les liaisons; donc M est en équilibre en vertu de sa constitution et des forces perdues sur ses points matériels, forces qui comprennent celles qui sont dues aux forces appliquées à M, et celles qui sont dues aux réactions de M'.

135. Puisque les forces perdues sur tout le système sont en équilibre et satisfont aux conditions particulières de l'équilibre de ce système (ce qui est la même chose que de dire que ces forces sont en équilibre avec les réactions de tout le système), nous conclurons que ces forces perdues satisfont aussi au principe du travail virtuel, de sorte

que, si ϑx, ϑy, ϑz représentent les trois projections du déplacement virtuel de la molécule m, sur laquelle se perdent les forces $X - m\frac{d^2x}{dt^2}$, $Y - m\frac{d^2y}{dt^2}$, $Z - m\frac{d^2z}{dt^2}$, le principe en question fournit la formule de LAGRANGE

$$\Sigma\left[\left(X - m\frac{d^2x}{dt^2}\right)\vartheta x + \left(Y - m\frac{d^2y}{dt^2}\right)\vartheta y + \left(Z - m\frac{d^2z}{dt^2}\right)\vartheta z\right] = o \quad (1)$$

(Voir la *Mécanique analytique.*)

136. Le principe de D'ALEMBERT s'applique aux forces instantanées, et voici comment :

Soit une molécule m sollicitée par une force instantanée F, dont l'action dure de t_0 à t, temps très-petit ; soit N la résultante des réactions instantanées que m éprouve durant ce temps ; laissant de côté les forces non instanées, on a

$$m\frac{d^2x}{dt^2} = F\cos Fx + N\cos Nx, \text{ etc.},$$

d'où, intégrant,

$$m\left(\frac{dx}{dt} - \frac{dx_0}{dt}\right) = \cos Fx\int_{t_0} F.\,dt + \cos Nx\int_{t_0} N dt.$$

Il y a donc équilibre entre les quantités de mouvement dues à la force F, aux réactions N, et aux changements brusques de vitesses $\left(\frac{dx}{dt} - \frac{dx_0}{dt}\right)$ pris en sens opposé.

De plus, les quantités de mouvement perdues

$$\cos Fx\int_{t_0} F dt - m.\left(\frac{dx}{dt} - \frac{dx_0}{dt}\right), \text{ etc.}$$

sont en équilibre avec celles que développent les réactions $\cos Nx\int_{t_0} N\,dt$, et, puisque la loi du travail virtuel s'applique aux quantités de mouvement comme toutes les théories de la statique, nous aurons avec les notations adoptées

$$o = \Sigma \left[\left\{ \int_{t_0} X\,dt - m\left(\frac{dx}{dt} - \frac{dx_0}{dt}\right) \right\} \vartheta x + \right.$$

$$\left. + \left\{ \int_{t_0} Y\,dt - m\left(\frac{dy}{dt} - \frac{dy_0}{dt}\right) \vartheta\eta \right\} + \ldots\ldots \right],$$

formule qui se déduit aussi de l'équation (1) (n° 135), (Lagrange) par l'intégration, après multiplication par dt. Si, comme on le suppose, les ϑx, ϑy, ϑz restent les mêmes durant $t - t_0$, on peut les rapporter au commencement du temps $t - t_0$, ou à un instant compris entre t_0 et t.

137. *Application.* Une poulie à axe horizontal est enveloppée en partie par un fil dont les brins pendants verticaux supportent des poids; établir la loi du mouvement de ces poids, en ayant égard au poids du fil, à la masse de la poulie, et au frottement de la poulie sur son arbre.

Soit faite dans le système une section par un plan perpendiculaire à l'axe, plan qu'on suppose contenir les fils et les centres de gravité des poids; Ox, Oy sont deux axes rectangulaires dans ce plan; Oy est vertical; $Oc = r$, $OA = a$, rayons de la poulie, de l'arbre; M, M' masses des deux poids; p est la masse d'une unité de longueur du fil, homogène. On pose $CD = y$, $C'D' = y'$; $y + y' = l$ invariable.

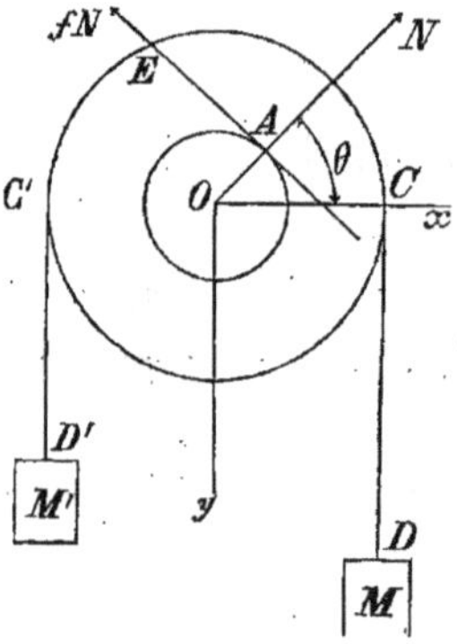

L'arbre est touché par le creux de la poulie en un point A, où se produit la réaction normale N, et le frottement Nf tangent à circonférence OA, et agissant de A vers E, si la poulie tourne, comme on le suppose, de E vers A. En appliquant à la poulie ces réactions, on pourra la regarder comme libre, sollicitée d'ailleurs par les forces appliquées, à savoir son propre poids et les poids de M, M' et du fil. Toutes ces forces étant dans un plan, ainsi que les forces motrices, il y a trois équations d'équilibre entre les forces perdues sur la poulie, corps solide dont la molécule sera nommée μ.

Ces équations ont pour types (n° 135)

$$\Sigma\left(X-m\frac{d^2x}{dt^2}\right)=o,\ \Sigma\left(Y-m\frac{d^2y}{dt^2}\right)=o,\ \Sigma\left[\left(Y-m\frac{d^2y}{dt^2}\right)x-\left(X-m\frac{d^2x}{dt^2}\right)y\right]=o.$$

Les poids de M, M', du fil, et de la poulie ne fournissent pas de composantes parallèles à Ox; si on nomme θ l'angle que OA fait avec Ox, cette réaction donne la composante horizontale $N\cos\theta$, le frottement donne $-Nf\sin\theta$; la molécule μ de la poulie n'en donne pas. Les forces d'inertie de M, M' et du fil sont verticales; quant aux molécules de la poulie, soient ξ, η les coordonnées de μ; sa force d'inertie a pour composantes $-\mu\frac{d^2\xi}{dt^2}$, $-\mu\frac{d^2\eta}{dt^2}$; or je suppose que le centre de gravité de la poulie soit sur son axe, de sorte que $\Sigma\mu\xi=o$, $\Sigma\mu\eta=o$, d'où $\Sigma\mu\frac{d^2\xi}{dt^2}=o$, $\Sigma\mu\frac{d^2\eta}{dt^2}=o$, et la somme des forces d'inertie de la poulie est nulle parallèlement à chacun des axes. Il en est de même des forces d'inertie horizontales de M, M', et du fil. La première équation devient donc $N\cos\theta-Nf\sin\theta=o$. (1) Pour la seconde, ΣY comprend les composantes verticales de N et fN, savoir $-N\sin\theta$ et $-Nf\cos\theta$;

En outre, la somme des poids des molécules de la poulie que je nomme qg; le poids de M et son brin de fil, $(M+py)g$; celui de M' et y'... $(M'+py')g$.

La force d'inertie de $M+py$ est $-(M+py)\frac{d^2y}{dt^2}$, vu que l'accélération est la même pour toutes les molécules de cette masse. De même $-(M'+py')\frac{d^2y'}{dt^2}$.

L'équilibre des forces perdues parallèlement à Oy est donc assuré par l'équation

$$(M+py)\left(g-\frac{d^2y}{dt^2}\right)+(M'+py')\left(g-\frac{d^2y'}{dt^2}\right)-N(\sin\theta+f\cos\theta)+gq=o. \quad (2)$$

Dans la troisième équation, qui est celle des moments des forces perdues, il y a, parmi les moments des forces appliquées, celui de N, qui est nul; puis celui du frottement, qui est $-Naf$, vu que cette force tend de droite à gauche, les moments des forces perdues sur M et M', ces forces étant appliquées l'une en C, où $x=r$, $y=o$, l'autre en C', où $x=-r$, $y=o$, la somme des moments est

$$(M+py)\left(g-\frac{d^2y}{dt^2}\right)r-(M+py')\left(g-\frac{d^2y'}{dt^2}\right)r;$$

puis le moment des forces d'inertie de la poulie, qui

$$=-\Sigma\mu\frac{\xi d^2\eta-\eta d^2\xi}{dt^2}.$$

Soit $O\mu=\rho$, angle $\mu Ox=\varphi$; on aura $\xi=\rho\cos\varphi$, $\eta=\rho\sin\varphi$. Ce moment devient $-\frac{d^2\varphi}{dt^2}\Sigma\mu\rho^2$. Or $\frac{d\varphi}{dt}$ est la vitesse angulaire de la poulie, et $r\frac{d\varphi}{dt}$ sa vitesse à la circonférence, laquelle vitesse est $\frac{dy}{dt}$: donc notre moment $=-\frac{1}{r}\frac{d^2y}{dt^2}\Sigma\mu\rho^2$.

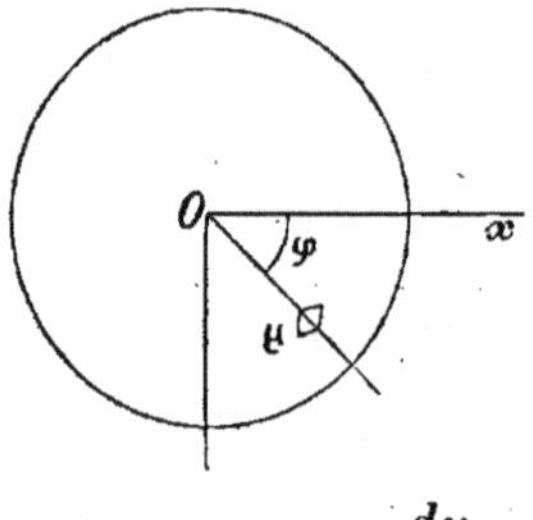

Notez d'ailleurs que le moment du poids de la poulie $=o$. Donc l'équation des moments est

$$r\left[(M+py)\left(g-\frac{d^2y}{dt^2}\right)-(M'+py')\left(g-\frac{d^2y'}{dt^2}\right)\right]-Naf-\frac{1}{r}\frac{d^2y}{dt^2}\Sigma\mu\rho^2=o. \quad (3)$$

Comme $y + y' = l$, on a

$$y' = l - y, \quad \frac{dy'}{dt} = -\frac{dy}{dt}, \quad \frac{d^2y'}{dt^2} = -\frac{d^2y}{dt^2}.$$

L'équation (1) donne cotang. $\theta = f$, et montre que θ est constant.

L'équation (2) prend la forme

$$g[M + M' + pl + q] - N \operatorname{cos\acute{e}c} \theta - \frac{d^2y}{dt^2}[M - M' + (2y - l)p] = o. \quad (4)$$

L'équation (3) donne

$$r^2 g[M - M' + p(2y - l)] - Nar \cot \theta - \frac{d^2y}{dt^2}[(M + M' + pl)r^2 + \Sigma\mu\rho^2] = o. \quad (5)$$

Ces équations font connaître N et $\frac{d^2y}{dt^2}$; ce dernier est de la forme

$$\frac{d^2y}{dt^2} = A + \frac{B}{C + y},$$

d'où $$\frac{dy^2}{dt^2} = 2Ay + 2B \log(y + C) + \text{const.}$$

Mais si on équilibre les brins de fil, en les laissant pendre jusqu'au sol, on pourra faire $p = o$, et comprendre les masses de ces fils dans M et M'; dès lors les deux équations deviennent

$$(M + M' + q)g - N \operatorname{cos\acute{e}c} \theta - (M - M')\frac{d^2y}{dt^2} = o$$

$$(M - M')gr^2 - [(M + M')r^2 + \Sigma\mu\rho^2]\frac{d^2y}{dt^2} - Nar \cot \theta = o$$

Éliminant N, on a

$$[(M + M')r^2 + \Sigma\mu\rho^2 - (M - M')ar\cos\theta]\frac{d^2y}{dt^2} +$$
$$g[(M + M' + q)ar\cos\theta - (M - M')r^2] = o.$$

Comme $\frac{d^2y}{dt^2}$ est constant, le mouvement est uniformément accéléré.

Si on annule a, il vient $\frac{d^2y}{dt^2} = g \cdot \frac{(M - M')\,r^2}{(M + M')\,r^2 + \Sigma\mu\rho^2}$,
et si on néglige $\Sigma\mu\rho^2$

$$\frac{d^2y}{dt^2} = g \cdot \frac{M - M'}{M + M'} \text{ (machine d'Atwood).}$$

Pour déterminer les tensions des fils, on se fonde sur ce que, dans chaque partie du système, il y a équilibre entre les forces perdues et les réactions. Ainsi la masse M et son fil présentent la force perdue $M\left(g - \frac{d^2y}{dt^2}\right)$, et la tension T du fil; donc $T \cos \pi + M\left(g - \frac{d^2y}{dt^2}\right) = o$,

d'où $$T = M\left(g - \frac{d^2y}{dt^2}\right),$$

de même $$T' = M'\left(g - \frac{d^2y'}{dt^2}\right).$$

Les valeurs initiales de $\frac{dy}{dt}$ et y servent à déterminer les deux constantes qu'amène l'intégration.

Au lieu de regarder comme donnée la valeur initiale de $\frac{dy}{dt}$, je supposerai que le système est mis en mouvement par une percussion ou quantité de mouvement verticale P appliquée à M, de façon que tous les points de cette masse prennent des vitesses initiales verticales et égales de haut en bas.

Soit H la réaction de l'axe, ε l'angle qu'elle fait avec Ox, KH le frottement, $\frac{dy_0}{dt}$, $\frac{dy'_0}{dt}$ les vitesses que H imprime aux masses M, M'; il y a équilibre entre les quantités de mouvement appliquées, celles des réactions, et celles que développe l'inertie.

Donc parallèlement à Ox

$$H\cos\varepsilon - KH\sin\varepsilon = o, \quad \text{d'un } \cot\varepsilon = K,$$

parallèlement à Oy

$$P - M\frac{dy_o}{dt} - M'\frac{dy'_o}{dt} - H(\sin\varepsilon + K\cos\varepsilon) = o,$$

et les moments

$$Pr - Mr\frac{dy_o}{dt} - M'r\frac{dy'_o}{dt} - HKa - \frac{1}{r}\frac{dy_o}{dt}\Sigma\mu\rho^2 = o.$$

Ce dernier terme est dû à l'inertie de la poulie.

Comme $dy'_o = -dy_o$, ces équations donnent $\frac{dy_o}{dt}$ et H.

Nota. Le principe de D'ALEMBERT et tout ce qui va suivre, sauf avis contraire, s'applique aux mouvements relatifs, tout comme aux mouvements absolus ; il peut y avoir des réactions relatives ; — rigoureusement parlant, nous n'en connaissons pas d'autres : nos points fixes, lignes fixes, etc., ne sont fixes que relativement au globe terrestre. Du reste, si l'on ne connaît que les forces, et les réactions relatives, nos théories, y compris le chap. Ier, s'appliquent immédiatement ; si ce sont les forces etc. absolues qui sont données, on sait (2e partie) comment on passe des unes aux autres.

CHAPITRE III.

SUITE DES THÉORIES GÉNÉRALES. — PROPRIÉTÉS DYNAMIQUES DU CENTRE DE GRAVITÉ.

138. THÉORÈME 1. Si à un point quelconque de l'espace on applique des quantités de mouvement respectivement égales et parallèles à celles qui, à une époque donnée, animent les molécules d'un système de corps de toute nature, leur résultante est // à la vitesse du centre de gra-

vité, et son intensité est égale à la même vitesse multipliée par la masse du système.

En effet, soient au temps t, x_1, y_1, z_1 les coordonnées du centre de gravité, on a

$$x_1 \Sigma m = \Sigma mx, \quad y_1 \Sigma m = \Sigma my, \quad z_1 \Sigma m = \Sigma mx,$$

différentiant $$\frac{dx_1}{dt} \Sigma m = \Sigma m \frac{dx}{dt}, \text{ etc.}$$

Les seconds membres sont les sommes des projections des quantités de mouvement des molécules sur les trois axes, ou bien les projections de la résultante de ces quantités de mouvement transportées parallèlement à l'origine. Cette résultante est donc égale et // à celle des premiers membres, laquelle, si on nomme V la vitesse du centre de gravité, dont $\frac{dx_1}{dt}$, etc., sont les projections, est $V\Sigma M$.

139. Théorème 2. La résultante des forces motrices des molécules du système, transportées parallèlement à un point de l'espace, est égale à l'accélération du centre de gravité, multipliée par la masse; la direction de cette résultante est identique avec celle de ladite accélération.

Pour le prouver, on différentiera une seconde fois les équations ci-dessus, et on aura

$$\frac{d^2x_1}{dt^2} \Sigma m = \Sigma m \frac{d^2x}{dt^2}, \text{ etc.}$$

Les seconds membres sont les sommes des forces motrices projetées sur les trois axes, ou bien les projections de la résultante de ces forces transportées à l'origine. Cette résultante est donc aussi celle des premiers membres, laquelle est aussi l'accélération du centre de gravité transportée de même à l'origine.

Dans les deux théorèmes précédents on a comparé, 1° la vitesse du centre de gravité aux vitesses des molécules;

2° l'accélération du même point aux accélérations des molécules à une époque quelconque. Dans les deux suivants, on comparera les q^{tés} de mouv^{t} et les forces appliquées à la vitesse, et à l'accélération que prend le centre de gravité.

140. Théorème 3. Si à un système de corps sont appliquées, à une époque t, des percussions, et qu'on transporte, à cette époque, au centre de gravité, //^{t} à elles-mêmes, les q^{tés} de mouv^{t} dues aux percussions et aux réactions qu'elles provoquent; la résultante de *toutes* ces quantités de mouvement, divisée par la masse du système, est, en grandeur et en direction, égale à la variation de vitesse du centre de gravité.

En effet, soient $\frac{dx_0}{dt}, \frac{dy_0}{dt}, \frac{dz_0}{dt}$ les composantes //^{s} aux axes, de la vitesse dont est animée la molécule m au moment où ces actions entrent en jeu; $\frac{dx}{dt}$ etc. les mêmes au moment où les actions s'annulent; S, T, U les sommes de *toutes* les quantités de mouvement imprimées, projetées sur les axes. D'après n° 136, il y a équilibre entre les S, T, U, et les $m\left(\frac{dx}{dt}-\frac{dx_0}{dt}\right)$ etc. changées de sens, de sorte que $S=\Sigma m\left(\frac{dx}{dt}-\frac{dx_0}{dt}\right)$ etc. Or soient x_1, y_1, z_1 les coordonnées du centre de gravité à la fin de l'action des percussions etc., $\bar{x}, \bar{y}, \bar{z}$ leurs valeurs initiales : on a $\Sigma m\frac{dx-dx_0}{dt}=\left(\frac{dx_1}{dt}-\frac{d\bar{x}}{dt}\right)\Sigma m$, d'où $\frac{dx_1-d\bar{x}}{dt}=\frac{S}{\Sigma m}$, etc. La variation de vitesse du centre de gravité a donc pour composantes $\frac{S}{\Sigma m}, \frac{T}{\Sigma m}, \frac{U}{\Sigma m}$.

Si à t le système est immobile, $\frac{d\bar{x}}{dt}, \frac{d\bar{y}}{dt}, \frac{d\bar{z}}{dt}$ sont nuls, et la vitesse initiale du centre de gravité est identique avec celle d'un point matériel dont la masse serait Σm, et auquel les percussions et réactions seraient appliquées avec leurs intensités et directions.

Quelle que soit l'époque où des percussions sont appliquées, toute impulsion qui a son égale et opposée, reste évidement sans effet sur le centre de gravité. Telles sont celles qui proviennent de chocs, d'explosions, brisant des corps etc.; celles que produisent des condensations ou des dilatations brusques, liquéfactions, etc., en tant qu'elles sont indépendantes de causes extérieures au système, et se réduisent à des actions intérieures.

Si donc le système au repos subit une de ces actions brusques, instantanées, la vitesse initiale du centre de gravité sera nulle toutes les fois qu'il n'y aura pas d'autres quantités de mouvement appliquées.

Que si un *corps solide* au repos vient à être frappé par un *couple* d'impulsions, la vitesse initiale du centre de gravité sera encore nulle, et le mouvement initial ne pourra être qu'une rotation autour de ce point.

141. La vitesse initiale du centre de gravité de l'univers a été nulle; car avec les notations précédentes, $\frac{d\bar{x}}{dt}, \frac{d\bar{y}}{dt}, \frac{d\bar{z}}{dt}$ sont nuls, et comme les corps du système n'ont pu être mis en mouvement que par leurs actions mutuelles, S, T, U sont nuls; donc $\frac{dx_1}{dt} = o$, $\frac{dy_1}{dt} = o$, $\frac{dz_1}{dt} = o$.

142. Théorème 4. L'accélération du centre de gravité d'un système est à chaque instant celle d'un point matériel, dont la masse serait celle du système, et auquel toutes les forces (y compris les réactions) seraient appliquées. Car, les forces perdues se faisant équilibre, on a, en comprenant dans les formules toutes les réactions, les trois équations $\Sigma\left(X - m\frac{d^2x}{dt^2}\right) = o$, etc.,

ou, comme $\Sigma m \frac{d^2x}{dt^2} = \frac{d^2x_1}{dt^2} \Sigma m$, etc.,

$$\frac{d^2x_1}{dt^2} \Sigma m = \Sigma X, \quad \frac{d^2y_1}{dt^2} \Sigma m = \Sigma Y, \quad \frac{d^2z_1}{dt^2} \Sigma m = \Sigma Z.$$

Ces équations démontrent le théorème énoncé, lequel nous apprend que, dans tout système libre en mouvement, il y a un point qui se meut comme un point matériel, soit dans son mouvement initial, en vertu des forces instantanées, soit ensuite en vertu des forces continues. C'est à ce point, c'est-à-dire au centre de gravité, que s'applique la dynamique du point matériel. Par exemple, si une sphère homogène pesante est lancée dans le vide par une impulsion P, le centre de la sphère prendra une vitesse initiale égale à P, divisé par la masse M de la sphère, et dirigée suivant P ; de plus, ce point se mouvra comme un point matériel sollicité par une force verticale $= g$M. L'accélération de ce point est donc constante $= g$, et verticale du haut en bas : sa trajectoire est par suite une parabole.

143. Les équations du mouvement du centre de gravité, quelles que soient les forces qui sollicitent le système durant ce mouvement (il n'est plus question du mouvement initial seulement), ne renferment, quelle qu'en soit la durée, aucune trace des forces, à chacune desquelles il répond une force égale et opposée; telles sont entre autres les actions mutuelles des molécules, frottements entre les corps du système, pressions des solides, des fluides, couples appliqués à des corps solides du système ; car toutes ces forces introduisent dans ΣX, ΣY, ΣZ des termes égaux et de signes contraires, qui par conséquent se détruisent. Si donc le système n'est sollicité que par de pareilles forces, les ΣX, ΣY, ΣZ sont nuls, et $\frac{dx_1}{dt}$, $\frac{dy_1}{dt}$, $\frac{dz_1}{dt}$

sont constants, de sorte que la vitesse du centre de gravité est constante et rectiligne. S'il s'agit d'un corps solide qui, durant son mouvement, s'il a lieu, n'est sollicité que par des couples, son centre de gravité se meut aussi uniformément, et en ligne droite, par des raisons analogues.

144. Mais s'il s'agit de l'*univers entier,* nous avons déjà prouvé que la vitesse initiale de son centre de gravité a été nulle, et ici on conclura que, ΣX, ΣY, ΣZ ne comprenant que des forces *intérieures,* son accélération est aussi nulle, de sorte que ce point a toujours été, est, et sera toujours immobile, quelles que soient les forces qui s'y sont développées ou s'y développeront : actions chimiques, explosions de soleils, de planètes, phénomènes de la vie animale et végétale, n'altèrent point l'état de repos de ce point.

145. Soient deux systèmes de corps, A et B; les molécules de chacun sont soumises à leurs actions mutuelles (intérieures) et aux actions (extérieures) de l'autre. Toutes ces actions sont supposées fonctions des distances. Si, par suite d'actions intérieures, telles que des explosions, A vient à éclater, de façon que les distances qui séparent chacune de ses molécules (A) de celles de B prennent des séries de valeurs autres que celles qu'elles auraient prises sans l'explosion, le mouvement du centre de gravité de A changera de loi : c'est une cause extérieure à A qui produit ce résultat. Mais le centre de gravité de l'*ensemble des deux systèmes A et B* continuera son mouvement suivant la même loi qu'auparavant, parce que les actions réciproques des molécules de A et de B sont ici *intérieures.*

On appelle *principe de la conservation du mouvement du centre de gravité* cette proposition, qui prouve que *les actions des molécules d'un système n'altèrent pas la loi du mouvement de ce point.*

146. C'est ici le lieu de revenir sur certains phénomènes dont il a été question dans la seconde partie, nº 78 : il s'agit de mouvements qui se passent à la surface du globe terrestre. Dans ces questions, la durée est très-petite, de sorte qu'on peut faire abstraction du mouvement du système planétaire, ainsi que du mouvement annuel de la terre. Des deux forces fictives, la centrifuge est comprise dans le poids du corps, et la centrifuge composée, qui, sur une hauteur de chute de 150 mètres, ne produit que des déviations moindres que 3 centimètres, pourra se négliger, de sorte que le globe terrestre pourra être regardé comme immobile.

147. Soit A une masse en repos sur la surface de la terre ; le centre de gravité de tout le système est O. Si la masse A vient à être soulevée, de façon que son centre de

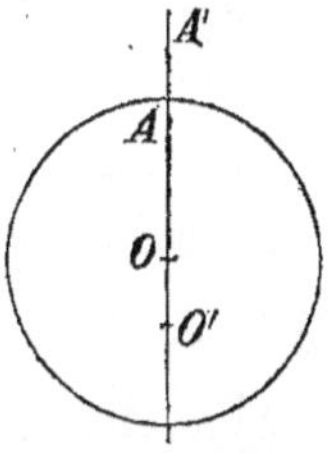

gravité arrive en A', soit brusquement (le saut d'un homme, un projectile lancé), soit lentement (un fardeau transporté au haut d'une échelle, d'un édifice) ; ce mouvement s'opérant, par le moyen d'une action entre A et le reste du globe, le centre de gravité de tout le système doit rester immobile en O ; donc celui du globe (A non compris) se sera transporté en sens contraire de O, c'est-à-dire en un point O'. Si la masse A' retombe en OA, le point O' revient en O.

A la rigueur, il y aurait encore à appliquer une remarque faite plus haut, à savoir que, les mouvements des deux masses altérant leurs distances au soleil, il en résulte une déviation pour le centre de gravité. On n'en tiendra pas compte.

Il y a des résultats analogues pour le transport horizontal des masses, hommes, animaux, voitures, etc. Tous ces mouvements produisent des déplacements (insensibles, il est vrai) dans le centre de gravité du globe, défalcation faite de la masse en mouvement, de façon que le centre de gravité du total ne change pas. Il en est encore de même du vol des oiseaux, de la natation. Ces mouvements relatifs sont dus à des actions intérieures entre l'être animé qui se déplace et le reste de la terre.

148. Soit une bombe placée sur le sol et chargée de poudre, etc. : le feu étant mis à la fusée, la bombe éclate; une partie des éclats, avec une partie des gaz développés et de l'air ambiant est projetée dans l'espace; le centre de gravité de ces parties projetées est lui-même mis en mouvement. Mais il y a une réaction contre le sol, où d'ailleurs est restée en repos une portion de la bombe ; cette réaction chasse le centre de gravité du globe (débris projetés non compris) en sens contraire de l'autre, et celui de toutes les masses ne bouge pas. Ces débris retombent sur le sol sans changement pour le centre. (Toujours abstraction faite du changement opéré dans la partie des molécules par rapport au soleil, etc.)

149. Si le projectile est lancé obliquement par une bouche à feu, son centre de gravité décrit une courbe : la réaction contre le sol se fait par le moyen de toute la bouche à feu, et le centre de gravité du globe terrestre, moins la masse projetée, décrit une courbe, de telle façon que le centre de gravité du total ne change pas.

Je suppose que notre projectile creux renferme des balles avec la poudre, et qu'il vienne à éclater à quelque endroit de sa trajectoire, au-dessus du sol. Sans la présence de l'air atmosphérique, le centre de gravité de la somme des parties du projectile, balles, éclats, débris, gaz provenant de la poudre, continuerait à décrire la trajectoire commencée; mais la présence de l'air extérieur altère cette trajectoire, parce que les balles, éclats, débris, présentent à l'air d'autres surfaces, et la pression de ce fluide change encore, lorsque les éclats, balles etc. commencent à retomber sur le sol. Mais aucune de ces circonstances n'altère l'état du centre de gravité du système total, *globe terrestre, air atmosphérique, balles, éclats*, etc.

150. Un individu tire horizontalement un fusil chargé à balle, et soutenu par un de ses bras. Si la crosse est simplement juxtaposée contre l'épaule, la balle avec une partie des gaz, le tout formant une masse $= m$, est projetée dans un sens avec une vitesse initiale que je nomme v; le fusil et le reste des gaz sont chassés en sens opposé; soit V leur vitesse initiale commune, M leur masse, MV sera la quantité de mouvement communiquée au fusil, et la percussion qu'il exerce sur l'épaule du tireur. La balle etc. est animée de la quantité de mouvement mv, et d'après le principe etc. on a $mv = MV$.

Cette relation se déduit aussi de la théorie du mouvement du centre de gravité. En effet, soient X, x les distances initiales des centres de gravité de M, m à un plan perpendiculaire à l'axe du fusil : la distance du centre de gravité de $M+m$ au même plan est $\frac{MX+mx}{M+m}$, et puisque l'explosion de la charge n'altère pas (au premier instant) la position de ce point, sa vitesse initiale est nulle. Cette vitesse $\frac{d.\frac{MX+mx}{M+m}}{dt}$

$$=\frac{M\frac{dX}{dt}+m\frac{dx}{dt}}{M+m}=o, \text{ d'où } M\frac{dX}{dt}+m\frac{dx}{dt} \text{ ou } MV-mv=o.$$

Mais si le tireur appuie fortement la crosse contre l'épaule, il fait corps avec l'arme, et c'est la masse de son corps et de l'arme qui entre en considération : nommant M_1, V_1, v_1 ce que deviennent M, V, v, on a

$$M_1V_1 = mv_1$$

Si donc v_1 reste $= v$; comme M_1 est beaucoup plus grand que m, V_1, vitesse initiale du corps de l'homme sera $< V$, et pourra même être insensible.

Nous savons que c'est au centre de gravité de la masse M_1 (n° 142) que la percussion M_1V_1, et par suite la vitesse V_1, est appliquée. Pour annuler cette vitesse, l'homme a ses points d'appui sur le sol, et y développe un frottement proportionnel à son poids; soit F cette force en valeur absolue; l'équation du mouvement horizontal du centre de gravité sera $M\dfrac{d^2x_1}{dt^2} = -F$, d'où $M_1\dfrac{dx_1}{dt} = M_1V_1 - tF$; car F est constant. Cette vitesse $\dfrac{dx_1}{dt}$ sera nulle avec $t = \dfrac{V_1M_1}{F}$.

Comme le corps humain n'est pas invariable de forme, il y a lieu de modifier ces résultantes. Du reste, ce corps subit aussi une rotation dont on fait abstraction.

CHAPITRE IV.

SUITE DES THÉORIES GÉNÉRALES. — COUPLES OU MOMENTS DES QUANTITÉS DE MOUVEMENT. — AIRES.

151. Dans *tout* système de molécules il y a équilibre, à chaque instant, entre les forces appliquées, les réactions et les forces d'inertie. Ces trois groupes de forces satisfont donc aussi aux trois équations (2) (n° 133), qu'on peut mettre sous la forme $\Sigma m.\dfrac{yd^2z - zd^2y}{dt^2} = \Sigma(Zy - Yz)$, que je pose $= \dfrac{du}{dt}$; $\Sigma m.\dfrac{zd^2x - xd^2z}{dt^2} = \Sigma(Zy - Yz) = \dfrac{du'}{dt}$,

$$\Sigma m.\frac{xd^2y - yd^2x}{dt^2} = \Sigma(Yx - Xy) = \frac{du''}{dt}.$$

Je multiplie par dt, j'intègre, et c, c', c'' étant des constantes, il vient

$$\Sigma m \frac{y\,dz - z\,dy}{dt} = \int \Sigma (yZ - zY)\,dt + c = u,$$

$$\Sigma m \frac{z\,dx - x\,dz}{dt} = \int \Sigma (Xz - Zx)\,dt + c' = u',$$

$$\Sigma m \frac{x\,dy - y\,dx}{dt} = \int \Sigma (Yx - Xy)\,dt + c'' = u''. \quad (3)$$

Les premiers membres de ces équations sont les sommes des moments des quantités de mouvement des molécules à t, moments pris respectivement par rapport aux axes des x, y, z; ce sont encore les projections sur x, y, z, de l'axe du couple résultant de tous ceux que fait naître le transport de ces quantités de mouvement, à l'origine des axes x, y, z (voy. *Statique des corps solides*), et ce en opérant sur les quantités de mouvement comme sur des forces; de sorte que, pour la molécule m, dont la quantité de mouvement est la résultante géométrique de $\frac{m\,dx}{dt}$, $\frac{m\,dy}{dt}$, $\frac{m\,dz}{dt}$, supposées portées sur des parallèles à x, y, z, on appliquera à l'origine deux quantités de mouvement contraires, égales et parallèles à $\frac{m\,dx}{dt}$, etc.

La première de ces équations (3) prouve que la somme de ces moments, pris par rapport à Ox, est indépendante des forces qui disparaissent sous les signes $\int \Sigma$, c'est-à-dire des forces dont la somme des moments par rapport à Ox est nulle. Ces forces-là se feraient équilibre, si le système était invariable et que Ox fût un axe fixe.

152. En multipliant par dt la première équation (3), on a

$$\Sigma m\,(y\,dz - z\,dy) = u\,dt = dt \int \Sigma (Zy - Yz)\,dt + c\,dt. \quad (4)$$

Or $y\,dz - z\,dy$ est le double de l'aire que décrit en dt, sur le plan yz, et autour de l'origine O, le rayon vecteur qui joint ce point O à la projection du point m : c'est aussi la double projection de l'aire que décrit, en dt, dans l'espace, le rayon vecteur qui joint le point O au point m lui-même. — Ce double est multiplié par la masse m. Pour abréger, nous ferons, dans les énoncés, abstraction du facteur $2m$, et nous appelerons ces produits, tels que $m\,(y\,dz - z\,dy)$, simplement *aires ;* mais il ne faudra jamais perdre de vue que cette dénomination n'est que de convention.

Cela posé, l'équation ci-dessus prouve que la somme des aires décrites en dt (appelées aussi *aires instantanées, aires élémentaires*), par les rayons vecteurs des molécules, et projetées sur un plan (yz), est indépendante des forces qui se feraient équilibre autour de l'axe (Ox), perpendiculaire à ce plan, si cet axe était fixe et que le système fut invariable (ou, ce qui revient au même, des forces dont la somme des moments pris par rapport à cet axe est nulle).

153. Considérant l'ensemble des équations (3), on reconnaît 1° que la somme des moments des quantités de mouvement, par rapport à un axe quelconque mené par un point O, est indépendante des forces qui se feraient équilibre autour de ce point, s'il était fixe et que le système fut invariable ; car, s'il existe dans le système un groupe de forces qui jouissent de cette propriété, la somme de leurs moments est nulle par rapport à tout axe mené par ce point ; ainsi elles ne paraissent pas dans les équations (3).

154. Les équations (4) prouvent de même que la somme des aires décrites en dt, et projetées sur un plan quelconque, est indépendante des forces qui se feraient équilibre, si le pôle des aires (point de départ des rayons vecteurs) était fixe et le système invariable. Et il n'est pas nécessaire que le plan sur lequel on projette les aires passe

par le pôle ; car les projections d'une figure sur deux plans parallèles sont égales.

155. THÉORÈME 1. Parmi toutes les droites issues d'un point O, il y en a une par rapport à laquelle la somme des moments des quantités de mouvement qui existent à une époque donnée est un maximum, et cette droite est évidemment l'axe du couple résultant de tous ceux que produit le transport des quantités de mouvement en O. Or, par suite de ce transport, on obtient trois couples résultants partiels, dans les trois plans coordonnés, et dont les axes ou moments sont respectivement

$$\Sigma m \frac{(y\,dz - z\,dy)}{dt}, \quad \Sigma m \cdot \frac{z\,dx - x\,dz}{dt}, \quad \Sigma m \cdot \frac{x\,dy - y\,dx}{dt},$$

que nous avons nommés u, u', u''; leur résultante, qui est précisément le couple résultant, a pour carré

$$u^2 + u'^2 + u''^2, \text{ que je fais } = V^2 ;$$

la direction de son axe a pour équations

$$\frac{\xi}{u} = \frac{\eta}{u'} = \frac{\zeta}{u''} \qquad \text{ou (n° 26)} \quad \frac{x}{L} = \frac{y}{M} = \frac{z}{N}$$

Le plan du couple résultant est $\xi u + \eta u' + \zeta u'' = o$.

156. THÉORÈME 2. Parmi tous les plans menés par le point O, il y en a un sur lequel la somme des projections des aires élémentaires est un maximum. En effet, $u\,dt$, $u'\,dt$, $u''\,dt$ étant les projections des sommes etc. des aires, u, u', u'' sont les moments des quantités de mouvement correspondantes ; or $V = \sqrt{u^2 + u'^2 + u''^2}$ est le moment maximum, et son axe est déterminé par les équations $\frac{\xi}{u} = \frac{\eta}{u'} = \frac{\zeta}{u''}$; donc $V\,dt$ est le maximum des aires etc., et le plan sur lequel cette somme de projection est un maximum, est aussi $\xi u + \eta u' + \zeta u''' = o$.

157. *Projections des aires décrites autour de divers pôles, ou bien Couples nés du transport des quantités de mouvement à diverses origines* (n° 39).

Si, après avoir calculé la somme des moments des quantités de mouvement autour de l'axe du moment maximum, relatif à un point O, on veut avoir l'axe analogue pour un point O', on fera comme n° 39, c'est-à-dire que, R étant la résultante des quantités de mouvement transportées en O, C le couple résultant au point O, on appliquera au point O' deux quantités de mouvement contraires, = et // à R; soit R' et R", celle-ci de sens contraire à R; le couple RR", composé avec C, donnera un couple C' dont le moment ou axe est le maximum cherché. Le plan perpendiculaire à cet axe, c'est-à-dire le plan du couple C', est le plan du maximum des aires élémentaires décrites par les rayons vecteurs issus de O', et si V' est le moment de C', V'dt est le maximum des projections de ces aires. — Tout cela se rapporte à la même époque, t.

Dans le cas où les pôles O, O'... sont tous sur une droite // à R, le couple R R" est nul pour tous ces pôles; l'axe du moment maximum a une seule et même direction, et ce moment a une seule et même valeur. Le plan du maximum des aires, qui est celui du couple résultant des quantités de mouvement, a donc aussi une seule et même direction, etc.

Appliquer ici les résultats de la *Statique*, n° 39 etc.

158. Je suppose que $\Sigma(\mathrm{Z}y - \mathrm{Y}z) = o = \Sigma(\mathrm{X}z - \mathrm{Z}x) = \Sigma(\mathrm{Y}x - \mathrm{X}y)$; $\frac{du}{dt}, \frac{du'}{dt}, \frac{du''}{dt}$ sont donc nuls, et u, u', u'' seront indépendants de t. Les équations (3) donnent donc

$$\Sigma m. \frac{ydz - zdy}{dt} = c, \quad \Sigma m. \frac{zdx - xdz}{dt} = c', \quad \Sigma m. \frac{xdy - ydx}{dt} = c''$$

Par conséquent, si la somme des moments des forces est nulle par rapport à trois axes rectangulaires menés par un point O (et par suite par rapport à tout axe mené par ce point), la somme des moments des quantités de mouvement est constante pour tout axe amené par ce point O, ou, ce qui revient au même, le couple des quantités de mouvement est invariable. Le couple en question est le résultant de tous ceux que produisent les quantités de mouvement transportées à ce point.

Nos équations donnent aussi $\Sigma m\,(ydz - zdy) = cdt$, etc., et prouvent que la somme des projections des aires etc. sur un plan quelconque ne change pas avec le temps. Le plan du maximum des aires est celui du couple. Les dernières équations intégrées donnent

$$\int_{t_0} \Sigma m\,(y\,dz - z\,dy) = c\,(t - t_0) \text{ etc.} \qquad (5)$$

Donc la somme des aires décrite en $t - t_0$, et projetées sur un plan yz fixe quelconque, est proportionnelle à ce temps $t - t_0$.

Le plan du maximum des aires instantanées jouit de la même propriété ; ce plan a pour équation $\xi u + \eta u' + \zeta u'' = o$, c'est-à-dire $c\xi + c'\eta + c''\zeta = o$. Il est, comme on voit, invariable. La somme des aires instantanées projetées sur ce plan étant $dt\sqrt{c^2 + c'^2 + c''^2}$, celle des aires finies est $(t - t_0)\sqrt{c^2 + c'_2 + c''^2}$. Elle est plus grande que la projection sur tout autre plan yz, laquelle $= (t - t_0)\,c$.

Réciproquement, si la somme des aires finies etc., projetées sur trois plans rectangulaires, est sur chacun proportionnelle au temps employé à les décrire, la somme des moments des forces est nulle par rapport aux axes, intersections de ces plans ; car les équations (5), différentiées, donnent

$$\Sigma m\,.\,(y\,dz - z\,dy) = c\,dt\,, \text{ etc.}$$

Différentiant encore, on a $\Sigma m \cdot \frac{y\,d^2z - z\,d^2y}{dt^2} = o$, etc., c'est-à-dire

$$\Sigma m\,(yZ - zY) = o,\ \Sigma m\,(zX - xZ) = o,\ \Sigma m\,(Yx - Xy) = o,$$

ce qui prouve l'énoncé, ou bien prouve que les forces se feraient équilibre, si le système était invariable et le point O fixe. (De ce que les forces satisfont à la relation $\Sigma m\,(Yx - Xy) = o$, et il ne faut pas conclure que, pour une origine autre que O, une pareille relation aurait aussi lieu.)

159. Les molécules d'un système de corps, sollicitées par des forces intérieures seulement, étant mises en mouvement par des actions *intérieures* aussi, sans aucune action extérieure, nous avons reconnu que son centre de gravité est immobile. Cela étant, à une époque quelconque, on aura

$$\Sigma\,(yZ - zY) = o,\ \Sigma\,(zX - xZ) = o,\ \Sigma\,(xY - yX) = o,$$

ou bien $\Sigma m\,\frac{y\,d^2z - z\,d^2y}{dt^2} = o$, etc.,

d'où $$\Sigma m \cdot \frac{y\,dz - z\,dy}{dt} = c, \text{ etc.}$$

Or une molécule m ne peut présenter que deux cas : 1° ou bien sa vitesse initiale est nulle ; 2° ou, si on désigne par X_0, Y_0, Z_0 les composantes de la quantité de mouvement initiale appliquée à la molécule dont les coordonnées initiales sont x_0, y_0, z_0, on aura, d'après le principe de D'ALEMBERT,

$$c = \Sigma m \cdot \frac{y_0\,dz_0 - z_0\,dy_0}{dt} = \Sigma\,(y_0 Z_0 - z_0 Y_0),$$

quantité nulle, parce que X_0, Y_0, Z_0 sont les composantes d'actions intérieures, à chacune desquelles il en répond une égale et opposée.

Donc, dans les deux cas, le couple résultant de ceux etc.

est nul, par suite le moment maximum est nul, le maximum de la somme des aires instantanées est nulle, l'origine étant toujours le centre de gravité.

Ajoutons que, si l'univers venait à se solidifier, il resterait en repos, vu que les forces intérieures, initiales ou non, étant les seules qui le sollicitent, satisfont aux six équations, etc.

160. Théorème. Si, dans un système, il y a un point qui soit doué d'un mouvement rectiligne uniforme, qu'on transporte les quantités de mouvement parallèlement jusqu'à ce point, le couple des quantités de mouvement relatives à ce point sera constant quant à sa grandeur et à la direction de son plan, pourvu que les forces absolues, appliquées au système, satisfassent constamment aux six équations d'équilibre d'un système invariable.

En effet, soient trois axes rectangulaires fixes $Oxyz$, et trois axes rectangulaires mobiles x', y', z', dont l'origine est le point O', supposé doué du mouvement rectiligne uniforme; ces trois axes restent parallèles à x, y, z respectivement. Les coordonnées d'un point m, rapportées au premier système, sont x, y, z; rapportées au second, elles sont x', y', z'; ξ, η, ζ seront celles de O' rapportées au point O, de façon que $x'=x-\xi$, $y'=y-\eta$, $z'=z-\zeta$.

Le couple des quantités de mouvement relatives à O' est le résultant des trois couples $\Sigma m.\dfrac{y'dz'-z'dy'}{dt}$, etc.; je nomme u_1, u'_1, u''_1 ces trois couples; le plan du résultant a pour équation $u_1 x'+u'_1 y'+u''_1 z'=o$, et le couple $=\sqrt{u_1^2+u'^2_1+u''^2_1}$. Pour qu'il soit invariable d'intensité et de direction, il suffit que

$$\frac{du_1}{dt}=o,\quad \frac{du'_1}{dt}=o,\quad \frac{du''_1}{dt}=o,$$

ou bien $\Sigma m \dfrac{y'd^2z' - z'd^2u'}{dt^2} = o$, etc.

Mettant ici pour x', y', z' leurs expressions en x, ξ, ..., on a les conditions

$$\Sigma m. \frac{(y-\eta)(d^2z - d^2\zeta) - (z-\zeta)(d^2y - d^2\eta)}{dt^2} = o \text{ etc.}$$

Comme le mouvement du point O' est rectiligne et uniforme, on a $o = \dfrac{d^2\xi}{dt^2} = \dfrac{d^2\eta}{dt^2} = \dfrac{d^2\zeta}{dt^2}$.

De plus, le terme $\Sigma m\eta \dfrac{d^2z}{dt^2} = \eta \Sigma m \dfrac{d^2z}{dt^2} = \eta \Sigma Z$, où Z est une composante d'une force absolue, et ΣZ est nul, puisque les forces absolues satisfont aux six équations. De même, $\Sigma m \dfrac{yd^2z - zd^2y}{dt^2}$, qui $= \Sigma m\,(Zy - zY)$, est nul. Donc u_1, u'_1, u''_1 sont invariables ; par suite le plan du maximum des aires est invariable de direction, et le maximum est constant.

161. Soit un individu placé dans l'espace, soustrait à toute action extérieure, soit instantanée soit continue : il est immobile. S'il donne un mouvement, par exemple à un bras, de façon à déplacer le centre de gravité de celui-ci, le centre de gravité du reste du corps se déplacera aussi, parce que le centre de gravité du corps total doit rester immobile (n° 143 etc.). S'il imprime à une partie de son corps une rotation initiale autour d'un axe, il fera naître un couple de quantités de mouvement ; il faudra donc qu'une autre partie du corps tourne en sens contraire pour que le couple résultant soit nul. Ainsi il est impossible que l'individu s'imprime une rotation complète autour d'un axe mené par le centre de gravité.

162. Si les actions que notre système planétaire éprouve de la part des autres corps célestes sont insensibles, les molécules dudit système ne sont sollicitées que par leurs actions mutuelles, qui, étant des forces intérieures, satisfont aux six conditions $\Sigma X = o$, etc. D'ailleurs le centre du soleil paraît doué d'un mouvement rectiligne uniforme, ce qui pourtant, à la rigueur, n'est pas probable. — Dans le cas où le mouvement est tel, il passe (nº 160) par le centre de cet astre un plan qui se meut parallèlement à lui-même, et qui est le plan du maximum des projections des aires instantanées que décrivent, autour du centre O' du soleil, les rayons vecteurs menés de ce point aux molécules du système.

Dans ces théories, les forces, les vitesses, les mouvements peuvent être ou tous relatifs ou tous absolus.

CHAPITRE V.

SUITE DES THÉORIES GÉNÉRALES. — LES FORCES VIVES.

163. Théorème. Un système de molécules étant rapporté à deux trièdres rectangulaires parallèles, l'un $Oxyz$ fixe, l'autre $Gx'y'z'$ mobile, ayant son origine au centre de gravité du système, je dis que la force vive absolue est égale à la relative augmentée du produit de la masse totale par le carré de la vitesse dudit centre de gravité.

En effet, soient x, y, z les coordonnées d'une molécule m rapportées au point fixe O; $x' y' z'$ ses coordonnées rapportées à G; $x_1 y_1 z_1$, celles de G rapportées au point O:

on a $$x = x_1 + x', \text{ etc.},$$

d'où $$\frac{dx}{dt} = \frac{dx_1}{dt} + \frac{dx'}{dt}, \text{ etc.};$$

par conséquent

$$\Sigma m \frac{dx^2}{dt^2} = \Sigma m \frac{dx'^2}{dt^2} + \frac{dx_1^2}{dt^2} \Sigma m, \text{ etc.} \qquad (1)$$

Les doubles produits, tels que

$$2 \Sigma m \frac{dx_1}{dt} \frac{dx'}{dt}, \text{ ou } 2 \frac{dx_1}{dt} \Sigma m \frac{dx'}{dt},$$

sont nuls, vu que, G étant le centre de gravité, on a

$$\Sigma mx' = o, \text{ d'où } \Sigma m \frac{dx'}{dt} = o, \text{ etc.}$$

Ajoutant membre à membre les trois équations, telles que (1), et nommant v les vitesses absolues, v' les relatives, v_1 celle du centre de gravité G, on a

$$\Sigma mv^2 = \Sigma m'^2 + v_1^2 \Sigma m. \text{ c. q. f. d.}$$

164. A la page 120, t. Ier, on a établi la formule

$$mv^2 - mv_0^2 = 2\int_{t_0}^{t} \mathrm{F} \cos\alpha . ds = 2\int_{t_0}^{t} (\mathrm{X}dx + \mathrm{Y}dy + \mathrm{Z}dz).$$

Chaque molécule fournit une équation de ce genre; en sommant ces équations, on a

$$\Sigma mv^2 - \Sigma mv_0^2 = 2\Sigma\int_{t_0}^{t} \mathrm{F}\cos\alpha ds = 2\Sigma\int_{t_0}^{t} (\mathrm{X}\, dx + \text{ etc.}).$$

donc la variation de la force vive du système de t_0 à t est égale au double du travail, développé durant $t - t_0$, par toutes les forces, actions, réactions etc. du système.

Et, en effet, F est la résultante de toutes les actions que subit la molécule m, à savoir forces extérieures, forces intérieures, réactions de points fixes, etc. Parmi ces actions il y en a qui disparaissent dans la formule générale; ces actions sont toutes celles qui sont perpendiculaires au chemin parcouru par leur point d'application, telles que réactions de courbes fixes, de surfaces fixes, la force centrifuge dans le mouvement absolu, la force centrifuge composée dans le mouvement relatif. Il y a encore les actions mutuelles de molécules liées entre elles invariablement : le travail développé sur deux pareilles molécules est nul, en tant qu'il est dû à l'action qu'elles exercent l'une sur l'autre (nº 108).

165. Je reprends l'équation générale des forces vives

$$\Sigma mv^2 - \Sigma mv_0^2 = 2\int_{t_0}^{t} \Sigma (\mathrm{X}dx + \mathrm{Y}dy + \mathrm{Z}dz)$$

Si $2\Sigma(\mathrm{X}dx + \mathrm{Y}dy + \mathrm{Z}dz)$ est la différentielle d'une fonction des coordonnées des diverses molécules : $x, y, z, x', y', z', x'', y'', z''$, etc., fonction ne contenant pas t implicitement, et que je représente par $\varphi(x, y, z, x', y', \ldots)$, on a

$$\Sigma mv^2 - \Sigma mv_0^2 = \int_{t_0}^{t} d\,.\,\varphi(x, y, z\ldots)$$
$$= \varphi(x, y, \ldots) - \varphi(x_0, y_0 \ldots)$$

Si φ contenait le temps explicitement, sa différentielle contiendrait un terme $\frac{d\varphi}{dt}dt$, et ne serait pas $\Sigma(\mathrm{X}dx + \mathrm{Y}dy + \mathrm{Z}dz)$.

Cette équation prouve que, toutes les fois que la fonction φ reprend la même valeur, il en est de même de la force vive du système.

166. Dans le cas où les molécules ne sont sollicitées que par leurs poids et par des forces intérieures, on a $\mathrm{X} = \mathrm{Y} = o$, $\mathrm{Z} = mg$; l'axe des z étant vertical, et du haut en bas, l'équation devient

$$\Sigma mv^2 - \Sigma mv_0^2 = 2\int_{t_0}^{t} \Sigma mg\,dz$$

Soit, à une époque quelconque, ζ l'ordonnée du centre de gravité du système ; on a

$$\zeta\,\Sigma m = \Sigma mz\,, \text{ d'où } d\zeta\,.\,\Sigma m = \Sigma m\,dz\,;$$

ainsi

$$\Sigma mv^2 - \Sigma mv_0^2 = 2g\,\Sigma m\int_{t_0}^{t} dz$$
$$= 2g\mathrm{M}\,.\,(\zeta - \zeta_0).$$

La variation de la force vive de t_o à t est donc = au double du poids du système, multiplié par la variation de hauteur $(\zeta - \zeta_o)$ du centre de gravité. — La force vive augmente si le centre de gravité descend ; elle diminue s'il monte. Elle reprend la même valeur chaque fois qu'il revient au même plan horizontal.

167. Si on prend deux molécules m, m', dont la distance ne soit pas invariable, et qui sont sollicitées par leurs actions mutuelles, leur travail élémentaire est (n° 108) $-$ F. dr, si F est une force attractive, et $+$ F. dr, si c'est une force répulsive.

Si une masse élastique (solide ou gaz) se trouve comprimée, puis abandonnée à elle-même, elle se dilate ; son travail de dilatation se rapporte à $+ \mathrm{F}\,dr$, où $dr > o$: il y a de la force vive développée par cette dilatation. Si la masse, forcément dilatée, est abandonnée à elle-même, elle se contracte par l'effet de forces attractives : le travail est $- \mathrm{F}.dr$, où $dr < o$. Il y a donc encore de la force vive développée. L'explosion de la poudre à canon, la production de la vapeur, rentrent dans le premier cas.

Si un corps vient à être comprimé par des actions extérieures, il y a répulsion entre les molécules et diminution des distances; par conséquent le travail élémentaire est $< o$, et la force vive diminue. Si un corps vient à être étiré, brisé, la force vive diminue encore ; car il y a développement de forces attractives et augmentation des distances.

168. Une planète décrit autour du soleil son ellipse : depuis le périhélie jusqu'à l'aphélie $- \mathrm{F}\,dr$ est $< o$; la force vive diminue. Au contraire, de l'aphélie au périhélie, elle augmente.

§ 1. *Choc de certains corps.*

169. Il se passe des phénomènes de ce genre dans le choc des corps solides. Vers l'instant où les corps, sup-

posés au nombre de deux, vont se choquer, il se produit une compression, laquelle est, d'après ce qui vient d'être dit, accompagnée d'une diminution de force vive. Si les deux corps sont dénués d'élasticité, les formes que la compression a données aux corps subsistent, et le choc est accompli. Si l'un des corps est élastique, la première phase du choc, celle de la compression, est suivie d'une seconde phase, durant laquelle le corps élastique tend à reprendre sa forme primitive : la partie comprimée se dilate, et il y a augmentation dans la force vive de ce corps. Si l'autre corps est aussi élastique, il se comporte de même.

170. Soient deux corps M, M', dont les centres de gravité G, G' se meuvent sur une droite Ox, et dont les molécules décrivent des droites parallèles à Ox.

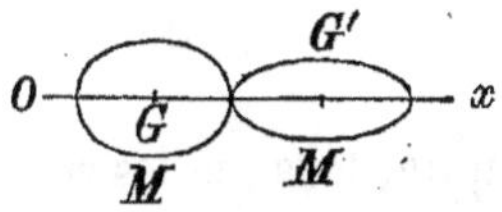

Les vitesses étant ainsi toutes parallèles à Ox, on peut leur supposer des signes : ainsi une vitesse V sera identique avec un $\frac{dx}{dt}$, O étant l'origine des x.

Je suppose que M se meuve de O vers x, et je nomme v_0 sa vitesse au moment où les deux corps se touchent ; à ce moment ils commencent à développer une action et une réaction, qui seront nulles lorsque leurs vitesses seront ramenées à l'égalité, ce qui termine la première phase du phénomène, c'est-à-dire la compression. Durant cette phase, les molécules de chacun des corps agissent sur celles de l'autre, et leurs vitesses varient. Mais les composantes de ces actions, prises perpendiculairement à Ox, s'entredétruisent, si, comme nous l'admettons, les vitesses des molécules, à la fin de cette phase, sont encore parallèles à Ox. Soit t_0 l'époque où l'action commence, $t_0+\theta$ celle où elle finit ; soit N la force instantanée qui, dans chacun des deux corps, se développe à t_0, augmente rapidement, et s'annule à $t_0 + \theta$: N est la résultante des actions que les molécules de l'un des corps exercent sur celles de l'autre. Soient x_1, x'_1 les coordonnées de G, G' à une époque quelconque entre t_0 et $t_0 + \theta$; on aura les équations du mouvement des centres de gravité

$$M \frac{d^2x_1}{dt^2} = -N, \quad M' \frac{d^2x'_1}{dt^2} = +N \tag{1}$$

car, en supposant N absolue, cette force agit sur M de x vers O, et sur M', de O vers x.

Soient v_0, v les valeurs de $\frac{dx_1}{dt}$ à t_0 et à $t_0 + \theta$; de même v'_0 et v les valeurs de $\frac{dx'_1}{dt}$ à t_0 et $t_0 + \theta$; je dis v, parce que la première phase est accomplie, lorsque les vitesses des deux corps sont ramenées à l'égalité ; on multiplie par dt, et, intégrant, on a

$$M(v - v_0) = -\int_{t_0}^{t_0+\theta} N\,dt, \quad M'(v - v'_0) = \int_{t_0}^{t_0+\theta} N\,dt,$$

d'où
$$M(v - v_0) + M'(v - v'_0) = o. \tag{2}$$

Cette équation exprime qu'il y a équilibre entre les quantités de mouvement perdues dans les deux masses : on aurait pu l'écrire immédiatement. Chacune des deux précédentes exprime de même qu'il y a équilibre entre les quantités de mouvement perdues dans chaque masse ; car l'intégrale qui y entre est une quantité de mouvement.

Le principe de la conservation du mouvement du centre de gravité du système donne le même résultat. Car, si x' est l'abscisse de ce point au temps t, on a $x'(M + M') = Mx_1 + M'x'_1$, puis $(M + M') \frac{dx'}{dt} = M \frac{dx_1}{dt} + M' \frac{dx'_1}{dt}$. Or $\frac{dx'}{dt}$ ne doit pas changer par le choc, et, d'après cette équation au commencement, à t_0, $\frac{dx'}{dt}$ est $= \frac{Mv_0 + M'v'_0}{M + M'}$; à la fin de la première phase, $\frac{dx'}{dt} = \frac{Mv + M'v}{M + M'}$: donc $(M + M')\ v = Mv_0 + M'v'_0$. Comme d'après (2).

171. Les équations (1), multipliées respectivement par $2\,dx_1$, $2\,dx'_1$, et, intégrées, donnent

$$M\frac{dx_1^2}{dt^2} = -2\int Ndx_1 + \text{const.},\ M'\frac{dx'^2_1}{dt^2} = +2\int Ndx'_1 + \text{const.},$$

ou de $t = t_0$ à $t = t_0 + \theta$,

$$M(v^2 - v_0^2) = -2\int_{t_0}^{t_0+\theta} N\,dx_1,\ M'(v^2 - v'^2_0 = 2\int_{t_0}^{t_0+\theta} Ndx'_1;$$

ajoutant $Mv^2 + M'v^2 - Mv_0^2 - M'v'^2_0 = 2\int_{t_0}^{t_0+\theta} N(dx'_1 - dx_1)$ (4)

Le premier membre est la variation que subit la force vive de t_n à $t_0 + \theta$; dans le second, $dx'_1 - dx_1$ est la variation de $x'_1 - x_1$ en dt, et $x'_1 - x_1$ est la distance des centres de gravité. Comme cette distance diminue durant la première phase, $dx'_1 - dx_1$ est $< o$, et le second membre de (4) est $< o$; ainsi la force vive diminue, et je dis que cette diminution est $= M(v - v_0)^2 + M'(v - v'_0)^2$ (*a*)

En effet, cette expression

$$= Mv_0^2 + M'v_0^2 + (M + M')\,v^2 - 2v\,(Mv_0 + M'v'_0).$$

Or (2) donne $$v = \frac{Mv_0 + M'v'_0}{M + M'}; \qquad (b)$$

substituant dans le dernier terme, il vient

$$Mv_n^2 + M'v_n^2 - (M + M')\,v^2,$$

ce qui est la force vive initiale diminuée de la finale ; la perte est donc égale à (*a*), qui est la somme des forces vives dues aux vitesses perdues algébriquement.

Pour que les deux corps se choquent, il faut que M' aille ou moins vite que M, ou aille à sa rencontre, c'est-à-dire

$v'_0 < v_0$. Si le numérateur de v est $> o$, les deux corps, après la première phase, marchent de O vers x; s'il est nul, ils s'arrêtent; s'il est $< o$, ils marchent de x vers O, M rebroussent chemin. Chacun de ces deux derniers cas exige que v'_0 soit $< o$. Si $v_0 = o$, et que $\frac{M}{M'}$ soit très-grand, v sera très-petit, et pourra être insensible :

$$v = \frac{v'_0}{1 + \frac{M}{M'}} \text{ qui} = o \text{ si } \frac{M}{M'} = \infty.$$

172. Je passe au cas où les deux corps sont élastiques. La première phase se présente également, et produit l'égalité des vitesses. Conservant les notations précédentes, je nomme u, u' les vitesses après la deuxième phase, qui est celle de la réaction élastique. Soit N_1 la valeur absolue de la force qui se développe entre les deux corps; ξ_1, ξ'_1 les abscisses des centres de gravité durant cette phase. On aura

$$M\frac{d^2\xi_1}{dt^2} = -N_1, \quad M'\frac{d^2\xi'_1}{dt^2} = +N_1,$$

posant $t + \theta = t_1$, et nommant θ_1 la durée du phénomène, on trouve

$$M(u - v) = -\int_{t_1}^{t_1+\theta_1} N_1\, dt, \quad M'(u' - v) = +\int_{t_1}^{t_1+\theta_1} N_1\, dt.$$

Si la quantité de mouvement développée durant cette phase est la même que dans la première, les intégrales sont les mêmes; dès lors les corps sont dits parfaitement élastiques, et l'on a

$$u - v = v - v_0, \quad u' - v = v - v'_0, \qquad (c)$$

ce qui prouve d'abord que $u - u' = v'_0 - v_0$, c'est-à-dire que la vitesse relative ne fait que changer de sens. Quant à la force vive, elle augmente; car on trouve

$$M(u^2 - v^2) = -\int_{t_1}^{t_1+\theta_1} N_1\, d\xi_1, \text{ et } M'(u'^2 - v^2) = +\int_{t_1}^{t_1+\theta_1} N_1\, d\xi'_1,$$

d'où $\quad Mu^2 + M'u'^2 - Mv^2 - M'v'^2 = +\int_{t_1}^{t_1+\theta_1} N_1 (d\xi'_1 - d\xi_1)$,
quantité $> o$.

De plus, si $N_1 = N$, ce qui peut être admis, et que $d.(\xi'_1 - \xi_1) = d(x_1 - x'_1)$, cette équation, ajoutée avec (3), donne

$$Mu^2 + M'u'^2 = Mv_o^2 + M'v'^2_o,$$

et la force vive finale est la même que l'initiale, propriété qui peut se déduire des valeurs de u et u'. Car elles donnent

$$Mu^2 + M'u'^2 = M(2v - v_o)^2 + M'(2v - v'_o)^2$$
$$= 4v[(M + M')v - Mv_o - M'v'_o] + Mv_o^2 + Mv'^2_o.$$

Le facteur entre crochets est nul en vertu de la valeur de v; donc etc.

173. Quant au mouvement des deux corps après la deuxième phase, je suppose toujours $v_o > o$ et $> v'_o$, d'où $2v - v_o < 2v - v'_o$, c'est-à-dire $u < u'$, d'après (c).

1er *Cas.* u est $> o$, c'est-à-dire $2v > v_o$. Comme $u' > u$, les deux corps marcheront vers x, mais M' devancera M. D'ailleurs on a

$$2v - v_o = \frac{2Mv_o + 2M'v'_o}{M + M'} v_o = \frac{(M - M')v_o + 2M'v'_o}{M + M'},$$

expression qui peut, selon les cas, être $> o, = o, < o$.

2e *Cas.* $u = o$, ou $2v = v_o$, par suite $2v > v'_o$ et u' est $> o$. Le corps M s'arrête, M' marche vers x.

3e *Cas.* $u < o$, u' peut être $\lesseqgtr o$, mais il est toujours $\geqq u$.

Si $u' < o$, les deux masses marchent vers O, et M prend le devant.

Si $u' = o$, M' est réduit au repos.

Enfin, si $u' > o$, les masses se séparent et prennent des vitesses contraires.

Dans le cas où $M = M'$, on a $v = \frac{v_0 + v'_0}{2}$,

puis $u = v'_0$, $u' = v_0$.

Il y a échange de vitesses.

Quelques expériences confirment la théorie.

174. *Théorème de Carnot.* Si deux corps compressibles, animés de vitesses quelconques, se choquent, il y a une perte de force vive égale à la force vive due aux vitesses perdues (ou gagnées).

Soient v_1, v_2, v_3 les composantes de la vitesse d'une molécule m du système, avant le choc; u_1, u_2, u_3 les mêmes après. Je dis qu'il y a une perte de force vive

$$= \Sigma m \left[(v_1 - u_1)^2 + (v_2 - u_2)^2 + (v_3 - u_3)^2 \right] \quad (a)$$

En effet, soient P, P' les percussions égales que les deux corps exercent l'un sur l'autre : il y a équilibre entre ces deux actions et les opposées des variations des quantités de mouvement, c'est-à-dire $m(v_1 - u_1)$, $m(v_2 - u_2)$, $m(v_3 - u_3)$. Pour appliquer le principe du travail virtuel, je nomme ϑp, $\vartheta p'$ les déplacements virtuels des points A, A' (p. 155), où sont appliquées les percussions P, P', ces déplacements étant projetés sur ces percussions, c'est-à-dire sur la normale commune; ϑx, ϑy, ϑz sont les déplacements virtuels de m, etc., et l'on a

$$P\vartheta p + P'\vartheta p' + \Sigma m \left\{ (v_1 - u_1)\vartheta x + (v_2 - u_2)\vartheta y + (v_3 - u_3)\vartheta z \right\} = o.$$

Je prends pour déplacement virtuel infiniment petit celui que le système subit en effet après le choc, et qui fait parcourir à m, avec les vitesses u_1, u_2, u_3, en dt, les espaces u_1dt, u_2dt, u_3dt parallèlement aux axes, ce qui dans $\vartheta x = u_1 dt$, $\vartheta y = u_2 dt$, $\vartheta z = u_3 dt$. Quant à ϑp, $\vartheta p'$, les points A, A' se quittent avec des vitesses dont les projections sur la normale commune sont égales, car le choc est terminé à l'époque où cette égalité est établie. Soit V la valeur commune de ces projections, Vdt la projection

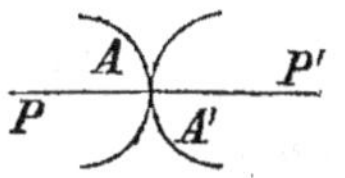
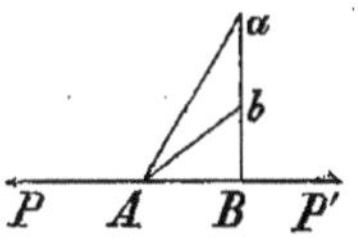

des espaces que chacun des points A, A′ parcourt en dt, espaces que je suppose être Aa, Ab, ayant pour projection commune AB $=$ Vdt. Le travail de la force P, dû à ce déplacement, est — P.AB, vu que AB tombe en sens contraire de la force; le travail de P′ est + P.′ AB, parce que AB est de même sens que P′ ; la somme de $P\vartheta p + P\vartheta p'$ est donc ici nulle, et notre équation revient à

$$\Sigma m\ [(v_1 - u_1)\ u_1 + (v_2 - u_2\ (v_3 - u_3)\ u_3] = o.$$

Retranchant de (a) le double de cette expression nulle, on trouve

$$\Sigma m\ [(v_1^2 + v_2^2 + v_3^2 - (u_1^2 + u_2^2 + u_3^2)],$$

expression de la force vive perdue. C. q. f. d.

§ 2. *Stabilité de l'équilibre.*

175. Étant donné un système de corps en équilibre sous des forces y appliquées, je suppose qu'on imprime aux molécules un déplacement virtuel, puis des vitesses; j'admets de plus que ce déplacement, ainsi que ces vitesses, puisse être pris assez petit pour que chaque molécule reste, durant le mouvement qui va naître, renfermée dans une sphère dont le centre est le point où se trouvait cette molécule avant le déplacement, et dont le rayon sera aussi petit qu'on voudra, quel que soit parmi les mouvements virtuels celui qu'on a imprimé, et quelles que soient les intensités et les directions des vitesses communiquées, l'équilibre est dit stable. Dans le cas où, pour chaque déplacement virtuel, les rayons desdites sphères ne peuvent pas être rendus aussi petits qu'on veut, l'équilibre est dit instable. Il peut être stable pour quelques déplacements et instable pour d'autres. Exemple : un point matériel pesant est assujetti à rester sur l'arête inférieure d'un cylindre horizontal.

Qu'on le déplace sans lui faire quitter cette arête, pour lui imprimer une vitesse dirigée sur la même arête dans le sens du déplacement, il s'éloignera indéfiniment de sa position d'équilibre, tandis que, pour un déplacement transversal, il pourra, sous certaines conditions, rester à une distance limitée de cette même position.

176. En général, un système de corps pesants, sollicités seulement par leurs poids, étant en équilibre, je leur imprime à t_0 un déplacement virtuel, puis de petites vitesses $v_0 \ldots$; soit $v \ldots$, ce que ces vitesses deviennent à t. Je prends un axe vertical Oz, de haut en bas. Je nomme z_0 l'ordonnée du centre de gravité du système à t_0 après le déplacement; z celle du même point à t; on a (nº 166)

$$\Sigma m v^2 - \Sigma m v_0^2 = 2g\,(z - z_0)\,\Sigma m.$$

Si, dans l'état d'équilibre, le système est tel qu'aucun déplacement virtuel des molécules ne permette au centre de gravité de descendre au-dessous de la position qu'il occupait dans ledit état d'équilibre, l'équilibre est stable. Soit ζ l'ordonnée de cette position.

En général, après le déplacement et en vertu des vitesses communiquées, le centre de gravité, à partir de t_0, ne peut présenter que trois cas : s'élever, descendre, ou ne pas changer de hauteur.

Dans le premier cas, toutes les vitesses seront nulles lorsque $z = z_0 - \dfrac{\Sigma m v_0}{2g\Sigma m}$. Le centre de gravité s'arrêtera donc, et, à moins que sa trajectoire n'ait une tangente horizontale précisément au point où il s'est arrêté, il redescendra. (On peut exclure ce cas particulier de la tangente, et supposer les vitesses initiales assez petites pour que ce centre n'arrive pas à ce point de sa trajectoire.)

Car ce centre se meut comme si tous les poids lui étaient appliqués ; donc, après s'être élevé sur sa trajectoire, il redescendra, mais sans dépasser le plan horizontal qui a ζ pour ordonnée. Il pourra remonter, et exécuter ainsi des oscillations entre les plans qui ont pour ordonnées ζ et $z_0 - \frac{\Sigma m v_0^2}{2g\,\Sigma m}$. Comme $z - z_0$ reste très-petit, que $\frac{\Sigma m v_0^2}{\Sigma m}$ l'est aussi, $\frac{\Sigma m v^2}{\Sigma m}$ le sera, et les vitesses des molécules restent très-petites. Car le chemin parcouru par l'une d'elles, entre t_0 et t_1, est $\int_{t_0}^{t_1} v\,dt = (t_1 - t_0) \times$ par une moyenne des valeurs de v.

Dans le second cas, la descente du centre de gravité est limitée au plan ζ, à partir d'où il remontera au second plan limite. L'équilibre est stable, comme tout à l'heure.

Enfin, pour qu'il ne change pas de hauteur, il faut que sa trajectoire soit horizontale. La force vive est donc constante.

Admettons que, parmi les mouvements virtuels du centre de gravité, il y en ait qui permettent à ce point de descendre, et que, quelque petit qu'on prenne le mouvement virtuel, le centre de gravité descende et s'éloigne de la position d'équilibre ; elle-ci sera dite instable quant au déplacement virtuel imprimé.

177. S'il s'agit d'un corps pesant flottant sur un fluide pesant, il y a à considérer la poussée de ce fluide.

Soit LANB (fig. 1, p. 158) le corps pesant flottant en équilibre sur un fluide homogène pesant.

Soit AB le plan de flottaison, ANBL une section verticale du corps, menée par son centre de gravité G; O le centre de gravité du volume plongé, ou bien le point d'application de la poussée. Dans l'état d'équilibre, les points G, O sont sur une verticale, et le poids du corps

(1)

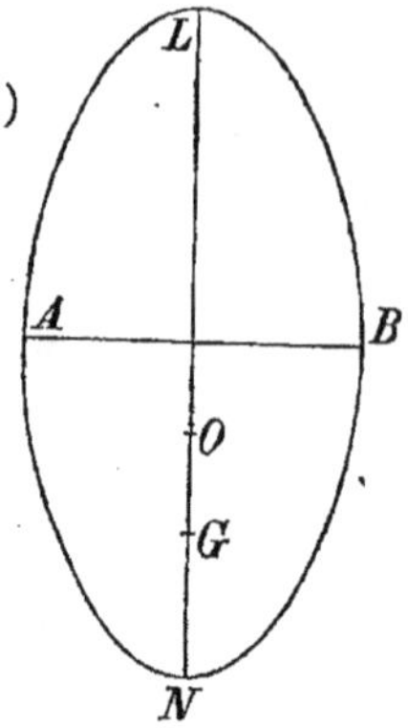

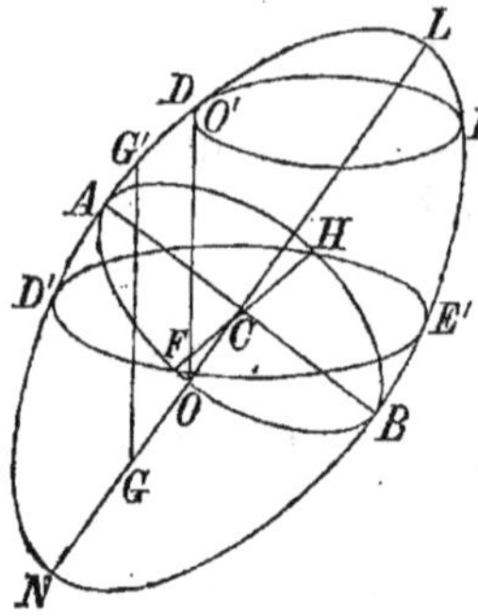

(2)

est égal à celui du fluide déplacé ANB. On déplace le corps, on imprime des vitesses à ses molécules, à l'époque t_0, et on l'abandonne à lui-même en faisant abstraction du mouvement du liquide.

Au temps t, le système offre la fig. 2, où AB est l'ancien plan de flottaison, DE le nouveau, GO la position de la ligne ancienne de même nom. Par le centre de gravité C de la section AB, je mène un plan horizontal, qui déterminera dans le corps une section D'E', et coupe le plan AB suivant une droite FH. Je nomme ζ la distance de ce plan au nouveau DE, θ l'angle que GO fait avec la verticale; la distance GO sera nommée a; la vitesse imprimée à la molécule m est v_0; celle qu'elle a au temps t est v.

L'accroissement de la force vive durant $t - t_0$ est égal au double du travail développé par toutes les forces, savoir le poids du corps, et la poussée du fluide. Soit M la masse du corps, sa densité moyenne $= 1$, celle du fluide $= \rho$, V le volume ANB du corps plongé dans l'état d'équilibre; le poids du fluide déplacé par ce volume $= Vg\rho$, le poids du corps $= Mg$, qui par suite $= Vg\rho$.

Soit un arc vertical $G'z$ partant du plan du niveau ; z_1 l'ordonnée du centre de gravité à t, z_0 sa valeur initiale ; le travail du poids Mg est $Mg\,(z_1 - z_0)$.

La poussée est la résultante de forces verticales, dirigées de bas en haut, et égales aux poids des molécules du fluide qui occupait le volume DNE. Dans ce poids, il y a d'abord celui du volume ANB, qui est $gV\rho$; son centre de gravité est O, point dont l'ordonnée

$$= z_1 - OG \cos\theta = z_1 - a \cos\theta ;$$

je nomme a_0 la valeur initiale de cette expression : le travail dû à cette partie de la poussée est

$$- Ng\rho\,[z_1 - a\cos\theta - a_0].$$

Reste le travail de la poussée du volume de fluide DABE, qu'on va décomposer en éléments pour calculer la poussée de chacun. A cet effet, on regarde sa surface latérale comme un cylindre dont les arêtes sont parallèles à GO, et on le décompose en tringles ayant leurs bases infiniment petites du second ordre sur le plan AB. Soit ab une de ces tringles, b sa base que j'appelle λ ;

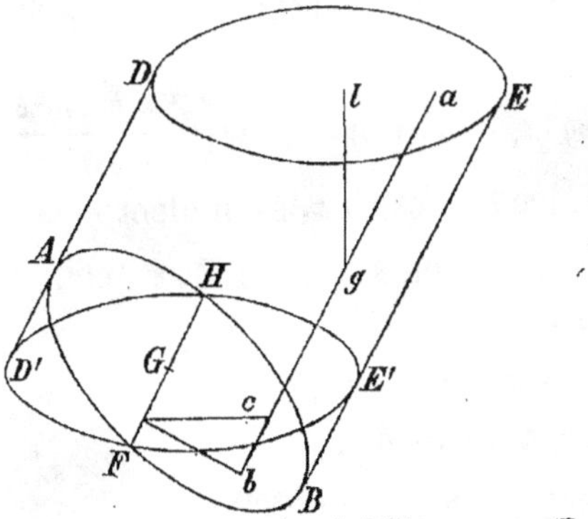

c, b les points où la droite ab coupe les plans AB D'E'. Comme ab est perpendiculaire au plan de λ, son volume est $ab \times \lambda$, la poussée $- g\rho \times ab.\lambda$. Pour avoir son travail, soit g le milieu ou centre de gravité de ab, gl une perpendiculaire à DE : gl est l'ordonnée de ce centre, et comme angle $agl = \theta$, on a $lg = \frac{1}{2} ab \cos\theta$. Le travail sera $- \frac{1}{2} g\rho\,\overline{ab}^2 \lambda \cos\theta$ + sa valeur initiale. Mais $ab = ac + cb$;

$ac = \frac{\zeta}{\cos\theta}$; quant à cb, je mène bd perpendiculairement à FH, et je joins cd, qui sera aussi perpendiculaire à FH: l'angle cdb sera donc $= \theta$; je pose $db = u$, et il vient $cb = u tg\theta$; donc $ab = \frac{\zeta}{\cos\theta} + u tg\theta = \frac{\zeta + u\sin\theta}{\cos\theta}$, et notre travail sera $-\frac{1}{2} g\rho \Sigma\lambda \frac{(\zeta + u\sin\theta)^2}{\cos\theta}$ + constante,

$$\text{ou } -\frac{1}{2} g\rho \frac{\zeta^2 \Sigma\lambda + 2\zeta \sin\theta\, \Sigma\lambda u + \sin^2\theta\, \Sigma\lambda u^2}{\cos\theta} + \text{const.}$$

$\Sigma\lambda$ est l'aire AB que je fais $= b^2$; $\Sigma\lambda u$ est nul, parce que FH contient le centre de gravité de AB; $\Sigma\lambda u^2$ sera posé $= b^2 h^2$, et l'expression du travail est

$$-\frac{1}{2} g\rho \times \frac{b^2\zeta^2 + b^2 h^2 \sin^2\theta}{\cos\theta} + \text{const.}$$

Donc, en réunissant toutes les constantes, y compris $\Sigma m v_0^2$, on a

$$\frac{1}{2}\Sigma m v^2 = C + Mgz_1 - V\rho g(z_1 - a\cos\theta) - \frac{1}{2} g\rho b^2 \left(\frac{\zeta^2 + h^2\sin^2\theta}{\cos\theta}\right);$$

mais comme $M = V\rho$, les termes en z_1 s'annulent.

Pour continuer le calcul, on supprime ζ^3, θ^3, etc., et, changeant de constante, on a

$$\begin{aligned} \Sigma m v^2 &= C - aVg\rho\theta^2 - g\rho b^2(\zeta^2 + h^2\theta^2) \\ &= C - g\rho\left\{\theta^2(aV + h^2b^2) + \zeta^2 b^2\right\}, \end{aligned}$$

$$\text{d'où } C = \Sigma m v^2 + g\rho\,[\theta^2(aV + h^2b^2) + \zeta^2 b^2].$$

On peut prendre v_0, θ_0, ζ_0 assez petits pour que C soit très-petit; donc, si $aV + h^2b^2 > o$, v, θ, ζ resteront très-petits. Ceci aura lieu toutes les fois que $a > o$, c'est-à-dire que le point G est au-dessus de O: alors le corps est *lesté*. Si a est $< o$, $= -a'$, on cherchera à reconnaître le minimum de h^2b^2 par rapport aux droites menées par C dans le plan AB; si ce minimum est $> aV$, l'équilibre est stable. Toutes les fois que θ, ζ restent très-petits, une molécule quelconque m reste renfermée dans une sphère dont le centre est sa position initiale (m) et le rayon très-petit.

178. Soit, pour exemple, un parallélipipède rectangle, homogène, ayant ses arêtes respectivement $= 2A, 2B, 2C$. Je suppose l'arête $2C$ verticale, et je prends trois axes rectangulaires ayant leur origine au point G, centre du parallélipipède ; l'axe des z est vertical ; les x, y sont respectivement parallèles aux axes $2A$, $2B$; soit ABI le plan de flottaison, coupant l'axe des z en I ; la section faite par ce plan a pour aire $4AB$; posant $GI = \gamma$, on a le moment

$$aV = \int_{-C}^{\gamma} 4AB\, z dz = 2AB\,(\gamma^2 - C^2),\ \text{qui est} < o.$$

Dans la section de flottaison, le minimum de b^2h^2 est relatif au plus grand des axes $2A$, $2B$; soit $2A$, on a

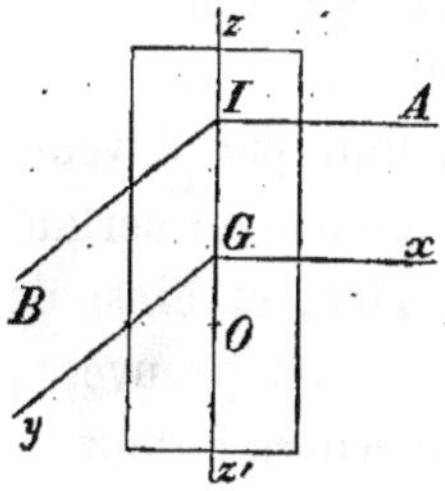

$$b^2h^2 = \int_{-A}^{+A} 2Ay^2 dy = \tfrac{4}{3}AB^3.$$

Il y a stabilité si $-aV$ ou

$$2AB\,(C^2 - \gamma^2) < \tfrac{4}{3}AB^3,$$

ou $$C^2 < \gamma^2 + \tfrac{2}{3}B^2.$$

Or le volume total est à celui de la partie plongée

$$= 2C : \gamma + C,$$

donc ρ étant la densité du liquide, 1 celle du corps, on a

$$2C = (\gamma + C)\,\rho, \qquad \text{puis } \gamma = \frac{2C}{\rho} - C,$$

d'où $$\rho^2 C^2 < C^2\,(2 - \rho)^2 + \tfrac{2}{3}B^2\rho^2,$$

et $$C^2 < \frac{B^2\rho^2}{6\,(\rho - 1)}.$$

Soit, par exemple, $\rho = 2$, comme dans le cas du sapin, il vient $C^2 < \frac{2}{3}B^2$. La stabilité d'un radeau de sapin exige donc que l'épaisseur verticale soit la plus petite des trois dimensions.

179. Dans la figure suivante, on suppose qu'un corps plongé est divisé en deux parties symétriques par un plan vertical mené par le centre de gravité G ; on suppose de plus que ce corps soit déplacé de façon que la verticale du centre de poussée K rencontre GO ; le point de rencontre I est appelé *métacentre*. — Si, comme dans la figure, le métacentre I est au-dessus du centre de gravité G, la poussée tend à ramener GO à la position verticale. En effet, il a été prouvé que le centre de gravité G se meut comme si le poids P et la poussée Q lui étaient appliqués; ainsi il montera si $Q > P$, cas où Q diminue, et finit par devenir $< P$; G, au bout d'un certain temps, descendra, et ainsi de suite. De plus, on prouvera, dans le chapitre suivant, que le corps tournera autour de son centre de gravité, comme si celui-ci était fixe. A cause de la symétrie, cette rotation se fera autour d'un axe horizontal projeté en G, et tendra à redresser la droite GO, pour la ramener à la verticale de G. Elle exécutera donc une série d'oscillations autour de l'axe G, pour reprendre sa position d'équilibre tout comme G.

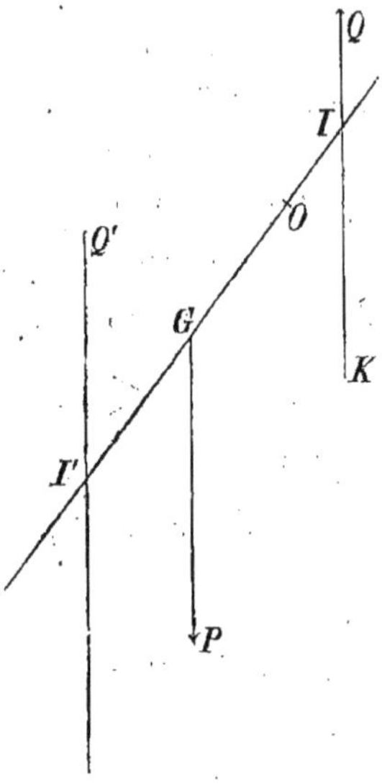

Si le métacentre est en I', au-dessous de G, la poussée Q' tendra à éloigner GO de la verticale, et le corps chavirera. Si la verticale du centre de poussée ne rencontre pas GO, il n'y a plus de métacentre. Il peut d'ailleurs se faire que, pour tel déplacement de GO, le métacentre soit au-dessus de G, pour tel autre au-dessous, et ces considérations ne mènent à rien.

CHAPITRE VI.

LE MOUVEMENT DES CORPS SOLIDES. — MOUVEMENT D'UN CORPS SOLIDE LIBRE.

180. Ce mouvement est composé de deux mouvements simultanés (t. I, nº 53), dont l'un, le mouvement d'entraînement, est une translation égale et // à celle d'un point O, pris à volonté dans le système, et l'autre, la rotation autour de ce point, ou le mouvement relatif des autres points du corps. Quel que soit ce point O, cette décomposition fournit une image du mouvement du corps; mais s'il s'agit, au moyen des impulsions initiales et des forces continues appliquées au corps, d'établir les lois du mouvement des molécules, le choix du point O n'est pas indifférent.

D'abord, quant au mouvement de translation initial, il n'y a dans le corps qu'un seul point dont on sache déterminer la vitesse initiale sans autres données que les intensités et les positions des impulsions qui mettent le corps en mouvement. Ce point est le centre de gravité (nº 140). Quant au mouvement relatif — la rotation — pour avoir la vitesse initiale relative d'un point M, il faut, avec sa vitesse absolue, composer celle d'un point O changée de sens; ainsi il faudrait à chaque molécule du corps appliquer une vitesse égale et opposée à celle du point O, et que je nomme v, ce qui revient à appliquer aux molécules m, m', m'' etc. du corps les quantités de mouvement mv, $m'v$, $m''v$ etc., ou bien à appliquer au centre de gravité la quantité de mouvement $(m + m' + \dots)v$; après quoi on pourra raisonner comme si le point O était fixe. Mais on ne connaît pas *à priori* la quantité de mouvement auxiliaire qu'il faut, à cet effet, appliquer au centre de gravité.

Si le point O se confond avec le centre de gravité, les choses se modifient d'une manière avantageuse; car non-seulement nous savons déterminer la vitesse de ce point, mais, en outre, la quantité de mouvement auxiliaire, qui réduira fictivement ce point au repos, passe par ce même point, et n'influe par conséquent en aucune façon sur le mouvement de rotation.

181. Les forces continues donnent lieu à des considérations analogues. Le centre de gravité se meut, comme si les forces y étaient appliquées et que la masse y fut concentrée. Le mouvement relatif s'exécute autour de ce centre, comme s'il était fixe.

Il y aura des cas où ces deux mouvements pourront être traités indépendamment l'un de l'autre. Cela aura lieu si les forces ne dépendent pas des positions absolues des molécules; mais, dans le cas contraire, chacun des deux mouvements, faisant varier les coordonnées des points, fait aussi varier les forces.

Or le mouvement du centre de gravité, c'est-à-dire d'un point matériel, a été traité. Nous passons donc au mouvement de rotation, et, comme la rotation d'un corps autour d'un point se décompose en trois rotations, chacune autour d'un axe, on va s'occuper de ce dernier mouvement.

CHAPITRE VII.

MOUVEMENT D'UN CORPS SOLIDE AUTOUR D'UN AXE FIXE.

§ 1. *Corps mis en mouvement par une percussion.*

182. Le corps est mis en mouvement par le choc d'un point matériel dont la masse est μ, point qui reste attaché au corps et forme avec lui une masse totale M; sa vitesse, à l'instant du choc, est v, sa quantité du mouvement μv. Je prends trois axes rectangulaires, dont l'un, l'axe Oy, est l'axe fixe donné; j'appelle x', y', z' les coordonnées

initiales du point où μ vient frapper le corps. En vertu de cette action de μ, une molécule m, ayant pour coordonnées x, y, z, acquiert une quantité de mouvement dont les projections sur les trois axes sont $m\frac{dx}{dt}$, $m\frac{dy}{dt}$, $m\frac{dz}{dt}$, et dont la deuxième est nulle, vu que l'axe y est immobile. Il y a donc équilibre autour de l'axe fixe, entre les quantités de mouvement appliquées μv, et les opposées $-m\frac{dx}{dt}$, $-m\frac{dz}{dt}$ des quantités de mouvement effectives. Par conséquent, la somme des moments de ces diverses quantités, par rapport à Oy, est nulle, ou bien le moment de μv est égal à la somme des moments des $m\frac{dx}{dt}$, $m\frac{dz}{dt}$.

Comme les composantes de μv sont $\mu v \cos vx$, $\mu v \cos vy$, $\mu v \cos vz$, son moment par rapport à Oy est $\mu v\,(z' \cos vx - x' \cos vz)$. Celui de la quantité de mouvement qui a pour projections $+\frac{m\,dx}{dt}$, $+\frac{m\,dz}{dt}$ sur x et z, est $m\,.\,\frac{z\,dx - x\,dz}{dt}$. Donc pour l'équilibre

$$\mu v\,(z' \cos vx - x' \cos vz) = \Sigma m\,.\,\frac{z\,dx - x\,dz}{dt} \ldots \quad (1)$$

Le premier membre est la projection sur Oy de l'axe du couple qui naît du transport de μv à l'origine O. Le second membre est de même la projection sur Oy de l'axe du couple qui naît du transport des $m\frac{dx}{dt}$, $m\frac{dz}{dt}$ en O. Ces deux projections sont égales d'après (1).

Le second membre de (1) renferme les coordonnées et les vitesses de tous les points du corps. Ces vitesses, toutes inconnues, peuvent s'exprimer en fonction de la seule vitesse angulaire (initiale), que je nomme ω_0. Pour cela, dans les formules du n° 43, t. I, on fera $q = \omega_0$, $p = r = o$, et on a $\frac{dx}{dt} = \omega_0 z$, $\frac{dz}{dt} = -\omega_0 x$, expressions qu'on peut trouver directement. Avec cela l'équation (1) devient

$$\mu v (z' \cos vx - x' \cos vz) = \omega_0 \Sigma m (x^2 + z^2) = \omega_0 \Sigma m \rho^2$$

en posant $x^2 + z^2 = \rho^2$. Ainsi la vitesse angulaire initiale est égale au moment de l'impulsion, divisé par le moment d'inertie du corps, l'un et l'autre pris par rapport à l'axe fixe.

En remarquant que, pour une molécule m dont la distance à l'axe est ρ, la vitesse circulaire est $\omega_0 \rho$, la quantité de mouvement $m\omega_0\rho$, et par suite le moment de cette quantité $\omega_0 m\rho \times \rho = \omega_0 m \rho^2$, on trouve immédiatement le second membre de (1) $= \omega_0 \Sigma m \rho^2$.

On n'oubliera pas, soit qu'on parte de la relation $q = \omega_0$, soit qu'on établisse directement les formules $\frac{dx}{dt} = \omega_0 z$, que ω_0 est $> o$, si le corps tourne de gauche à droite, et $< o$, si de droite à gauche.

183. Théorème. L'axe Oy n'éprouvera qu'une seule pression dirigée sur un point O, pris à volonté sur cet xe, si le plan mené par ce point O et par la direction de v est dans l'ellipsoïde central du point O, conjugué au diamètre dirigé sur Oy.

En effet, s'il n'y a qu'une seule pression dirigée sur O, les quantités de mouvement qui sont en équilibre sur le système doivent être détruites par la réaction du point O, c'est-à-dire avoir une résultante passant en O, de sorte que, si on transporte en O ces quantités μv, $-m\frac{dx}{dt}$, $-\frac{mdz}{dt}$, les couples qui naîtront devront être en équilibre : donc celui qui provient de μv, et que je nomme $\mu v O$, doit être égal au résultant des autres, changés de sens, c'est-à-dire au résultant des $m\frac{dx}{dt}$, $m\frac{dz}{dt}$. Mais les axes de ces deux couples ($\mu v O$ et le résultant) ont même projection sur Oy: donc il faut et il suffit que ces axes, et par suite les plans des couples, soient parallèles. Or on va démontrer que le plan du résultant des $m\frac{dx}{dt}$, $m\frac{dz}{dt}$ est, dans l'ellipsoïde central relatif à O, conjugué au diamètre Oy, et alors il sera prouvé que le plan $\mu v O$ est conjugué au même Oy.

184. Théorème. Si un corps solide tourne autour d'un axe, et qu'à une *époque quelconque* on transporte à un *point quelconque* de cet axe les quantités de mouvement dont le corps est animé alors (mouvement initial ou non), le plan du couple résultant est, dans l'ellipsoïde central, le conjugué du diamètre qui coïncide avec l'axe.

Pour le prouver, je conserve les notations précédentes, et j'ai à transporter en O tous les $m\frac{dx}{dt}$, o, $m\frac{dz}{dt}$, parallèles à x, y, z, ou leurs égales $m\omega z$, o, $m\omega x$, ω étant la vitesse angulaire à l'époque en question, et je détermine le couple résultant comme en *Statique* (là $Zy - Yz$, $Xz - Zx$, $Yx - Xy$) ; j'ai

$$L = +\omega\Sigma mxy,\quad M = \omega\Sigma m(x^2 + z^2),\quad N = -\omega\Sigma mzy.$$

L'équation du plan du couple est $L\xi + M\eta + N\zeta = o$.

L'équation de l'ellipsoïde central est (p. 111),

$$A\xi^2 + B\eta^2 + C\zeta^2 - 2A'\eta\zeta - 2B'\xi\zeta - 2C'\xi\eta = 1,$$

où $A = \Sigma m(y^2 + z^2)$, $B = \Sigma m(x^2 + z^2)$, etc.

Le plan conjugué à Oy est // au plan qui touche l'ellipsoïde au point $\xi = o$, $\zeta = o$, où Oy perce cette surface. Prenant donc les dérivées de l'équation de la surface de l'ellipsoïde pour y faire $\xi = o$, $\zeta = o$, on a pour les coefficients de l'équation de ce plan tangent $-C'\eta, +B\eta, -A'\eta$. Mais, en vertu des valeurs de A, B...., ces coefficients sont proportionnels à L, M, N : donc le plan du couple est conjugué à Oy.

Si un corps qui a un point fixe est frappé par une impulsion, l'axe instantané initial est conjugué au couple de l'impulsion (v... O). Il en est de même s'il est frappé par un *couple d'impulsions*, car on peut transporter l'une des impulsions en O.

185. Pour que l'axe Oy n'éprouve *aucune* action dans ce mouvement initial, il faut et il suffit que μv et les opposées de tous les $m\frac{dx}{dt}$, $m\frac{dz}{dt}$, opposées qui sont $-m\omega_0 z, o, +m\omega_0 x$, etc., soient en équilibre, indépendamment des *réactions* de l'axe, qui, par hypothèse, sont nulles. On pourra donc transporter ces quantités en un point quelconque du corps, et exprimer que la résultante et le couple résultant sont nuls. Si on prend pour ce point un point O de l'axe, il a déjà été prouvé que, pour que le couple soit nul, il faut et il suffit que le plan v... O du couple de l'impulsion soit conjugué à l'axe Oy. Pour que la résultante soit nulle, il faut et il suffit que la somme des projections des quantités de mouvement sur chacun des trois axes soit nulle, c'est-à-dire que

$$\mu v \cos vx - \omega_0 \Sigma mz = o,\quad \mu v \cos vy = o,\quad \mu v \cos vz + \omega_0 \Sigma mx = o. \quad (a)$$

Joignant à ces trois équations la condition relative au plan v... O, on a les conditions nécessaires et suffisantes pour que l'axe n'éprouve aucune pression initiale.

La deuxième équation (a) revient à $\widehat{vy} = 90°$; je fais passer le plan xy par le centre de gravité, ce qui donne $\Sigma mz = o$; et la première équation (a) revient à $\cos vx = o$, d'où $\widehat{vx} = 90$, et les équations (a) se réduisent à $\widehat{vx} = 90$, $\widehat{vy} = 90$, avec la troisième (a). Les angles $\widehat{vx}$, $\widehat{vy}$ étant ainsi droits, la direction de v est perpendiculaire au plan xy, déterminé par l'axe Oy et le centre de gravité. Je fais passer le plan xz par la direction de v : il sera le plan du couple de l'impulsion $(v\ldots O)$, et comme il doit être conjugué à l'axe Oy, qui lui est perpendiculaire, cet axe sera un axe principal en O, et le plan du couple est le plan principal conjugué.

Les conditions $vx = 90, vy = 90$ montrent que v doit être perpendiculaire au plan xy ; si donc on pose $\Sigma mx = x_1 M$, on tire de la troisième équation (a) $\omega_0 Mx_1 = -\mu v \cos vz$, et comme l'équation du mouvement donne $\omega_0 = -\dfrac{x' \cos vz}{\Sigma m\rho^2}$, on trouve $Mx_1x' = \Sigma m\rho^2$; x' est l'abscisse du point où la direction de v doit couper l'axe Ox : ce point se nomme *le centre de percussion* relatif à l'axe principal Oy.

Donc, pour qu'un corps frappé par une percussion commence à tourner librement autour d'un axe, il faut et il suffit, 1° que cet axe soit principal ; 2° que la percussion soit dirigée dans le plan principal conjugué à cet axe, et perpendiculaire au plan mené par ledit axe et le centre de gravité ; 3° que cette direction passe au centre de percussion.

Dans ce cas, cet axe est donc un axe *spontané* de rotation initial, et le mouvement initial du corps, supposé libre, est une rotation autour de cet axe (comparez n° 183).

Si on nomme Mk^2 le moment d'inertie relatif à un axe mené par le centre de gravité et // à Oy, on a

$$\Sigma m\rho^2 = M(k^2 + x_1^2),$$

donc
$$x' = x_1 + \frac{k^2}{x_1}.$$

186. *Cor.* 1. Les axes principaux menés par le centre de gravité n'ont pas de centre de percussion ; car si $x_1 = o$, on a $x' = \infty$. Et, en effet, le centre de gravité commence à se mouvoir, comme si μv lui était appliquée, de sorte

que sa vitesse initiale est nécessairement $= \frac{\mu v}{M}$, et, si on le fixe, il éprouvera une pression $= \mu v$.

Cor. 2. Un corps tournant autour d'un axe principal, si on applique une impulsion au centre de percussion, avec les conditions ci-dessus énoncées, l'axe n'éprouvera par là aucune pression; la vitesse angulaire pourra augmenter, diminuer ou même s'annuler.

§ 2. *Mouvement du corps.*

187. Supposons que le corps mis en mouvement, comme il a été dit n° 182, soit sollicité par des forces, celle qui est appliquée à la molécule m, coordonnées x, y, z, ayant pour composantes X, Y, Z; l'expression générale des composantes des forces perdues est

$$X - m\frac{d^2x}{dt^2},\ Y - m\frac{d^2y}{dt^2},\ Z - m.\frac{d^2z}{dt^2},$$

et, pour qu'elles soient en équilibre autour de l'axe, il faut que la somme de leurs moments par rapport à cet axe soit nulle, ce qui donne

$$\Sigma(Xz - Zx) - \Sigma m.\frac{z\,d^2x - x\,d^2z}{dt^2} = o.$$

Soit ω la vitesse angulaire à t; le dernier terme de cette équation (p. 166) est la dérivée de $\Sigma m\frac{(z\,dz - x\,dy)}{dt}$, qui est $= \Sigma\omega m\rho^2$; donc

$$\Sigma(Xz - Zx) = \Sigma m\rho^2\frac{d\omega}{dt} = \frac{d\omega}{dt}\Sigma\rho^2 m, \qquad (1)$$

et l'accélération angulaire $\frac{d\omega}{dt}$ est, à toute époque, égale à la somme des moments des forces, divisée par le moment d'inertie; tous les deux pris par rapport à l'axe fixe.

Cette équation se déduit aussi de ce que la force d'inertie de m se décompose en deux : la force tangentielle, qui est $-m\rho\frac{d\omega}{dt}$ (la vitesse v étant $=\omega\rho$), et dont le moment par rapport à Oy est $-m\rho^2\frac{d\omega}{dt}$, et une force = et // à la force centrifuge dont le moment par rapport à l'axe est nul, vu qu'elle coupe l'axe. On retrouve donc (1).

D'un autre côté, la force vive de m étant $m\omega^2\rho^2$, on a, en vertu du théorème des forces vives,

$$\omega^2\Sigma m\rho^2 - \omega_0^2\,\Sigma m\rho^2 = 2\Sigma\int_{x_0}(X\,dx + Y\,dy + Z\,dz),$$

et, différentiant par rapport à t,

$$\omega\,d\omega\,\Sigma m\rho^2 = \Sigma\,(X\,dx + Y\,dy + Z\,dz).$$

Or on a trouvé $\frac{dx}{dt} = \omega z$, $\frac{dy}{dt} = o$, $\frac{dz}{dt} = -\omega x$.

Cette équation devient donc, après suppression du facteur ω,

$$\frac{d\omega}{dt}\Sigma m\rho^2 = \Sigma\,(Xz - Zx), \text{ comme ci-dessus.}$$

S'il n'y a pas de forces appliquées au corps, X, Z sont nuls, et il vient $\frac{d\omega}{dt} = o$, et ω est constant. C'est l'effet de l'inertie dans ce mouvement (exemple : la pierre du rémouleur, etc.).

188. Je suppose que le corps mis en mouvement, comme au n° 182, ne soit d'ailleurs sollicité par aucune force, de sorte que X, Y, Z sont nulles ; les pressions de l'axe, durant le mouvement, égales et contraires aux réactions, forment un système équivalent aux forces perdues, qui se réduisent ici aux forces d'inertie ; et comme, dans ce cas, $\frac{d\omega}{dt}$ est nul, ce sont des forces égales et parallèles aux forces centrifuges qui équivalent aux pressions.

La force centrifuge de m est $m\omega^2\rho$; ses composantes, parallèles aux x, y, z, sont $m\omega^2\rho\times\frac{x}{\rho}$, o, $m\omega^2\rho\times\frac{z}{\rho}$, c'est-à-dire $m\omega^2x$, o, $m\omega^2z$, et pour tout le corps $\omega^2\Sigma mx = \omega^2 Mx_1$, o, $\omega^2 Mz_1$, (x_1, z_1 ... le centre de gravité).

Les moments ou couples provenant du transport de ces forces à l'origine O, sont $\omega^2\Sigma myz$, o, $-\omega^2\Sigma mxy$. Les pressions se réduisent donc à une force, résultante de $\omega^2 Mx_1$ et $\omega^2 Mz_1$, appliquée au point O et à un couple résultant des couples $\omega^2\Sigma myz$, $-\omega^2\Sigma mxy$, situés dans les plans yz, yx.

Si on veut qu'il n'y ait qu'une pression dirigée sur un point donné O de l'axe, il faut et il suffit que $\Sigma myz = o = \Sigma mxy$, ce qui signifie que O$y$ doit être axe principal en O. Donc, si un corps qui n'est sollicité par aucune force continue, et qui renferme un point fixe, commence à tourner autour d'un axe principal relatif à ce point, il continuera à tourner autour de cet axe avec une vitesse angulaire constante. Car, si on fixe un autre point de l'axe, le corps tournera autour de cette droite, sans exercer aucune action sur le nouveau point fixe. Les axes principaux sont donc des axes permanents de rotation uniforme.

Les composantes $M\omega^2x_1$, $M\omega^2z_1$ sont nulles, si l'axe de rotation passe au centre de gravité; si cet axe est principal, les moments des pressions sont nuls aussi. De là on conclut que, si un corps tourne autour d'un axe principal mené par le centre de gravité, les pressions de cet axe durant le mouvement sont nulles, toujours en supposant qu'il n'y ait pas de forces appliquées. Si, en outre, le mouvement initial du corps est dû à un couple dont le plan est perpendiculaire à cet axe Oy, le centre de gravité, qui se met en mouvement comme si les impulsions lui étaient appliquées, ne bougera pas, ne prendra point de mouvement initial, et le corps commencera à tourner autour de Oy ; puis, d'après ce qu'on vient de dire (p. 170, *Cor.* 1), il continuera de tourner uniformément autour du même axe, et le centre de gravité restera immobile (*axes naturels de rotation*).

Supposons que le mouvement initial soit dû à une percussion unique, située, avec le centre de gravité, dans un plan perpendiculaire à un axe principal de ce point, et que ce même axe soit fixe, le corps tournera uniformément autour de cet axe Oy, et le centre de gravité supportera la percussion. Mais si, à une époque quelconque, on rend libre ce centre de gravité, le corps continuera de tourner uniformément autour de cet axe dès lors libre.

189. Un ellipsoïde homogène qui n'est sollicité que par son poids, est frappé par une impulsion P dirigée dans le plan de deux de ses axes principaux AA', BB'. Le troisième est projeté en O. Ce point O, centre de gravité, se mettra en mouvement avec une vitesse initiale $V = \frac{P}{M}$, et décrira une

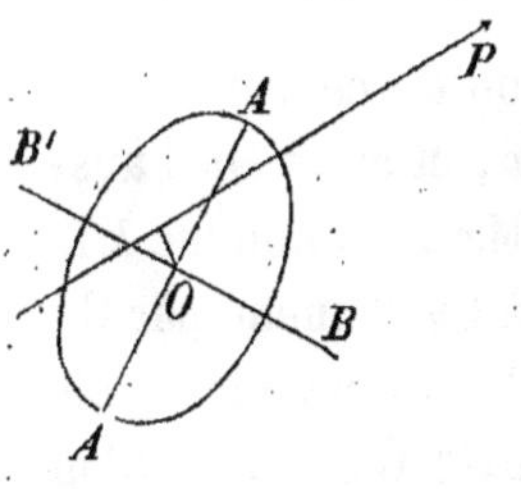

parabole (dans le vide). En même temps le corps tournera autour du point O, comme s'il était fixe : l'axe instantané initial, qui, dans l'ellipsoïde central, est conjugué au plan OP, est donc le troisième axe, projeté en O, et si on nomme h la distance entre le point O et P, la vitesse angulaire initiale sera $\omega_0 = \frac{Ph}{\Sigma m\rho^2}$; si le point O était fixe, cet axe de rotation resterait aussi fixe, et la vitesse angulaire serait constante, car le poids du corps, étant appliqué en O, n'a aucune influence sur la rotation. Donc ce troisième axe sera transporté parallèlement, et la vitesse angulaire restera

$= \omega_0 = \dfrac{Ph}{\Sigma mr^2}$. Comme $P = VM$, et que $\Sigma m\rho^2 = M\dfrac{(a^2+b^2)}{5}$ (n° 116), en supposant $OA = a$, $BO = b$, cette vitesse angulaire $= \dfrac{5Vh}{a^2+b^2}$.

§ 3. *Pendule composé.*

190. C'est un corps pesant, assujetti à un axe fixe horizontal, qui sera Oy; je prends Oz, vertical de haut en bas, et Ox, de façon que, pour le spectateur $O \ldots z$ (œil en z), cet axe puisse aller se superposer avec Oy en tournant de gauche à droite, et comme je suppose qu'il n'y a pas d'autre force appliquée, j'aurai $X = Y = o$, $Z = mg$, et l'équation (1) (n° 187) donne

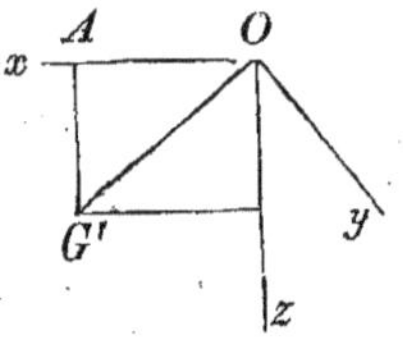

$$\frac{d\omega}{dt} = -g\,\Sigma mx : \Sigma m\rho^2.$$

Soit G' la projection du centre de gravité sur xz, $G'A$ perpendiculaire à Ox, et $x_1 = OA$ l'abscisse de ce centre; on aura $\Sigma mx = Mx_1$. Je nomme k le rayon de giration relatif à un axe // à Oy et mené par G, lequel axe passe à G'; l la distance $G'O$, qui est aussi celle du centre de gravité à Oy; je pose angle $G'Oz = \theta$, d'où $x_1 = l \sin\theta$, et $\dfrac{d\omega}{dt} = -\dfrac{gl\sin\theta}{k^2+l^2}$.

Cette équation est la même que celle du mouvement d'un pendule simple dont la longueur est $\dfrac{l^2+k^2}{l} = l + \dfrac{k^2}{l}$; elle se réduit à l, si $\dfrac{k^2}{l}$ est très-petit, comme dans le pendule de Borda. Du reste, $\dfrac{k^2}{l}$ est calculable, et on peut avec ce dernier pendule ne pas le négliger. Si l'angle θ_0 est le même, ces pendules sont synchrones.

191. Je prends le pendule au repos : soit G son centre de gravité, qui est ici dans le plan yz ; soit AG la verticale de G,

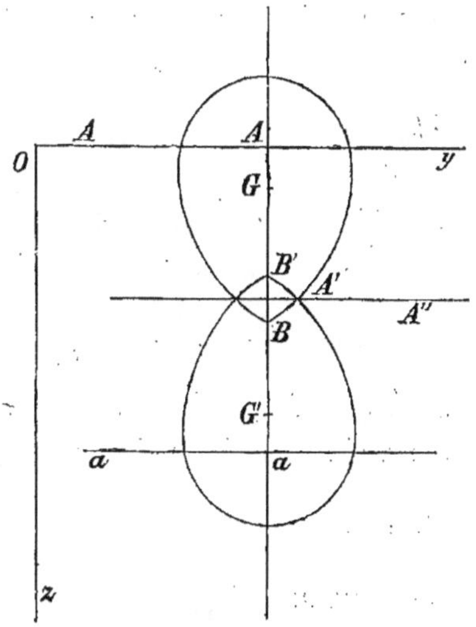

et comme $AG = l$, soit pris sur AG prolongé une distance $A'G = \frac{k^2}{l}$, d'où $AA' = l + \frac{k^2}{l}$. Par le point A' je mène une // à l'axe de suspension Oy ; soit A' A''.

Toutes les molécules situées sur A' A'' oscillent comme des pendules simples, c'est-à-dire que chacune se comporte comme si elle n'était liée avec aucune autre molécule. En effet, la distance de chacune d'elles à l'axe Oy est $l + \frac{k^2}{l}$. La loi de ses oscillations, si elle était isolée, serait donc représentée par l'équation $\frac{d\omega}{dt}$ ou $\frac{d^2\theta}{dt^2} = -\frac{gl \sin\theta}{k^2 + l^2}$, qui devient identique avec l'équation (1) de p. 138, si on fait $a = \frac{k^2 + l^2}{l}$; A' A'' se nomme l'*axe d'oscillation* relatif à Ay ; le point A' est dit *centre d'oscillation*.

192. Je renverse le système de haut en bas autour de A' A'' ; soit G' la position que prend le point G, *aa* celle que prend AA. Si on prend A' A'' pour axe de suspension, et qu'on pose $A'G' = l'$, la distance de A' à son axe d'oscillation est $l' + \frac{k^2}{l'}$, et comme l' ou $A'G' = A'G = \frac{k^2}{l}$, $l' + \frac{k^2}{l'}$ devient $\frac{k^2}{l} + l = A'a$. Donc *aa* est l'axe d'oscilla-

tion relatif à A'A", pris pour axe de suspension. Donc Ay et A'A" sont tels que, si l'un est pris pour axe de suspension, l'autre est axe d'oscillation. Ces deux axes sont *réciproques ;* ils sont synchrones (si θ_0 est le même).

193. Dans un plan vertical yz, mené par le centre de gravité G, je dis qu'il y a trois axes horizontaux synchrones avec un axe donné, total quatre, et pas plus. D'abord il y en a quatre; car, ayant pris, comme ci-dessus, $AG = l$, $A'G = \frac{k^2}{l}$, on a les axes Ay, A'y', réciproques et synchrones. Mais si on prend $A'_1G = l$, $A_1G = \frac{k^2}{l}$, chacun des deux axes A_1, A'_1, pris pour axe de suspension, sera synchrone des deux premiers, vu $= A_1A'_1 = l + \frac{k^2}{l}$, et aura pour réciproque l'autre, de sorte que,

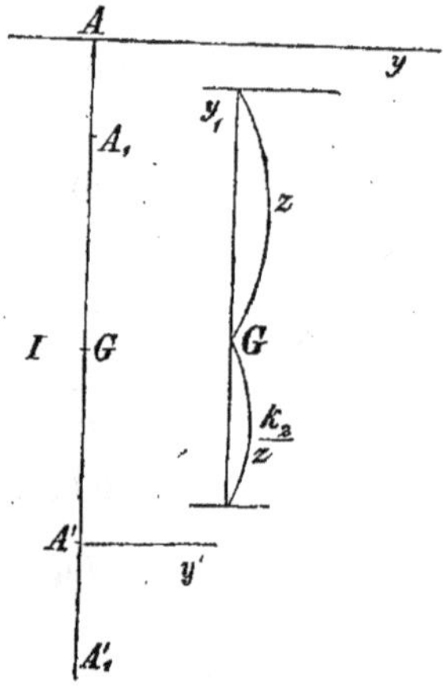

quel que soit celui des quatre (A, A', A_1, A'_1) qu'on prenne pour axe de suspension, parmi les trois autres il y en a un qui sera son axe d'oscillation.

Soient maintenant deux axes réciproques inconnus dans le même plan yz, d'ailleurs horizontaux ; soit z la distance du centre de gravité à l'un, $\frac{k^2}{z}$ devra être sa distance à l'autre, et la distance des deux axes est $z + \frac{k^2}{z}$. Pour que ces axes soient synchrones avec A, A_1, etc., il faut et il suffit que $z + \frac{k^2}{z} = l + \frac{k^2}{l}$, d'où $z = l$ et $z = \frac{k^2}{l}$; ils coïncident donc avec deux de ceux-là.

Autour de l'horizontale du centre de gravité G, située dans le plan yz, faisons tourner toute la figure; Ay et $A'_1 y'_1$ décriront un cylindre droit; de même $A_1 y_1$, $A'y'$. Les arêtes Ay, $A'y'$, dans deux positions simultanées quelconques, seront deux axes réciproques; de même $A_1 y_1$, $A'_1 y'_1$, axes tous synchrones.

Enfin, pour qu'un axe soit synchrone avec Ay, il suffit que sa distance au centre de gravité G soit l, et que le rayon de giration relatif à la droite menée par G, parallèlement à l'axe en question, soit k; car dès lors la longueur du pendule simple synchrone sera $l + \frac{k^2}{l}$. Or il y a un cône du second degré qui a son sommet en G, et qui est tel que le moment d'inertie du corps par rapport à chacune de ses arêtes est Mk^2 (nº 128). Considérant une de ces arêtes, on lui mènera une // qui en soit éloignée d'une distance $= l$, et cette // sera l'axe demandé : la distance de cette droite à G étant l, le moment d'inertie relatif à l'arête du cône (laquelle passe à G), Mk^2, le pendule simple synchrone, a, en effet, pour longueur $l + \frac{k^2}{l}$.

194. Dans les expériences modernes, on prend pour pendule une règle de cuivre de 5 à 6 décimètres de long, d'ailleurs mince, fondue d'un seul jet, écrouie et réparée. Vers l'une des extrémités on fixe un couteau d'acier, perpendiculaire sur les larges faces en leurs milieux et en saillie de part et d'autre; on calcule $\frac{k^2}{l}$ pour avoir à peu près le centre d'oscillation, et on fixe en ce point un second couteau // au premier et placé comme celui-ci. Ce dernier doit pouvoir subir de petits déplacements dans le sens de la longueur du pendule. On utilise ce dispositif de façon que les deux couteaux soient des axes synchrones. Le taton-

nement y conduit. Cela étant, la distance des axes qui $= l + \frac{k^2}{l}$ peut se mesurer, et la durée de l'oscillation $T = \pi\sqrt{\frac{l^2+k^2}{lg}}$ fera connaître g.

Bessel a fait osciller des métaux, des bois, de l'ivoire, du marbre, des pierres météoriques. La moyenne des valeurs de g, soit g_1, ne différait de la plus grande que de $\frac{g_1}{100000}$.

Remarque. Dans ce pendule, k est toujours $< l$, d'où $k^2 < kl$, et $\frac{k^2}{l}$ que je nomme l', est $< k < l$. D'après cela, soit $T' = \pi\sqrt{\frac{l'^2+k^2}{l'g}}$ et $u = l' + \frac{k^2}{l'}$, d'où $\frac{du}{dl'} = 1 - \frac{k^2}{l'^2}$, qui est $< o$, vu que $l' < k$. — Ainsi l' augmentant, u diminue, de même que T'. Par suite, si $T' > T$, on augmentera l'.

§ 4. *Pendule balistique.*

195. Imaginé par l'anglais Robins, il a été perfectionné en France, et sert à déterminer les vitesses initiales des projectiles de guerre. Le pendule employé pour les gros calibres — boulets de 24 — pèse environ 6000 kilogr. Il comprend (p. 179) un mortier troncconique A, de $0^m,72$ de diamètre extérieur, et d'à peu près 2 mètres de long. Il est suspendu par quatre tiges de fer B, B', formant, avec l'axe de suspension C et un boulon HH, les six arêtes d'un tétraèdre. La figure 1 est une projection sur un plan (vertical), perpendiculaire au milieu de l'axe C, et contenant l'axe du mortier A. Figure 2 est une projection sur un plan mené par l'axe C, et perpendiculaire à celui du mortier A, supposé horizontal. Inutile d'ajouter que l'axe C

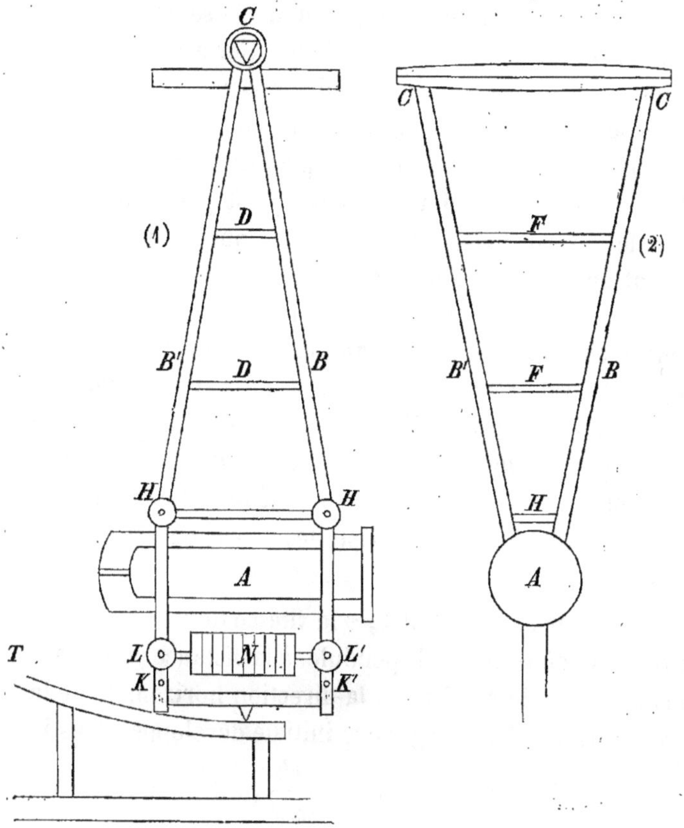

est perpendiculaire à A; les quatre tiges B, B' sont égales entre elles; elles sont reliées par quatre traverses D et quatre entretoises F; en bas il y a encore deux entretoises H, au-dessus du récepteur, et deux autres K au-dessous; ces dernières sont elles-mêmes reliées par un boulon fileté L, sur lequel sont enfilées des rondelles de plomb N, serrées les unes contre les autres et maintenues par des écrous. En faisant varier ces poids, on peut déplacer le centre de gravité du système et le centre de percussion de l'axe de l'arbre C, l'axe du récepteur étant en repos.

196. Pour faire une expérience, on place dans le récep-

teur des barils troncconiques, remplis de sable sec fortement tassé. On ferme la bouche du mortier avec une feuille de plomb d'un demi-millimètre d'épaisseur, sur laquelle sont tracés deux traits à angles droits, se croisant sur l'axe de A. Un arc de cuivre T, dont le plan est perpendiculaire à l'axe C, sur lequel il a son centre, est placé au bas du pendule ; il est divisé en minutes et muni d'un curseur portant un vernier ; une aiguille fixée au bas du pendule fait marcher ce curseur, lorsque le pendule est mis en mouvement, et le quitte lorsque le mouvement ascendant du pendule est arrivé à sa limite, et que celui-ci retourne vers sa position initiale. Un écran de bois circulaire, percé d'un trou également circulaire de $0^{m},50$ de diamètre, placé entre le pendule et le canon, atténue l'action des gaz contre le récepteur, et intercepte les débris de l'enveloppe de la gargousse.

Soit μ la masse du boulet, v la vitesse dont il est animé au moment où il choque le pendule, h la distance entre l'axe de suspension de celui-ci et la direction horizontale de la vitesse v, ω_0 la vitesse angulaire initiale développée dans le pendule par le boulet, est $\omega_0 = \dfrac{\mu v h}{\Sigma m\rho^2}$ (p. 166, lignes 6, 7).

$\Sigma m\rho^2$ est le moment d'inertie de tout le système mobile, y compris le boulet après sa pénétration dans le récepteur.

Avec le secours des notations de n° 174, nous avons pour le mouvement de notre pendule

$$d\omega = -g\,dt\,Ml \sin\theta : \Sigma m\rho^2,$$

multipliant par $2\omega = 2\dfrac{d\theta}{dt}$, et intégrant de $\theta = o$, à $\omega = o$,

on a $$-\omega_0^2 = \frac{2g\,Ml\,(\cos\theta - 1)}{\Sigma m\rho^2},$$

où M embrasse, comme $\Sigma m\rho^2$, tout la masse, et θ est l'arc d'excursion jusqu'à sa limite ascendante.

Ayant égard à la valeur de ω_0 ci-dessus donnée, on trouve $\mu^2 v^2 h^2 = 4g\,\mathrm{M}l \cdot \sin^2 \frac{1}{2}\theta \cdot \times \Sigma m\rho^2$.

Soit P le poids de la masse M, d'où $\mathrm{P} = g\mathrm{M}$, p celui du boulet $p = \mu g$, il vient

$$v^2 = \frac{4g^2\,\mathrm{P}l \sin^2 \frac{1}{2}\theta \cdot \Sigma m\rho^2}{p^2 h^2}.$$

197. Voici comment on opère pour déterminer l et $\Sigma m\rho^2$.

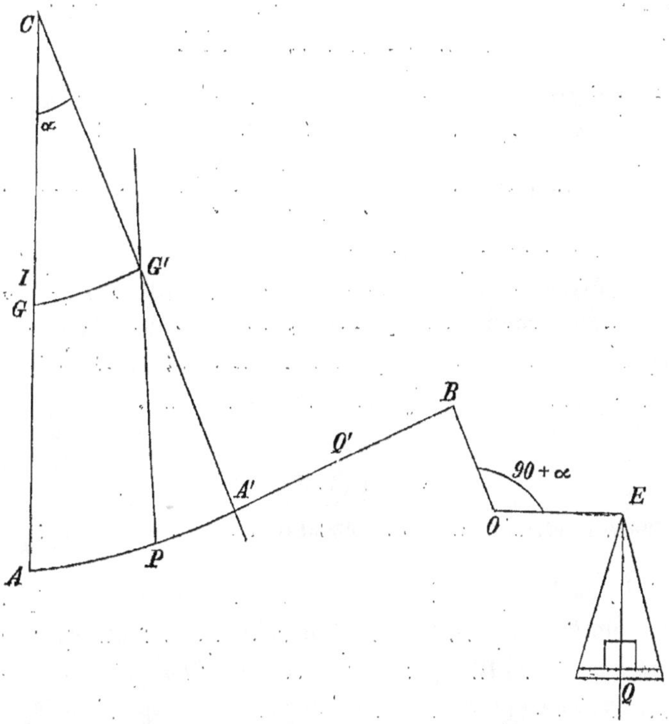

On dispose dans le plan du mouvement du pendule un levier coudé BOE, dont l'axe est O, et dont les bras BO, OE sont égaux. Le bras OE supporte un plateau destiné à recevoir des poids; l'angle BOE est $> 90°$; je le nomme $90 + \alpha$.

Soit CA la verticale du centre de gravité du pendule au repos; on écarte le corps de sa position d'équilibre, de façon que CA prenne une position CA', faisant avec CA l'angle α, et le centre de gravité G passe en G'. Une tige A'B, perpendiculaire à A'C, va s'assembler avec le bras OB à charnière ; on place sur le plateau des poids Q, qu'on fait varier jusqu'à ce que le bras OE reste horizontal. Dans cet état, et, de plus, à cause de l'égalité des bras BO, OE, et des angles droits en E et B (l'angle B est droit, vu que BO est // à AC), la tension Q' de cette tringle est $=Q$, et les forces P, Q' se faisant équilibre autour du point fixe O, on a

$$Pl \sin \alpha = Q . A'C, \text{ d'où } Pl.$$

Pour avoir $\Sigma m\rho^2$, on fait faire au pendule (suppression faite de A'B) environ 300 oscillations très-petites ; si t est la durée d'une, on a $t = \pi \sqrt{\frac{\Sigma m\rho^2}{gMl}} = \pi \sqrt{\frac{\Sigma m\rho^2}{Pl}}$. De là on tire $\Sigma m\rho^2$, et le problème est résolu.

Pour éviter les chocs sur l'axe de suspension, on fait, dans la construction du pendule, en sorte que le centre de percussion soit à peu près sur cet axe ; dans l'expérience, on achève de l'y amener en tâtonnant.

CHAPITRE VIII.

MOUVEMENT D'UN CORPS SOLIDE AUTOUR D'UN POINT FIXE.

198. Quelles que soient les forces qui sollicitent le corps, il tourne à chaque instant autour d'un axe mené par le point fixe O (t. I, nº 48) ; cet axe est, dans l'ellipsoïde central relatif à ce point, comme nous l'avons prouvé nº 184, le diamètre conjugué au plan du couple des quantités de mouvement des molécules. Avec les notations de nº 43, t. I, on prouve la même propriété. En effet, soient Ox, Oy, Oz trois axes rectangulaires fixes dans le corps; ω la vitesse angulaire à t; p, q, r ses projections sur les axes; les équations de l'axe instantané sont à cette même époque $\frac{x}{p} = \frac{y}{q} = \frac{z}{r}$.

Les vitesses d'une molécule x, y, z parallèlement à ces mêmes axes Ox, Oy, Oz sont respectivement $qz - ry$, $rx - pz$, $py - qx$.

La somme des moments des quantités de mouvement par rapport à Ox est

$$\Sigma[m(py-qx)y-(rx-pz)z]=p\Sigma m(y^2+z^2)-q\Sigma mxy-r\Sigma mxz,$$

ou, d'après nº 121, $\qquad = Ap - C'q - B'r.$

De même par rapport à Oy

$$\Sigma[m(qz-ry)z-(py-qx)x]=Bq-A'r-C'p, \qquad (1)$$

à Oz

$$\Sigma[m(rx-pz)x-(gz-ry)y]=Cr-B'p-A'q.$$

Les coëfficients de l'équation du plan tangent à l'ellipsoïde central, si x_1, y_1, z_1 sont les coordonnées du point de contact, sont

$$\begin{aligned} &Ax_1 - B'z_1 - C'y_1, \\ &By_1 - A'z_1 - C'x_1, \\ &Cz_1 - B'x_1 - A'y_1, \end{aligned} \qquad (2)$$

x_1, y_1, z_1 étant supposées les coordonnées du point où l'axe instantané perce la surface de l'ellipsoïde, point qu'on nommera *pôle*, on a

$$\frac{x_1}{p} = \frac{y_1}{q} = \frac{z_1}{r}.$$

En vertu de ces relations, les coëfficients (2) deviennent proportionnels aux moments (1), qui sont les coëfficients de l'équation du plan du couple des quantités de mouvement à t. Donc etc.

199. Dans ce qui suit, on supposera que, durant le mouvement, le corps n'est sollicité que par des forces qui ont une résultante passant au point fixe, ce qui est, par exemple, le cas où le corps n'est sollicité par aucune autre force que la pesanteur, et où le point O est son centre de gravité. De plus, on supposera que les axes Ox, Oy, Oz

sont les axes principaux d'inertie, de sorte que $A' = B' = C' = o$ et les trois moments sont Ap, Bq, Cr.

200. Ici donc le couple des quantités de mouvement des molécules est invariable de grandeur ; je le nomme k, et j'ai par conséquent

$$A^2p^2 + B^2q^2 + C^2r^2 = k^2. \qquad (3)$$

De plus, sa position est invariable par rapport à l'espace absolu, mais non par rapport aux axes x, y, z, qui, fixes dans le corps, se meuvent avec lui. Le plan invariable de ce couple étant constamment conjugué à l'axe instantané, il s'ensuit que le plan qui touche l'ellipsoïde au pôle est constamment // au plan du couple, c'est-à-dire que ce plan tangent polaire est invariable de direction. Je dis, de plus, que ce plan est invariable de position, et, pour le prouver, je vais montrer que sa distance au centre O est constante. En effet, soient x_1, y_1, z_1 les coordonnées du pôle ; le plan qui touche en ce point l'ellipsoïde a pour équation

$$A\xi x_1 + B\eta y_1 + C\zeta z_1 = 1,$$

ϑ étant sa distance au centre, on a $\vartheta^2 = \dfrac{1}{A^2x_1^2 + B^2y_1^2 + C^2z_1^2}$.

Soit nommée l la distance du pôle au centre, c'est-à-dire le rayon polaire ; on a

$$\cos \omega x = \frac{p}{\omega} = \frac{x_1}{l}, \quad \cos \omega y = \frac{q}{\omega} = \frac{y_1}{l}, \quad \cos \omega z = \frac{r}{\omega} = \frac{z_1}{l},$$

d'où $$Ap = \frac{A\omega x_1}{l}, \quad Bq = \frac{B\omega y_1}{l}, \quad Cr = \frac{C\omega z_1}{l},$$

par suite

$$A^2x_1^2 + B^2y_1^2 + C^2z_1^2 = \frac{l^2}{\omega^2}(A^2p^2 + B^2q^2 + C^2r^2) = \frac{l^2k^2}{\omega^2}; \qquad (4)$$

donc $$\vartheta^2 = \frac{\omega^2}{l^2k^2}.$$

Or la force vive d'une molécule m, située à la distance ρ de l'axe, et animée par suite d'une vitesse $= \omega\rho$, est $m\omega^2\rho^2$, et celle du corps $\omega^2\Sigma m\rho^2$, quantité constante, puisqu'il n'y a pas de force appliquée, et $= \frac{\omega^2}{l^2}$, d'après la définition de l'ellipsoïde central. Je désigne cette constante par h, et j'ai $\vartheta^2 = \frac{h}{k^2}$ avec $h = \frac{\omega^2}{l^2}$.

Donc la distance ϑ est constante, et l'ellipsoïde central, durant le mouvement du corps, ne cesse pas de toucher ce plan, // au plan du couple, et mené à une distance du centre $= \frac{\sqrt{h}}{k}$. Du reste, aussitôt qu'on a eu prouvé que le plan tangent polaire est // au plan du couple, on a pu conclure 1° que, si l'axe initial est perpendiculaire au plan du couple, cet axe étant principal, le corps continuerait de tourner autour de ce même axe avec ω constant; 2° que, si cet axe initial n'est pas perpendiculaire au plan du couple, l'axe instantané change à chaque instant dans le corps et dans l'espace. Car la section de l'ellipsoïde (soit AB), par le plan du couple MN, se détachera de ce plan dès que le corps aura exécuté une rotation infiniment petite autour de OP, supposé conjugué au plan MN; ainsi le plan du couple, lui-même invariable, coupera l'ellipsoïde suivant une section autre que AB, et le diamètre conjugué à cette nouvelle section sera autre que OP. Donc l'ellipsoïde, durant le mouvement du corps, roule sur le plan tangent polaire, qui d'ailleurs est fixe.

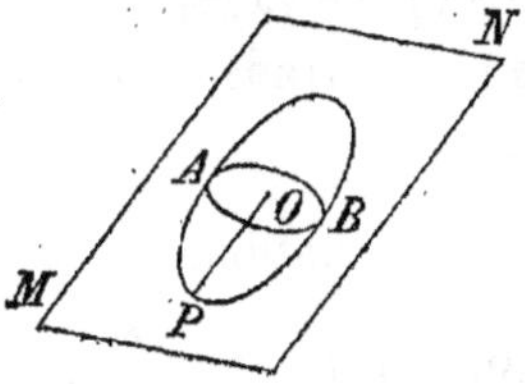

201. Concluons 1° que, si l'axe instantané coïncide à une

époque quelconque avec le grand ou le petit axe de l'ellipsoïde central, il n'a jamais pu et ne pourra jamais occuper une autre position. Car la distance du plan tangent polaire au centre est alors la plus grande ou la plus petite possible. Dans chaque cas, si l'axe avait été ou pouvait devenir autre, le pôle quitterait le plan tangent polaire. 2° Si l'axe instantané coïncide avec l'axe moyen de l'ellipsoïde, le pôle peut changer sans que la distance ou le rayon polaire change.

On a supposé ici que les trois axes de l'ellipsoïde sont inégaux. Dans le cas où deux d'entre eux sont égaux, la surface est de révolution autour du troisième, et si l'axe instantané est un diamètre de l'équateur, le pôle peut se déplacer sur toute la circonférence de cet équateur. Enfin, si les trois axes sont égaux, l'ellipsoïde se change en une sphère, dont chaque point peut devenir pôle, etc.

202. Il a été prouvé que $\frac{\omega}{l} = \sqrt{h}$, c'est-à-dire est constant : ainsi la vitesse angulaire et le rayon polaire sont dans un rapport constant.

203. La force vive peut aussi s'écrire sous la forme

$$\Sigma m\left[(py - qx)^2 + (rx - pz)^2 + (qz - rx)^2\right],$$

quantité qui, avec les notations connues, se transforme en

$$Ap^2 + Bq^2 + Cr^2 = h.$$

Les coordonnées du pôle satisfont aux équations

$$Ax_1^2 + By_1^2 + Cz_1^2 = 1, \quad A^2x_1^2 + B^2y_1^2 + C^2z_1^2 = \frac{k^2}{h}.$$

L'intersection de ces deux ellipsoïdes est le lieu du pôle, lieu nommé *polhodie*.

Multipliant la première de ces deux équations par k^2, la deuxième par h, et retranchant, on a

$$A(Ah - k^2)x_1^2 + B(Bh - k^2)y_1^2 + C(Ch - k^2)z_1^2 = o. \quad (b)$$

Ce cône du deuxième degré passe par la polhodie ; son sommet est en O, et il est, dans le corps, le lieu de l'axe instantané.

204. Soit $A > B > C$. Je distingue plusieurs cas :

1° $Ah - k^2 = o$, d'où $\frac{h}{k^2}$ ou $\vartheta^2 = \frac{1}{A}$. Le pôle est donc au sommet du petit axe. D'ailleurs on aura $Bh - k^2 < o$, $Ch - k^2 < o$; le cône se réduit à Ox, et le corps tourne uniformément autour de cet axe Ox.

2° $Bh - k^2 = o$, d'où $\vartheta^2 = \frac{1}{B}$. Si le corps a commencé à tourner autour de l'axe moyen, il continue et tourne uniformément autour de cet axe (principal). S'il n'est pas axe instantané initial, nous prouverons plus loin qu'il n'est jamais axe instantané. Le cône (b) se réduit à deux plans, tels que $x = \pm Hz$, dont les traces sur l'ellipsoïde sont deux ellipses, lieux des points dont les distances au plan tangent polaire sont égales à $\frac{1}{\sqrt{B}}$. Ces deux ellipses forment la polhodie. L'axe instantané décrit donc un de ces deux plans.

3° $Ch - k^2 = o$, c'est-à-dire $\vartheta = \frac{1}{\sqrt{C}}$. Le cône se réduit à l'axe Oz, autour duquel le corps tourne uniformément. Il y a accord.

4° Aucun des trois coefficients de l'équation du cône (b) n'étant nul, ce cône enveloppe l'axe Oz, si $Bh - k^2 > o$, et Ox, si $Bh - k^2 < o$. Dans l'un et l'autre cas, l est variable, comme on le prouvera tout à l'heure ; l a donc un maximum et un minimum.

205. Du point O soient menées vers le plan tangent polaire MN deux droites, l'une $OE =$ au minimum de l, l'autre OF

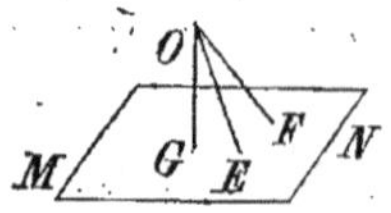

à son maximum ; du point G, projection de O sur le plan MN, comme centre, soient décrites deux circonférences, l'une passant en E, l'autre en F ; pendant que l'ellipsoïde roule sur le plan MN, le pôle passera d'une de ces circonférences à l'autre, et tracera une courbe ondulée, allant de l'une à l'autre, qu'on nomme *herpolhodie*. Le cône qui a pour sommet le point O et pour base l'herpolhodie, est le lieu absolu de l'axe instantané, et c'est sur ce cône cannelé

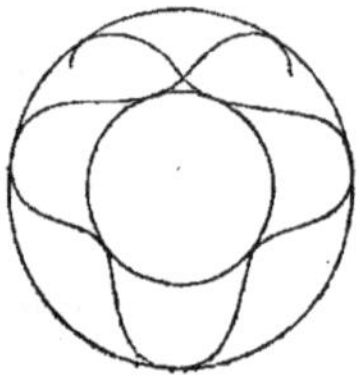

que roule le cône (b) durant le mouvement du corps, auquel ce cône (b) est attaché. La rotation consiste donc aussi dans le mouvement de ce cône (b) roulant sur l'autre. Dans le cas de $Bh - K^2 = o$, le cône (b) est remplacé par l'un des plans $x = \pm Hz$, et c'est ce plan qui roule sur le cône cannelé.[1]

Si $A = B$, l'ellipsoïde est de révolution ; le cône (b) aussi ; l'axe commun est Oz ; l est constant, ainsi que ω ; la pothodie, intersection du cône (b) et de l'ellipsoïde, est un cercle ; les deux cercles, limites de l'herpolhodie, se confondent, et cette courbe est aussi un cercle, base du cône qui est le lieu de l'axe instantané. C'est maintenant un cône droit qui roule sur un autre cône droit.

206. Le cas où l'ellipsoïde est de révolution, est le seul où l et ω sont constants, à moins que le corps ne tourne autour d'un axe principal. Pour le prouver, je prends sur

[1] Dans la cinématique il a été prouvé que, si un corps solide tourne autour d'un point fixe, il y a dans le corps un cône relativement fixe, qui roule sur un cône absolument fixe. Le sommet commun des deux cônes est le point fixe. Ici on vient de prouver que, si le mouvement est dû à une impulsion, le cône relativement fixe est du deuxième degré.

la polhodie un point x, y, z, par lequel je fais passer une sphère de rayon λ, et ayant son centre en O ; donc

$$x^2 + y^2 + z^2 = \lambda^2. \quad (1)$$

Le point étant sur la polhodie, on a

$$Ax^2 + By^2 + Cz^2 = 1. \quad (2)$$

$$A^2x^2 + B^2y^2 + C^2z^2 = \frac{k^2}{h}. \quad (3)$$

Ces équations ne sont jamais impossibles, si on suppose à λ une valeur convenable. Pour que le rayon polaire soit constant en grandeur, il faut et il suffit que les solutions de (2) et (3) satisfassent à (1), c'est-à-dire que les trois équations soient indéterminées. Or je dis que si A, B, C sont inégaux, ces trois équations n'ont pas plus de huit solutions communes. Car si on élimine, par exemple, z^2 entre la première et chacune des deux autres, on a les équations

$$(A - C)\, x^2 + (B - C)\, y^2 = 1 - C\lambda^2, \quad (4)$$

$$(A^2 - C^2)\, x^2 + (B^2 - C^2)\, y^2 = \frac{k^2}{h} - C^2\lambda^2. \quad (5)$$

Les équations (1), (2), (3) peuvent être remplacées par (1), (4), (5), et si B, C sont inégaux, on peut remplacer l'une des (4), (5) par celle qu'on en tire en éliminant y^2, et qui est

$$(A - C)\,(A - B)\, x^2 = \text{une quantité S}. \quad (6)$$

Le système proposé peut être remplacé par (1), (4) et (6). Or (6) donne une valeur pour x^2, (4) en fournira une seule pour y^2, et (1) une seule pour z^2. Donc les équations sont déterminées et n'ont pas plus de huit solutions.

Il n'y a donc indétermination que si deux au moins des trois moments A, B, C sont égaux. C'est le cas où la polhodie est un cercle, etc. En effet, si $A = B$ ou $B = C$, l'équation (6) est indéterminée ; si $A = B = C$, les équations (4), (5) sont indéterminées.

207. Théorème. Si un corps tourne autour de l'un des deux axes principaux extrêmes, et qu'on lui applique une impulsion qui déplace l'axe instantané, cette impulsion peut être supposée telle que cet axe instantané décrive autour de l'axe principal avec lequel il coïncidait, un cône aussi peu ouvert qu'on voudra.

Je suppose que le corps tourne autour de Oz avec une vitesse angulaire n, et qu'on lui applique une impulsion dont les moments, par rapport aux x, y, z, soient Ap_0, Bq_0, Cr', de sorte que le moment relatif à Oz est $C(r'+n)$, que je fais $= Cr_0$, et on a

$$Ap_0^2 + Bq_0^2 + Cr_0^2 = h,$$
$$A^2p_0^2 + B^2q_0^2 + C^2r_0^2 = k^2,$$

d'où
$$\begin{aligned} Ah - k^2 &= (A-B)\,Bq_0^2 + (A-C)\,Cr_0^2, \\ Bh - k^2 &= (B-A)\,Ap_0^2 + (B-C)\,Cr_0^2, \\ Ch - k^2 &= (C-B)\,Bq_0^2 + (C-A)\,Ap_0^2. \end{aligned} \qquad (x)$$

On peut supposer Ap_0, Bq_0 assez petits, et Cr_0 assez grand pour que $Ch - k^2$ soit en valeur absolue aussi petit qu'on voudra par rapport à $Ah - k^2$, $Bh - k^2$; par conséquent, dans le cône (b), les angles que les arêtes des sections principales font avec l'axe du corps seront aussi petits qu'on voudra; car les équations de ces arêtes sont

$$A(Ah-k^2)x^2 + C(Ch-k^2)z^2 = o,$$
$$B(Bh-k^2)y^2 + C(Ch-k^2)z^2 = o.$$

Ici $Ah - k^2$ est $> o$, $Ch - k^2 < o$, et $Bh - k^2$ aussi $> o$, d'après sa valeur ci-dessus, dans laquelle le terme négatif a pour facteur la quantité Ap_0^2, très-petite, et le terme positif Cr_0^2, supposé assez grand pour que $Bh - k^2 >$.

Dans ces équations, les coefficients angulaires ont pour carrés $\dfrac{C(k^2 - Ch)}{A(Ah-k^2)}$, $\dfrac{C(k^2-Ch)}{B(Bh-k^2)}$, et sont aussi petits qu'on voudra.

Il en sera de même si le corps tourne autour de Ox; dans chaque cas, le cône, tout égal d'ailleurs, est d'autant plus *étroit* que r_0 qui $= n + r'$ est *plus grand*. Dans ces deux cas, le mouvement qui avait lieu autour de Oz ou de Ox est dit *stable*.

Mais si le corps tourne autour de Oy, en même temps que Bh est $\gtrless k^2$, quelle que soit l'impulsion, si elle déplace l'axe instantané, celui-ci décrira le cône (b) autour de Oz ou de Ox; le mouvement autour de B n'est donc pas stable; quant au cas très-particulier où le corps tourne autour de Oy, et où $Bh = k^2$, on le traitera plus loin.

Il y a encore stabilité, si deux des trois moments d'inertie principaux sont égaux ($A = B$ par exemple), et que le corps tourne autour de l'axe du troisième, qui est l'axe de révolution de l'ellipsoïde central, parce que l'impulsion, si elle déplace l'axe instantané, lui fera décrire le cône (b) autour de ce troisième axe, cône qui est droit, et dont l'angle au centre sera aussi petit qu'on voudra, si les moments de l'impulsion par rapport à chacun des deux axes égaux sont très-petits comparés au moment qui est relatif au troisième, c'est-à-dire si $A = B$, et que Ap_0^2, Aq_0^2 sont très-petits par rapport à Cr_0^2.

Mais si, dans le cas de $A = B$, le corps tourne autour de Ox, l'impulsion perturbatrice fera décrire à l'axe instantané le cône (b) autour de Oz, cône qui ici est droit.

Il n'y a donc pas stabilité dans le mouvement autour de l'un des axes principaux, dont le lieu est l'équateur de l'ellipsoïde central. Il en est de même si $B = C$ au lieu de $B = A$.

208. Les équations de l'axe du couple des quantités de mouvement ou du couple etc. sont

$$\frac{x}{Ap} = \frac{y}{Bq} = \frac{z}{Cr}. \qquad (1)$$

Si entre ces équations et les suivantes

$$Ap^2 + Bq^2 + Cr^2 = h,$$
$$A^2p^2 + B^2q^2 + C^2r^2 = k^2,$$

on élimine p, q, r, on aura l'équation du lieu de l'axe.

D'abord les deux dernières donnent

$$\frac{A^2}{A}(Ah - k^2)p^2 + \frac{B^2}{B}(Bh - k^2)q^2 + \frac{C^2}{C}(Ch - k^2)r^2 = o.$$

Les équations (1) donnent

$$A^2p^2 = \frac{C^2r^2x^2}{z^2}, \quad B^2q^2 = \frac{C^2r^2y^2}{z^2},$$

substituant etc., on a

$$BC(Ah - k^2)x^2 + AC(Bh - k^2)y^2 + AB(Ch - k^2)z^2 = o,$$

cône du second degré, dont les arêtes viennent successivement coïncider avec l'axe du moment; car cet axe décrit le cône relativement au corps.

CHAPITRE IX.

SUITE DU MOUVEMENT D'UN CORPS SOLIDE AUTOUR D'UN POINT FIXE.

209. *Équations du mouvement.* On imaginera au point O, outre les axes principaux Ox, Oy, Oz, fixés dans le corps et mobiles avec lui, trois nouveaux axes rectangulaires $Ox'\,y'\,z'$, absolument fixes. Le problème sera complétement résolu, si, à chaque instant, on peut assigner la position des axes Ox, Oy, Oz par rapport à $Ox'\,y'\,z'$, ainsi que celle de l'axe instantané et la vitesse angulaire. La position relative de ces deux systèmes d'axes dépend des angles φ, ψ, θ, en fonction desquels s'expriment les coëfficients a, b, c, etc., lesquels eux-mêmes sont liés avec les composantes p, q, r de la vitesse angulaire ω.

Soient X', Y', Z' les composantes de la force que sollicite la molécule m; les équations du mouvement de rotation autour du point O sont

$$\Sigma m.\frac{y'd^2z'-z'd^2y'}{dt^2}=\Sigma\,(Z'y'-Y'z')\text{ que je pose }=L',$$
$$\Sigma m.\frac{z'd^2x'-x'd^2z'}{dt^2}=\ldots\ldots=M', \qquad (1)$$
$$\Sigma m.\frac{x'd^2y'-y'd^2x'}{dt^2}=\ldots\ldots=N',$$

Les variables x', y', z', en nombre infini, s'expriment en fonction des trois angles en question au moyen des formules

$$x'=ax+by+cz,$$
$$y'=a'x+b'y+c'z, \qquad (2)$$
$$z'=a''x+b''y+c''z.$$

Les coordonnées x, y, z sont indépendantes du temps.

Pour transformer les équations (1), on peut les intégrer, et on a, en comprenant les constantes sous le signe $\int$,

$$\Sigma m.\frac{y'dz'-z'dy'}{dt}=\int L'dt,$$
$$\Sigma m.\frac{z'dx'-x'dz'}{dt}=\int M'dt, \qquad (3)$$
$$\Sigma m.\frac{x'dy'-y'dx'}{dt}=\int N'dt.$$

Or les premiers membres sont les sommes des moments des quantités de mouvement par rapport aux axes Ox', y', z', et ces sommes, prises par rapport à $Oxyz$, sont Ap, Bq, Cr (nº 199); en projetant ceux-ci sur les axes fixes, on aura pour ces premiers membres

$$Aap+Bbq+Ccr=\text{donc }\int L'dt,$$
$$Aa'p+Bb'q+Cc'r=\int M'dt,$$
$$Aa''p+Bb''q+Cc''r=\int N'dt. \qquad (4)$$

Voilà trois intégrales premières des équations (1) entre les variables p, q, r, φ, ψ, θ et t. Mais entre ces variables il y a encore d'autres relations ; au nº 52, t. I, on a établi les formules

$$da = (br - cq)\,dt,\quad db = (cp - ar)\,dt,\quad dc = (aq - bp)\,dt,$$
$$db' = (c'p - a'r)\,dt, \text{ etc.} \qquad (5)$$

$$\begin{aligned} rdt &= bda + b'da' + b''da'' \text{ et} = -\,adb, \text{ etc.} \\ qdt &= -\,cda - c'da' - c''da'' = adc, \text{ etc.} \qquad (6) \\ pdt &= cdb + c'db' + c''dc'' \quad = -\,bdc, \text{ etc.} \end{aligned}$$

On pourrait substituer pour a et c leurs valeurs en φ, ψ, θ, et on retrouverait les formules déjà établies (52, t. I), savoir :

de même
$$\left.\begin{aligned} pdt &= d\psi \,.\, \sin\theta \sin\varphi - d\theta \cos\varphi, \\ qdt &= d\psi \sin\theta \cos\varphi - d\theta \,.\, \sin\varphi, \\ rdt &= d\psi \cos\theta + d\varphi. \end{aligned}\right\} (7)$$

La question est réduite à l'intégration des équations (4) et (7).

210. Les équations (4) peuvent être transformées en d'autres plus simples. A cet effet, on commence par les différentier, ce qui reproduit les équations (1) sous une autre forme

$$\begin{aligned} \mathrm{A}a\,dp + \mathrm{B}b\,dq + \mathrm{C}c\,dr + \mathrm{A}p\,da + \mathrm{B}q\,db + \mathrm{C}r\,dc &= \mathrm{L}'dt, \\ \mathrm{A}a'dp + \mathrm{B}b'dq + \mathrm{C}c'dr + \mathrm{A}p\,da' + \ldots\ldots &= \mathrm{M}'dt, \quad (8) \\ \mathrm{A}a''dp + \mathrm{B}b''dq + \ldots\ldots\ldots\ldots &= \mathrm{N}'dt. \end{aligned}$$

Multipliant par a, a', a'', ajoutant, en ayant égard aux relations qui lient les cosinus a, a'..., de même qu'aux équations (6, nº 209), et nommant L la somme des projections de L', M', N' sur Ox, ce qui donne $\mathrm{L} = \mathrm{L}'a + \mathrm{M}'a' + \mathrm{N}'a''$,
M *id.* sur Oy . . . . . . $\mathrm{M} = \mathrm{L}'b + \mathrm{M}'b' + \mathrm{N}'b''$,
N *id.* sur Oz . . . . . . $\mathrm{N} = \mathrm{L}'c + \mathrm{L}'c' + \mathrm{N}'c''$,
on a

$$\begin{aligned} \mathrm{A}\,dp + (\mathrm{C} - \mathrm{B})\,qr\,dt &= \mathrm{L}\,dt, \\ \mathrm{B}\,dq + (\mathrm{A} - \mathrm{C})\,pr\,dt &= \mathrm{M}\,dt, \qquad (9) \\ \mathrm{C}\,dr + (\mathrm{B} - \mathrm{A})\,pq\,dt &= \mathrm{N}\,dt. \end{aligned}$$

Ce sont les équations dites d'Euler. A ces équations on peut joindre toutes celles qui ont été rapportées ci-dessus, notamment les équations (4), qui sont des intégrales de (8) ou de (9).

211. On va traiter le cas où L', M', N', et par suite L, M, N sont nuls.

Les équations (4) deviennent

$$\left.\begin{array}{ll} Aap + Bbq + Ccr = k', \text{ une constante.} & \\ Aa'p + Bb'q + Cc'r = k'', & id. \\ Aa''p + Bb''q + Cc''r = k''', & id. \end{array}\right\} (11)$$

Elles expriment que la projection de l'axe du couple des quantités de mouvement, sur chacun des axes x', y', z', est constante, et dérivent immédiatement de la théorie des couples.

Les équations (9) deviennent

$$\begin{array}{l} Adp + (C - B)\, qr\, dt = o, \\ Bdq + (A - C)\, pr\, dt = o, \\ Cdr + (B - A)\, pq\, dt = o. \end{array} \qquad (12)$$

En les multipiant par p, q, r et ajoutant on trouve

$$Ap\,dp + Bq\,dq + Cr\,dr = o,$$

dont l'intégrale est

$$Ap^2 + Bq^2 + Cr^2 = h, \text{ équation des forces vives.} \qquad (13)$$

Multipliant (12) par Ap, Bq, Cr et ajoutant on trouve

$$A^2p\,dp + B^2q\,dq + C^2r\,dr = o,$$

d'où

$$A^2p^2 + B^2q^2 + C^2r^2 = k^2, \text{ équation des moments.} \qquad (14)$$

Elle est et doit être une conséquence des équations (11); car, si les projections de l'axe du couple sur les x', y', z' sont constantes, l'axe lui-même est invariable, et son carré est la somme des carrés de ses projections. Aussi, en carrant et sommant les équations (11), trouve-t-on

$$A^2p^2 + B^2q^2 + C^2r^2 = k'^2 + k''^2 + k'''^2,$$

qui est donc nécessairement $= k^2$.

Les équations (13) et (14) donnent

$$p^2 = \frac{k^2 - Bh + (B - C)Cr^2}{A(A - B)}, \quad q^2 = \frac{Ah - k^2 - (A - C)Cr^2}{B(A - B)} \quad (15)$$

Avec ces valeurs on trouve (3e éq. 12)

$$dt = \frac{Cdr}{(A-B)pq} = \frac{Cdr\sqrt{AB}}{\pm\sqrt{k^2 - Bh + (B-C)Cr^2}\sqrt{Ah - k^2 - (A-C)Cr^2}} \quad (16)$$

ce que je représente par $dt = \pm Fdr$, et qui doit être $> o$.

212. Soit $A > B > C$, et je suppose qu'aucun des binomes $Ah - k^2$, $Bh - k^2$, $Ch - k^2$ ne soit nul ; les cas contraires ont été traités. Parmi les valeurs initiales de p, q, r, que je désigne par p_o, q_o, r_o, on peut supposer qu'il n'y en a pas deux qui soient nulles. Si, par exemple, p_o, q_o étaient nuls, l'axe instantané initial serait confondu avec l'axe principal Oz, et le corps continuerait à tourner uniformément autour de cet axe, qui resterait fixe. Le cas $Bh - k^2 = o$ sera traité, on l'a dit.

Rien n'empêche de choisir les demi-axes Ox, y, z, de façon qu'aucune des valeurs initiales p_o, q_o, r_o ne soit $< o$.

Les valeurs de p, q ayant le double signe, de même que celle de dt, il y a lieu à discuter, et deux cas se présentent, selon que $Bh - k^2$ est $>$ ou $< o$. S'il est $> o$, le cône lieu de l'axe instantané enveloppe l'axe Oz. Toutes les arêtes, qui sont des positions successives de cet axe instantané, font donc avec Oz des angles aigus, et par suite r est toujours $> o$ (vu que $\cos \omega z = \frac{r}{\omega}$.

Soit AB A'B' la polhodie, AO A' la section du cône par le plan yz, BOB' celle par yz. Pour que p, q soient réels, il faut que $r^2 \gtreqless \frac{Bh - k^2}{C(B - C}$ et $\lesseqgtr \frac{Ah - k^2}{C(A - C)}$; de là pour r^2 deux limites. La première, que je nomme r_1^2, est un minimum ; la seconde est un maximum ; je la nomme r_2^2. Celle-ci a lieu quand l'axe instantané coïncide avec OB ou OB', où $q = o$; l'autre, quand $p = o$, où l'axe est OA ou OA'.

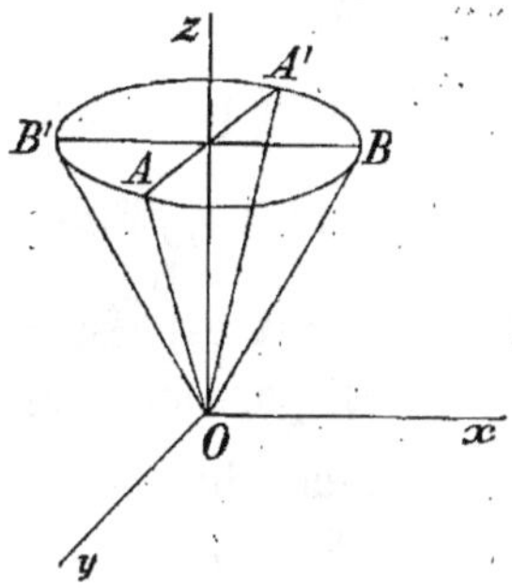

Lorsque le pôle est sur l'arc AB, les angles que l'axe instantané fait avec Ox et Oy sont aigus, et comme leurs cosinus sont $\frac{p}{\omega}$, $\frac{q}{\omega}$, p et q sont $> o$.

Lorsque le pôle est sur BA', p est $> o$, $q < o$; pour A'B', p et q sont tous les deux $< o$; pour B'A, $p < o$ et $q > o$. D'ailleurs p est nul, si le pôle est en A ou en A', vu que $\cos \omega x$ ou $\frac{p}{\omega}$ y est $= 90°$; q est nul si le pôle et en B ou en B'.

Là où p et $q > o$, p est croissant avec le temps et q décroissant, car, d'après les équations (12), dp est, dans ce cas, $> o$, $dq < o$. La projection de l'axe instantané sur xy ayant pour équations $\frac{x}{p} = \frac{y}{q}$ ou $y = \frac{qx}{p}$, on voit que le coefficient angulaire $\frac{q}{p}$ diminue si le temps augmente, ce qui prouve que cet axe marche de OA à OB. En un mot, le pôle tourne de droite à gauche, et les signes à prendre devant p et q sont connus. Le signe de dr est manifesté soit par la troisième équation (12), où l'on voit que ce signe est celui du produit pq, ou encore parce que, le minimum de r ayant lieu pour les points A, A', le maximum pour B, B', dr est $> o$, depuis le minimum r_1 (OA) jusqu'au maximum r_2 (OB).

Le temps que le pôle met à parcourir chacun des quatre arcs de la polhodie est pour AB, $\int_{r_1}^{r_2} \mathrm{F}.dr$, pour BA', $-\int_{r_2}^{r_1} \mathrm{F}dr$, vu que dr ici $< o$. Ces deux expressions sont égales, et chacun des deux arcs est parcouru dans le même temps.

Si on part de l'origine du mouvement *symétrique*, comme les demi-axes de coordonnées positives ont été choisis de façon que p_0, q_0, r_0 soient $> o$, la position initiale du pôle est un point de l'arc AB, à partir duquel il se dirige vers B.

Soit maintenant $\mathrm{B}h - k^2 < o$; l'axe des x prendra le rôle qu'a joué tout à l'heure celui des z. Ainsi p ne sera jamais nul, évidemment; il aura un maximum et un minimum, AB A'B' étant la polhodie coupée en quatre par les plans xz, yz : lorsque le pôle sera sur AB, q et r sont $> o$; dq est $< o$, $dr > o$: ainsi q diminue, r augmente et la projection de l'axe instantané $\frac{y}{q} = \frac{z}{r}$, ou $y = \frac{q}{r} z$ se rapproche de Oz, etc.

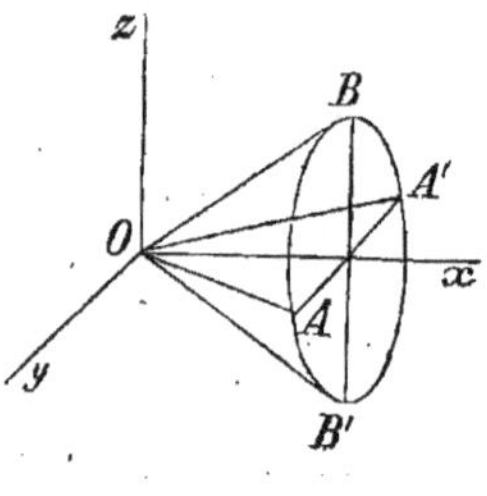

213. Reste à former les équations qui feront connaître les angles. A la rigueur, les équations (7, p.194) remplissent cet objet; mais on peut obtenir des relations plus simples, surtout si on prend pour axe des z' l'axe k du couple des quantités de mouvement. Dès lors Ap, Bq, Cr, qui sont les projections de ce dernier axe k sur les x, y, z, et qui donnent

$$Ap = k \cos kx,\ Bq = k \cos ky,\ Cr = k \cos kz,$$

deviennent

$$\begin{aligned} Ap &= k \cos z'x = k \sin\theta \sin\varphi \quad \text{(voy. t. I, prélim. I)}, \\ Bq &= k \cos z'y = k \sin\theta \cos\varphi, \qquad (20) \\ Cr &= k \cos z'z = k \cos\theta. \end{aligned}$$

Cette dernière donnera $$\cos\theta = \frac{Cr}{k} \qquad (21)$$

et fera connaître θ en fonction de t, si r est connu.

Des deux premières on tire

$$\frac{Ap}{Bq} = \tang\varphi; \quad \varphi \text{ est donc connu.} \qquad (22)$$

L'équation (13) fournit

$$h - Cr^2 = Ap^2 + Bq^2 = Ap \cdot p + Bq \cdot q,$$

et d'après (20) $$= kp \sin\theta \sin\varphi + kq \sin\theta \cos\varphi,$$
$$= k \sin\theta (p \sin\varphi + q \cos\varphi).$$

Les équations (7), de leur côté, multipliées par $\sin\varphi$, $\cos\varphi$, respectivement, et ajoutées, donnent

$$(p \sin\varphi + q \cos\varphi)\, dt = d\psi \,.\, \sin\theta;$$

donc

$$h - Cr^2 = \frac{d\psi}{dt} \,.\, k \sin^2\theta,$$

en vertu de (21) $$\sin^2\theta = 1 - \frac{C^2r^2}{k^2} = \frac{k^2 - C^2r^2}{k^2},$$

d'où $$h - Cr^2 = \frac{d\psi}{dt} \,.\, \frac{k^2 - C^2r^2}{k},$$

et $$d\psi = k \,.\, \frac{h - Cr^2}{k^2 - C^2r^2}\, dt.$$

Cette équation à intégrer étant de la forme

$$d = k.\frac{Ap^2 + Bq^2}{A^2p^2 + B^2q^2}\,dt,$$

on voit que $d\psi$ ne change pas de signe ; qu'il est toujours $> o$; donc la ligne des nœuds tourne constamment de gauche à droite autour de Oz', direction de l'axe du couple.

214. Les équations d'Euler nous feront connaître sous quelles conditions p, q, r sont constants. A cet effet, on y fera $dp = dq = dr = o$, etc.

1° Si $A > B > C$, plusieurs cas se présentent, et on a $(C - B)\,qr = o$, $(A - C)\,pr = o$, il faut et il suffit que deux des trois quantités p, q, r soient nulles, c'est-à-dire que l'axe instantané coïncide avec l'un des axes principaux d'inertie.

2° Si deux des A, B, C sont égaux, par exemple $A = B$, mais que C soit $\gtrless A$, il reste $qr = o$, $pr = o$, ce qui exige ou que $r = o$, ou, si $r \gtrless o$, que $p = o$, $q = o$. Dans le premier cas, l'axe instantané est dans le plan de l'équateur de l'ellipse : est donc un axe principal; dans le second, il se confond avec Oz, axe principal.

En résumé, si A, B, C ne sont pas tous les trois égaux, p, q, r ne sont invariables que si l'axe instantané est un axe principal, etc.

3° $A = B = C$. Quel que soit l'axe instantané initial, il reste fixe dans le corps, vu que p, q, r sont constants; mais l'axe du couple, qui a pour équations $\frac{x}{Ap} = \frac{y}{Bq} = \frac{z}{Cr}$, c'est-à-dire ici $\frac{x}{p} = \frac{y}{q} = \frac{c}{r}$, est fixe dans l'espace, et ses équations sont celles de l'axe instantané, avec lequel il se confond par conséquent. Donc l'axe instantané, fixe dans le corps, l'est aussi dans l'espace.

CHAPITRE X.

CAS PARTICULIERS DU MOUVEMENT D'UN CORPS SOLIDE AUTOUR D'UN POINT FIXE.

§ 1. $A = B$.

215. L'ellipsoïde central étant de révolution, le cône lieu de l'axe instantané l'est aussi. La polhodie est un cercle de même que l'herpolhodie. Soit OS l'axe du couple,

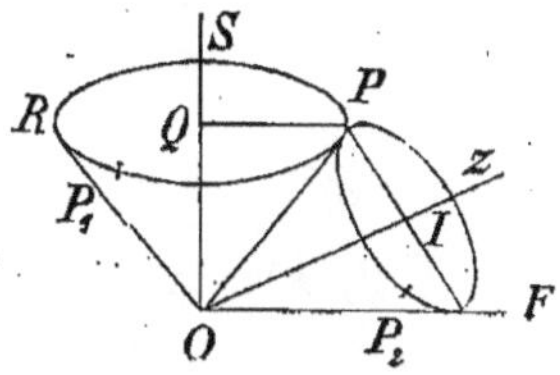

PQR l'herpolhodie, située dans le plan tangent polaire; PIF la polhodie, Oz l'axe de révolution de l'ellipsoïde, OPF le cône lieu de l'axe instantané, qui roule sur le cône OPQR, en même temps que l'ellipsoïde roule sur le plan tangent et le cercle PI sur le cercle PQ; l et ω sont invariables; pendant que le cône POz roule, les axes OS, Oz, OP restent dans un plan, qui par conséquent tourne autour de OS. Si deux points P_1, P_2 sont destinés à coïncider par suite de ce mouvement, les arcs P_1P, P_2P sont égaux. Si donc le pôle se meut uniformément sur l'un des cercles, il en sera de même sur l'autre. D'ailleurs l est constant, et par suite ω.

Les équations d'EULER se réduisent aux suivantes :

$$\begin{aligned} A dp + (C - A)\, qr\, dt &= o, \\ A dq + (A - C)\, pr\, dt &= o, \qquad (11) \\ C dr &= o. \end{aligned}$$

La dernière montre que r est constant : soit n sa valeur (r_o). Les deux autres reproduisent, pour l'équation des forces vives,

$$A(p^2 + q^2) + Cn^2 = h, \text{ d'où } p^2 + q^2 = \frac{h - Cn^2}{A},$$

que je fais $= m^2$; ω^2 sera $= m^2 + n^2$, c'est-à-dire ω est constant, comme on sait.

L'équation des moments $A^2(p^2 + q^2) + C^2n^2 = k^2$ doit donner pour $p^2 + q^2$ la même valeur. En effet, celle-ci donne

$$p^2 + q^2 = \frac{k^2 - C^2n^2}{A^2}.$$

Or p_o, q_o étant les valeurs initiales de p, q, on a

$$h = A(p_o^2 + q_o^2) + Cn^2, \quad k^2 = A^2(p_o^2 + q_o^2) + C^2n^2;$$

donc

$$\frac{h - Cn^2}{A} = \frac{k^2 - C^2n^2}{A^2}.$$

Des trois quantités p, q, r, il n'y en a jamais qu'une qui puisse être nulle à une époque quelconque, sans quoi l'axe instantané coïnciderait avec Oz, cas connu. Je puis donc supposer que n et q_o ne sont pas nulles. La première équation (1) donne

$$dp = \frac{(A - C)}{A} qn\, dt$$

et le signe initial de dp est connu par là. D'ailleurs

$$q = \pm\sqrt{m^2 - p^2};$$

donc

$$\frac{(A - C)n}{A} dt = \frac{dp}{\pm\sqrt{m^2 - q^2}}.$$

Je représente $\frac{(A-C)n}{A}$ par μ : il y a deux cas, selon que μ est $\gtrless o$.

Soit $\mu > o$, et pour l'origine du mouvement aussi $dp > o$, c'est-à-dire $\frac{(A-C)q_o n}{A} > o$, on aura

$$\mu dt = \frac{dp}{\sqrt{m^2 - p^2}},$$

et tant que dp sera $> o$; on a

$$p = m \sin(\mu t + \alpha), \text{ et } q = \frac{dp}{\mu dt} = m \cos(\mu t + \alpha). \quad (2)$$

Pour les valeurs initiales, avec $t = o$, on a

$$p_o = m \sin \alpha, \; q_o = m \cos \alpha,$$

et comme m est absolu, ces valeurs déterminent le quadrant où finit α, pour lequel α on peut prendre, par exemple, le plus petit arc positif qui répond à ces équations. Or je dis que ces valeurs de p et de q satisfont, dans tous les cas, aux équations (1), qu'on peut mettre sous la forme

$$dp - \mu q \, dt = o,$$
$$dq + \mu p \, dt = o. \quad (3)$$

Et les valeurs de p et q donnent

$$dp = m\mu \, dt \cos(\mu t + \alpha), \; dq = - m\mu \, dt \sin(\mu t + \alpha),$$

qui, substituée dans (2) en même temps que les (2), donnent $o = o$.

Pour achever la solution, je reprends les formules (21, 22, p. 199).

$$\operatorname{Cos} \theta = \frac{Cr}{k} = \frac{Cn}{k}, \operatorname{tg} \varphi = \frac{Ap}{Bq} = \frac{p}{q} = \operatorname{tg}(\mu t + \alpha),$$

$$\text{et} \quad \frac{d\psi}{dt} = \frac{h - Cr^2}{k^2 - C^2 r^2} . k \, dt = \frac{A(p^2 + q^2)}{A^2(p^2 + q^2)} k \, dt = \frac{k}{A} . dt,$$

d'où on conclut, 1° que θ est constant, c'est-à-dire que l'axe instantané Oz décrit autour de Oz', axe des moments, un cône droit, propriété qui résulte de ce qui a été dit; 2° que $\varphi = \mu t + \varphi_0$; φ_0 valeur initiale de φ,

$$\text{et } \psi = \frac{k}{A} t + \psi_0, \quad \psi_0 \text{ valeur initiale de } \psi.$$

Par conséquent la ligne des nœuds (NN') décrit d'un mouvement angulaire uniforme le plan xy, et le plan zOz' qui lui est perpendiculaire, tourne uniformément autour de Oz' (fig. p. 3, t. I) ou OS (fig. p. 201, t. II). Il est donc vrai que le mouvement absolu du pôle sur cercle PR et son mouvement relatif sur cercle PF sont uniformes.

Enfin la valeur de ψ montre que Ox a, dans le plan xy, un mouvement angulaire relatif uniforme par rapport à ON.

En nommant θ_0 la valeur initiale de θ, on a $\theta = \theta_0$; les angles ψ, φ étant exprimées en t, on peut exprimer x', y', z' en x, y, z et t.

§ 2. *Cas où $Bh - k^2 = o$, $A > B > C$.*

216. Si avec $B^2h - k^2 = o$, p_0 et r_0 sont nuls, le corps tourne uniformément autour de l'axe principal Oy. Écartant ce cas dans l'équation des moments, je remplace k^2 par Bh, et j'ai

$$A^2p^2 + B^2q^2 + C^2r^2 = Bh,$$

d'ailleurs

$$Ap^2 + Bq^2 + Cr^2 = h;$$

de là je tire p^2 et r^2, savoir :

$$p^2 = \frac{(B - C)(h - Bq^2)}{A(A - C)},$$

$$r^2 = \frac{(A - B)(h - Bq^2)}{C(A - C)}.$$

Ces valeurs montrent que Bq^2 ne peut jamais être $> h$.

Je substitue ces mêmes valeurs dans la deuxième équation d'EULER ; en posant $h = m^2 B$, il vient

$$dq = \pm (m^2 - q^2)\, dt \sqrt{\frac{(A-B)(B-C)}{AC}}.$$

Je représente la valeur absolue du radical par μ, et il vient $\pm \mu\, dt = \dfrac{dq}{m^2 - q^2}$, et q^2 sera $< m^2$.

On peut écarter le cas où l'une des deux composantes p_0, r_0 est uulle; car, en vertu des valeurs de p^2, r^2, si l'une des deux était nulle, on aurait $q_0{}^2 = m^2$, et r_0 serait aussi nul. Donc le corps tournerait uniformément autour de l'axe moyen $\left(\dfrac{1}{\sqrt{B}}\right)$, cas déjà traité. Il s'ensuit que p et r conservent respectivement les signes de p_0, r_0, jusqu'à ce que l'une des deux p, r passe par zéro, avec $q^2 = m^2$, et alors ils y passeront eusemble, si pourtant jamais q^2 devient $= m^2$.

Cela posé, il y a deux cas : 1er *Cas*. $p_0 r_0 < o$, et par suite, durant un temps, aussi $pr < o$. Donc dq (équation d'EULER) $> o$ depuis l'origine du mouvement, et on a

$$+ \mu dt = \frac{dq}{m^2 - q^2}, \text{ d'où } \alpha e^{\mu t} = \frac{m+q}{m-q}, \ \alpha \text{ const.};$$

$$\text{ensuite} \qquad q = m \cdot \frac{\alpha e^{\mu t} - 1}{\alpha e^{\mu t} + 1}.$$

On voit que q^2 ne sera $= m^2$ qu'avec $t = \infty$. Donc aussi jamais aucune des deux quantités p, r ne s'annule ; par suite, jamais l'axe instantané *ne viendra coïncider avec l'axe* $\dfrac{1}{B}$, *s'il n'y a coïncidé à l'origine du mouvement.* D'ailleurs p et r, ne s'annulant pas, conservent le signe de p_0, r_0.

Comme p, q, r sont connus en fonction de t, on achèvera la solution à l'aide des formules

$$\cos\theta = \frac{Cr}{k^2}, \quad \operatorname{tng}\varphi = \frac{Ap}{Bq}, \quad d\psi = \frac{h - Cr^2}{k^2 - C^2r^2}\,dt.$$

Cette dernière, après la substitution de r en fonction de t, devient intégrable.

La polhodie se réduit à l'une des deux ellipses situées à l'intersection de l'ellipsoïde central et des plans

$$(Ah - k^2)\,x^2 + (Ch - k^2)\,z^2 = o, \qquad (2)$$

dans lesquels se change le cône lieu de l'axe instantané. Les constantes h, α se déterminent au moyen des valeurs initiales p_0, q_0, r_0, qui ont entre elles la relation

$$A^2p_0^2 + B^2q_0^2 + C^2r_0^2 = B\,(Ap_0^2 + Bq_0^2 + Cr_0^2).$$

Puisque q a pour limite $+m$, qu'il n'atteint que si $t = \infty$, avec $p \pm o$, $r = o$, on conclut que, si un corps, tournant autour de $+Oy$ (axe B), qui donne $k^2 = Bh$, et rejette l'axe instantané (lequel, à partir de là, a pour lieu l'un des plans (2)), dans la région où p_0, r_0 (valeurs initiales pour le mouvement troublé) ont des signes contraires, on conclut, dis-je, qu'après l'impulsion, l'axe instantané tend à revenir coïncider de nouveau avec $+Oy$; car, pour $t = \infty$, on a $q = +m$, $p = o$, $z = o$, $\omega = m$, d'où $\cos\widehat{\omega y}$ ou $\frac{q}{\omega} = +1$. et $\widehat{\omega y} = o$. Le mouvement est donc stable autour $+Oy$.

2e *Cas.* p_0, r_0 sont de même signe; la valeur initiale de $\frac{dq}{dt}$ est $< o$, et on a $\quad -\mu dt = \frac{dq}{m^2 - q^2}$,

d'où
$$q = m.\frac{\alpha e^{-\mu t} - 1}{\alpha e^{-\mu t} + 1} \qquad \alpha = \frac{m + q_0}{m - q_0},$$

et avec $t = \infty$ on a

$$q = -m, \; p = o, \; r = o, \; \omega = m, \; \cos\omega y = -1, \; \omega y = 180.$$

Donc, si le corps tourne autour de $-Oy$; si, de plus, l'impulsion nouvelle donne $Bh = k^2$, et jette ainsi l'axe instantané dans la région du plan (2), où $p_o r_o > o$, cet axe tend à revenir sur $-Oy$, vu que la limite de l'angle ωy, que cet axe fait avec $+Oy$, est de 180. Le mouvement autour de l'axe B n'est donc stable que dans ces deux cas très-particuliers, où l'axe instantané, par l'impulsion nouvelle, est jeté dans l'un des plans (2), et ce dans l'une des régions où $p_o r_o < o$, si le mouvement autour de $+B$ est de gauche à droite; au contraire, dans les régions où $p_o r_o > o$, si le mouvement primitif autour de $+B$, était de droite à gauche.

Il a été prouvé que, si $Bh - k^2$ n'est pas nul, l'axe instantané ne peut coïncider, durant le mouvement, avec l'un des trois axes principaux, s'il n'a pas coïncidé dès l'origine. La même propriété a lieu, si $Bh - k^2 = o$, puisque, si p_o, r_o ne sont pas nuls, c'est-à-dire si le corps ne commence pas par tourner autour de B, p et r ne le sont jamais en même temps. En effet, si p, r deviennent nuls, c'est que q^2 devient égal à m^2, ce qui exige que t soit $+\infty$, sauf le cas où $p_o = r_o = o$. Dans ce cas, α est infini ou nul, et $q = \pm m$.

CHAPITRE XI.

MOUVEMENT D'UN CORPS SOLIDE APPUYÉ SUR UNE SURFACE FIXE.

217. Dans le cas où le corps est appuyé par un seul point, il naîtra en ce point une réaction normale, que l'on introduira dans les équations du mouvement tout comme les autres forces, tant pour le mouvement initial que pour le mouvement subséquent.

Je prends pour exemple la toupie, corps de révolution

qui a son centre de gravité G sur l'axe de figure supposé principal en G, et dont les moments d'inertie relatifs aux deux autres axes principaux, menés par ce point, sont égaux. La pointe P de la toupie est assujettie à rester dans un plan horizontal. On incline l'axe de la toupie et on lui imprime une impulsion horizontale, située avec G dans un plan. Le centre de gravité se mettra en mouvement comme un point matériel auquel cette impulsion serait appliquée, et dont la masse serait M; il sera donc animé d'une vitesse initiale horizontale, égale à $\frac{E}{M}$, E étant l'impulsion, M la masse, et le corps commencera à tourner autour du centre de gravité, comme s'il était fixe, et comme l'axe de la toupie est un axe principal, la rotation initiale se fera autour de cet axe, la vitesse angulaire initiale étant égale au moment de l'impulsion divisé par le moment d'inertie. Aucun point de l'axe ne subira de percussion.

Je rapporte le système à trois axes fixes dans l'espace, Ox'', y'', z'', l'axe Oz'' vertical du haut en bas; par G je conçois les axes principaux Gz, Gx, Gy, et par le point O, projection horizontale de G, je mène trois axes Oz', x', y', parallèles à Ox'', y'', z''. Pour le mouvement de rotation, ces derniers, x', y', z', peuvent être supposés fixes, puisque le corps tourne autour de G, etc.

J'appelle $\overline{x}$, $\overline{y}$, $\overline{z}$ les coordonnées de G à t; les forces appliquées, durant le mouvement, sont le poids gM et la réaction qui est appliquée au point P, et agit de bas en haut. Les équations du mouvement de G sont

$$\frac{d^2\overline{x}}{dt^2} = o, \quad \frac{d^2\overline{y}}{dt^2} = o, \quad M\frac{d^2\overline{z}}{dt^2} = Mg - R. \qquad (1)$$

Les deux premières montrent que la vitesse horizontale de G est constante de grandeur et de direction; on peut en faire abstraction.

Pour le mouvement de rotation autour de G, considéré comme fixe, on a les équations d'EULER :

$$\left.\begin{array}{l} \mathrm{A}dp + (\mathrm{C} - \mathrm{A})\, qr\, dt = \mathrm{L}dt \\ \mathrm{A}dq + (\mathrm{A} - \mathrm{C})\, pr\, dt = \mathrm{M}dt \\ \mathrm{C}dr \;.\;.\;.\;.\;.\;.\;.\;.\;. = \mathrm{N}dt \end{array}\right\} \quad (1)$$

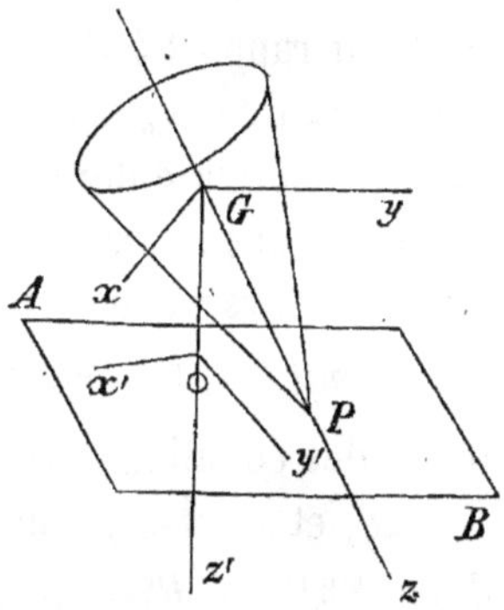

auxquelles on peut adjoindre les équations

$$\mathrm{A}ap + \mathrm{B}bq + \mathrm{C}cr = \int \mathrm{L}'dt, \text{ etc.} \quad (2)$$

et les équations

$$\left.\begin{array}{l} p\, dt = d\psi \sin\varphi \sin\theta - \cos\varphi \,.\, d\theta \\ q\, dt = d\psi \cos\varphi \sin\theta - \sin\varphi\, d\theta \\ r\, dt = d\psi \cos\theta + d\varphi\,, \end{array}\right\} \quad (3)$$

les angles φ, ψ, θ ayant, par rapport aux deux systèmes x, y, z, x', y', z', les mêmes significations que etc.

Le poids gM n'entre pas dans équations (1) et (2); L, M, N se calculent d'après les types $Zy - Yz$, ... ; or la force R a pour composantes $\mathrm{R} \cos \mathrm{R}x$, $\mathrm{R} \cos \mathrm{R}y$, $\mathrm{R} \cos \mathrm{R}z$,

où $\cos \mathrm{R}x = -\cos xz', = -a'' = -\sin\theta \sin\varphi$,
$\cos \mathrm{R}y = -b'' = -\sin\theta \cos\varphi$,
$\cos \mathrm{R}z = -c'' = -\cos\theta$.

D'ailleurs, au point P, $x = y = o$, et $z = \mathrm{GP}$, que je pose $= \beta$.

Et les équations (1) deviennent

$$\left.\begin{aligned} &A dp + (C - A) qr\,dt = \beta R b'' dt \\ &A dq + (A - C) pr\,dt = -\beta R a'' dt \\ &\quad C dr = o, \qquad \text{d'où } r = \text{const.} = n. \end{aligned}\right\} (4)$$

Parmi les équations (2) je n'emploierai que la troisième

$$A a'' p + A b'' q + C c'' r = \int N' dt = \text{une const. } I, \qquad (5)$$

car N', moment de R par rapport à OP, qu'il coupe en P, est nul; comme $p_0 = q_0 = o$, et $r_0 = n$, si on nomme θ_0 la valeur initiale de θ, cette équation donne $I = - Cn \cos\theta_0$; n est connu : c'est la vitesse angulaire initiale. Si dans (5) on met pour p, q a'', b'', c'', leurs valeurs en ψ, φ, θ, on trouve

$$A d\psi \sin^2\theta + C n dt (\cos\theta - \cos\theta_0) = o. \qquad (6)$$

Les deux premières des équations (4), multipliées respectivement par $2p$, $2q$, et ajoutées, donnent

$$2A (p\,dp + q\,dq) = 2\beta R dt (pb'' - qa'') = -2\beta R dc'',$$

(en vertu de p. 66).

La troisième équation (1) donne

$$R = gM + M \frac{d^2\zeta}{dt^2} \text{ en faisant } - \bar{z} = \zeta, \text{ qui} = \beta \cos\theta.$$

D'ailleurs $\beta\, dc'' = - \beta \sin\theta\, d\theta = d\zeta$, et on aura

$$A (p^2 + q^2) + 2\beta g M c'' + 2M \int \frac{d\zeta}{dt} \cdot \frac{d^2\zeta}{dt} = \text{const.}$$

Le dernier terme du premier membre $= - M \frac{d\zeta^2}{dt^2}$, le second $= 2g M\zeta$: donc

$$M \frac{d\zeta^2}{dt^2} + A (p^2 + q^2) + 2g M\zeta = 2g M\zeta_0 \; (\zeta_0 \text{ valeur init.}). \; (7)$$

Cette équation, qui est celle des forces vives, aurait pu être écrite immédiatement.

En effet, dans le premier membre, on peut ajouter et retrancher Cn^2; alors $M \frac{d\zeta^2}{dt^2} + A (p^2 + q^2) + Cn^2$ sera la force vive au temps t, vu que les composantes de la vitesse d'une molécule m, à t, sont, parallèlement aux x, y, z,

$$qz - ry, \quad rx - pz, \quad \frac{d\zeta}{dt} + py - qx,$$

d'où on déduit cette expression de la force vive; ayant égard au terme $-Cn^2$, on voit que les deux premiers termes forment la variation de la force vive, qui donc $= 2gM(\zeta_0 - \zeta)$, double du travail, etc.

L'équation (5) aurait aussi pu être écrite immédiatement ; elle exprime que la somme des moments des quantités de mouvement, par rapport à Oz, est constante, ce qui est évident, puisque les forces appliquées R, gM coupent l'axe Oz.

218. Au moyen des valeurs de p et de q, l'équation (7) devient

$$M.\frac{d\zeta^2}{dt^2} + A\left(\frac{d\psi^2}{dt^2}\sin^2\theta + \frac{d\theta^2}{dt^2}\right) + 2gM(\zeta - \zeta_0) = o. \quad (8)$$

Avec le secours de (6), on peut éliminer $d\psi$; d'ailleurs

$$d\zeta = \beta . d. \cos\theta = -\beta \sin\theta\, d\theta ;$$

on peut donc aussi éliminer $d\theta$, ce qui donne

$$\frac{d\zeta^2}{dt^2}\left(M + \frac{A}{\beta^2 \sin^2\theta}\right) + \frac{C^2n^2}{A\beta^2\sin^2\theta}(\zeta - \zeta_0)^2 + 2gM(\zeta - \zeta_0) = o.$$

Je multiplie par $\beta^2 \sin^2\theta = \beta^2 - \zeta^2$; je pose $A = Mk^2$, $\frac{C^2n^2}{A} = 2gM\lambda$, et il vient

$$\frac{1}{2g}.\frac{d\zeta^2}{dt^2}(\beta^2 - \zeta^2 + k^2) = (\zeta - \zeta_0)\left\{\zeta^2 - \beta^2 - \lambda(\zeta - \zeta_0)\right\}.$$

Le second membre de cette équation a ses racines réelles ; cela est vrai si

$$\lambda^2 \gtreqless 4(\lambda\zeta_0 - \beta^2),$$

$$\text{ou} \quad (\lambda - 2\zeta_0)^2 \gtreqless 4\zeta_0^2 - 4\beta^2.$$

Or $\beta^2 > \lambda^2$, ainsi le second membre est $< o$. Donc etc.

219. Trois cas se présentent :

1° Le trinome $\zeta^2 - \lambda\zeta + \lambda\zeta_0 - \beta^2$ donne $\lambda\zeta_0 - \beta^2 < o$; il a une racine positive et une négative.

La première est $> \zeta_0$; car, si on remplace ζ par ζ_0, on a $\zeta_0^2 - \beta^2$, qui est $< o$. Je la nomme ζ_1, et je nomme $-\zeta_2$ la négative, et ce deuxième membre devient

$$(\zeta - \zeta_0)\,(\zeta - \zeta_1)\,(\zeta + \zeta_2)\,;$$

ζ devant être $< \zeta_0$, est aussi $< \zeta_1$: donc il ne peut varier que de ζ_0 à o. Le centre de gravité descendra sans remonter, et la toupie tombera sur le plan horizontal. La vitesse du centre de gravité nulle pour $\zeta = \zeta_0$, etc.

2° $\lambda\zeta_0 - \beta^2 = o$. Le second membre devient $\zeta\,(\zeta - \zeta_0)\,(\zeta - \lambda)$. Or λ est $> \beta$, puisque, d'après cette relation,

$$\lambda = \frac{\beta^2}{\zeta_0} = \beta \,.\, \frac{\beta}{\zeta_0} \text{ et } \frac{\beta}{\zeta_0} > 1.$$

Donc ζ ne peut varier que de ζ_0 à o.

3° $\lambda\zeta - \beta^2 > o$. Les deux racines sont $> o$, l'une entre ζ_0 et $+\infty$, l'autre entre ζ_0 et o. Je les nomme u et u_1, et le deuxième membre $= (\zeta - u)\,(\zeta - \zeta_0)\,(z - u_1)$; u_1 sera celle qui est $> \zeta$; ζ ne peut prendre que les valeurs entre u et ζ_0. Ainsi le centre de gravité oscillera sur la verticale entre les plans $\zeta = u$, $\zeta = \zeta_0$, et la toupie se soutient, si $\lambda\zeta_0^2$ ou $\dfrac{C^2 n^2 \zeta_0}{2g\,MA} > \beta^2$, pourvu que le corps de la toupie ne vienne pas toucher le plan horizontal AB avant que ζ ait pris la valeur u.

Cette inégalité montre que, dans une toupie donnée, la vitesse angulaire n et la hauteur initiale ζ_0 du centre de gravité, ou la valeur initiale θ_0, déterminent la permanence de mouvement. Comme $\zeta_0 = \beta \cos \theta_0$, la condition ci-dessus revient à $n^2 \cos \theta_0 > \dfrac{2g\,MA\,\beta}{C^2}$.

Supposons que la permanence ait lieu : le mouvement d'oscillation du centre de gravité sera périodique; lorsque ζ sera à son maximum ζ_0, la distance OP aura atteint son minimum $\sqrt{\beta^2 - \zeta_0^2}$, et au minimum de ζ, qui est u, répondra le maximum de OP, lequel $=\sqrt{\beta^2 - u^2}$. Du point O comme centre décrivons deux circonférences avec les rayons $\sqrt{\beta^2 - u^2} = \text{OA}$, et $\sqrt{\beta^2 - \zeta_0^2} = \text{OB}$. La pointe P décrira une courbe ondulée allant de l'une de ces circonférences à l'autre. Chaque fois que $\zeta = \zeta_0$, l'état initial se reproduit, de sorte que les ondulations sont toutes isochrones.

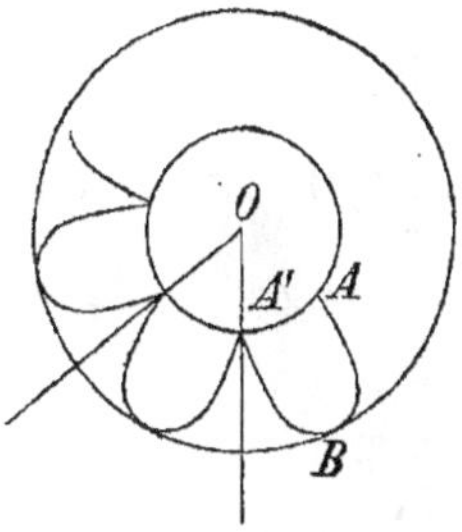

De plus, je dis que l'onde est tangente à la circonférence extérieure et normale à l'autre (aux points de rencontre s'entend).

Pour le prouver, je suppose, ce qui est permis, que $n > o$.

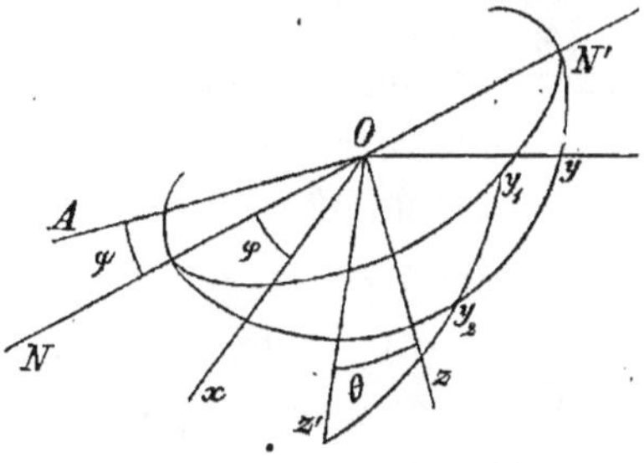

Par le point O je mène des axes Ox, y, z, // à Gx, y, z

(p. 209), ce qui mettra en évidence les angles ψ, φ, θ. L'équation (6) prouve que $\frac{d\psi}{dt}$ est du signe de n, et par suite $> o$. Car $\cos\theta - \cos\theta_0 = \frac{1}{\beta}(\zeta - \zeta_0)$ qui $\gtreqless o$. Donc l'angle ψ va en augmentant, et la ligne NN' tourne de gauche à droite autour du point O; le plan zOz' tourne par suite aussi toujours dans le même sens. Chaque fois que $\zeta = \zeta_0$, c'est-à-dire que la pointe P arrive à circonférence OA, on a aussi $\theta = \theta_0$; $\frac{d\psi}{dt}$ est alors nul d'après (6), et $\frac{d\theta}{dt}$ est nul d'après (8); $\frac{d\zeta}{dt}$ est aussi nul d'après (7), vu que p et q sont nuls; la vitesse angulaire se réduit à $\frac{d\varphi}{dt}$ ou $r = n$, en vertu des (3), et le corps tourne autour de Gz, qui est alors son axe instantané. Comme $\frac{d\psi}{dt}$ est nul, le plan zOz' cesse de tourner, et le point P se meut dans la direction OA, c'est-à-dire normalement au cercle OA.

Lorsque la pointe P arrive sur la circonférence extérieure, $\frac{d\zeta}{dt}$ est encore nul, ainsi que $\frac{d\theta}{dt}$ qui $= \beta \sin\theta$. Mais comme ζ n'est pas $= \zeta_0$, $\frac{d\psi}{dt}$ n'est pas nul. Le plan zOz' continuera donc de tourner, sans que ζ varie durant dt, et le point P décrit un arc de cercle, c'est-à-dire que sa trajectoire touche le cercle OB.

Les rayons OA, OB, OA' sont tous des axes de symétrie; car, d'après l'équation (6), toutes les fois que ζ, et par suite θ, reprend la même valeur, ce qui reproduit la même valeur pour OP, ψ croît de la même quantité en dt.

CHAPITRE XII.

MOUVEMENT D'UNE BILLE SUR UN PLAN HORIZONTAL NON POLI.

220. La bille est homogène; lorsqu'elle se meut sur le plan, le frottement est opposé à la vitesse du point qui touche ce même plan, de sorte que, si la bille roule, et que, par conséquent, la vitesse de ce point soit nulle, le frottement disparaît, et il n'y a plus que la résistance au roulement, qui est à peu près nulle.

Je suppose que la bille soit mise en mouvement par une impulsion P, dirigée dans un plan vertical contenant le centre C; sa direction coupe le diamètre vertical en un point B : je fais $CB = a$, angle $DBC = \alpha$. Le plan horizontal sur lequel la bille se meut, coupe le plan vertical

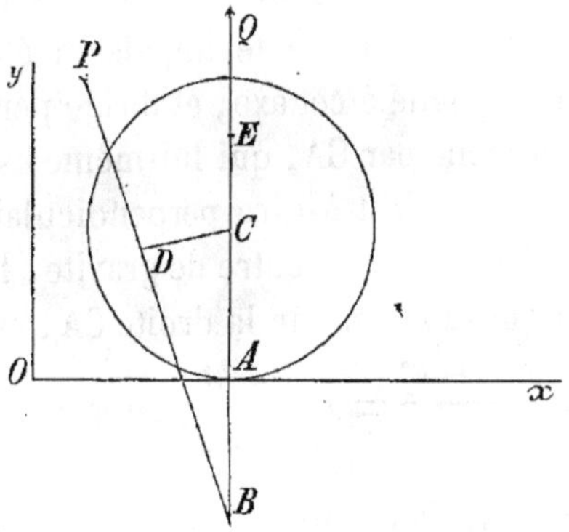

cité suivant Ox. Les vitesses de translation sont ici toutes parallèles à Ox; elles entrent dans le calcul par leurs projections sur Ox, ce qui leur donne le signe + ou le signe —, c'est-à-dire le facteur $\cos o = 1$, ou $\cos 180 = -1$, c'est-à-dire qu'on les regardera comme $> o$ dans le sens Ox, et $< o$ dans le sens contraire. Le corps tourne autour de son centre de gravité, comme s'il était fixe. Or les forces qui déterminent le mouvement de rotation sont toutes dans le plan principal COx; par suite, l'axe de rotation est le diamètre projeté sur la figure en O, et pour le spectateur qui aurait les pieds en C, la tête en avant, la projection d'une vitesse angulaire aura le facteur $\cos o = 1$, si elle agit de gauche à droite; le facteur $\cos 180° = -1$, si de droite à gauche. Pour les moments des forces par rapport à C, ou les couples parallèles à la figure, il en sera de même.

Rappelons que le moment d'inertie d'une sphère par rapport à un diamètre est $\frac{2}{5}MR^2$, M masse de la sphère, R le rayon. Le point E, situé sur le diamètre vertical, à une distance du centre $= \frac{2}{5}R$, et au-dessus de ce point, est le centre de percussion relatif à l'axe mené par le point A, et perpendiculaire au plan de la figure; car cet axe est principal. Si en E on applique une percussion horizontale dirigée dans ce plan, cette impulsion étant dans le plan principal conjugué à cet axe, et dirigé perpendiculairement au plan mené par CA, qui lui-même est perpendiculaire à la figure, c'est-à-dire perpendiculairement au plan mené par l'axe A et le centre de gravité, le centre de percussion en question est sur la droite CA, et à une distance de $A = \frac{x_1^2 + k^2}{x_1} = x_1 + \frac{k^2}{x_1}$, où $x_1 = AC = R$, et $\frac{k^2}{x_1} = \frac{2}{5} \cdot \frac{R^2}{R} = \frac{2}{5}R$. Donc etc.

La percussion produit en A une action Q; la réaction contraire sera nommée Q'; le frottement dû à Q est représenté par fQ. En introduisant ces deux forces dans le calcul, on pourra traiter le mouvement initial comme celui d'un corps libre. Je nommerai v_0 la vitesse initiale (projetée sur Ox) du centre de gravité, ω_0 la vitesse angulaire initiale autour de C. Le mouvement du centre C est celui d'un point matériel M, sollicité par les forces ou quantités de mouvement P, Q', fQ ; on a donc

$$M v_0 = P \sin \alpha - fQ.$$

Le frottement fQ est dirigé de A vers O, c'est-à-dire en sens contraire de la vitesse initiale du point A.

Comme la vitesse verticale (initiale ou non) du point C, est nulle, on a, à l'origine du mouvement

$$P \cos \alpha - Q = o ;$$

donc $$M v_0 = P (\sin \alpha - f \cos \alpha). \qquad (1)$$

Pour que le point C se mette en mouvement, il faut que P sin α soit $>$ le frottement $fQ = fP \cos \alpha$; donc

$$\mathrm{tg}\, \alpha > f. \text{ Si } \mathrm{tg}\, \alpha = f,\ v_0 = o.$$

Pour le mouvement de rotation initial

$$\omega_0 \Sigma m \rho^2 = - P a \sin \alpha + fQ . R ; \qquad (2)$$

car le moment de P est $P \times CD = P a \sin \alpha$, et P tend de droite à gauche.

Le frottement initial fQ, dirigé de A vers O, a pour moment $fQ . R$;

de là $$\frac{2}{5} MR^2 \omega_0 = fP \cos \alpha . R - P a \sin \alpha,$$

$$= P \{ Rf \cos \alpha - a \sin \alpha \}.$$

La rotation n'a lieu que si $P a \sin \alpha$ (force active) $> f$QR ou fR P cos α, d'où $\mathrm{tg}\, \alpha > f \frac{R}{a}$. Si tg α était $\overline{\overline{<}} f$, le centre n'aurait pas de vitesse initiale ; si tg α était $\overline{\overline{<}} f . \frac{R}{a}$, il n'y aurait pas de rotation initiale. Si tg α était $\overline{\overline{<}}$ à la plus petite de ces limites, la bille resterait immobile.

J'appelle u_0 la vitesse initiale du point A, et j'ai

$$u_0 = v_0 - R\omega_0 = P . \frac{(2R + 5a) \sin \alpha - 7 fR \cos \alpha}{2MR}$$

221. Si le mouvement a lieu, v_0 est de gauche à droite; la rotation de droite à gauche. Donc la vitesse initiale du point A est de gauche à droite : c'est $v_0 - R\omega_0$, où $\omega_0 < o$. Le frottement peut empêcher ce mouvement, mais non changer le sens de $v_0 - R\omega_0$.

A partir du premier instant, le frottement, durant le mouvement varié, est donc dirigé de A vers O; nommant MF sa valeur absolue, due au seul poids de la bille, x l'abscisse du centre, on a

$$M\frac{d^2x}{dt^2} = -MF,$$

et pour l'accélération angulaire $\frac{d\omega}{dt} \times \frac{2}{5}MR^2 = FMR$, moment dudit frottement par rapport à l'axe projeté en C :

$$\text{donc} \quad \frac{dx}{dt} = v_0 - tF, \quad \omega = \omega_0 + \frac{5tF}{2R}; \qquad (3)$$

$\frac{dx}{dt}$ reste d'abord $> o$, et $\omega < o$, vu que $\omega_0 < o$.

Quant à la vitesse du point A, qui sera nommée u, on a

$$u = \frac{dx}{dt} - R\omega,$$

ou

$$u = u_0 - \frac{7}{2}tF.$$

La vitesse du centre est nulle lorsque $t = \frac{v_0}{F}$; la vitesse angulaire l'est lorsque $t = -\frac{2R\omega_0}{5F}$.

222. Je me borne à considérer le cas où $\frac{dx}{dt}$ s'annule avant ω, ce qui a lieu (3) si $\frac{v_0}{F} < -\frac{2\omega_0 R}{5F}$, ou $5v_0 < -2\omega_0 R$, et d'après les valeurs de v_0 et ω_0 (1) et (2), donne $a > R$.

Dans ce cas, le centre s'arrête, mais la rotation continue de droite à gauche; u n'est pas nul: on a donc pour ce *nouveau mouvement* $\frac{d^2x}{dt^2} = -F$, $\frac{d\omega}{dt} = \frac{5F}{2R}$,

θ étant le temps, $\frac{dx}{dt} = -\theta F$, $\omega = \omega_1 + \frac{5F\theta}{2R}\omega_1$; valeur de ω à l'époque où $v = o$.

Le centre prend donc un mouvement rétrograde de droite à gauche, et le frottement change la rotation en translation. Au moment où le centre s'arrête, la rotation continuant, le corps se trouve animé d'un couple de quantités de mouvement SS'; le frottement F, dû à la rotation (le point A tend vers a), développe en A une variation de

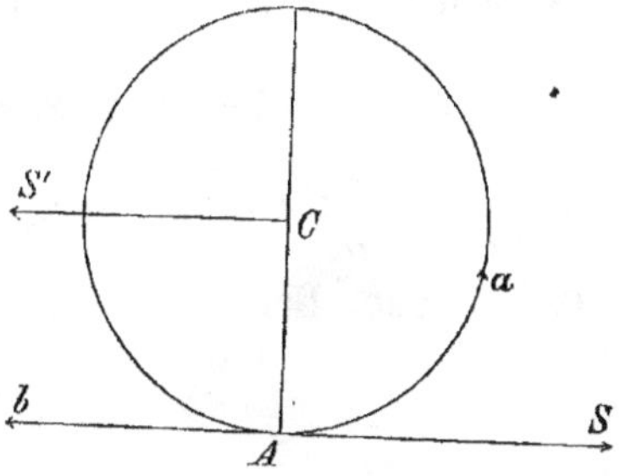

vitesse $F.dt$ de A vers b, ce qui retranche de S la quantite de mouvement $MF\,dt$, que je pose $= \mu$. Il s'ensuit qu'en A agit la force $S - \mu$; comme $S' = (S - \mu) + \mu$, le couple des quantités de mouvement n'est plus que $S - \mu$, $S' - \mu$, et il reste de libre la force appliquée en C. — Le frottement continuant de produire ses effets, le point C se mouvra donc vers S'.

Tout le monde a observé ce phénomène, qu'on produit avec un petit disque, un anneau, placé verticalement sur une table et frappé ou pressé, comme ci-dessus, par une force P : on l'observe encore dans un jeu d'enfants, consistant à imprimer à un anneau une forte rotation et une faible translation au moyen de la torsion d'une corde sans fin tendue entre les jarrets écartés, et prenant l'anneau verticalement à peu près au milieu de la corde. Lorsqu'on abandonne celle-ci à elle-même en la tendant, l'anneau est lancé sur le sol; il parcourt un espace dans le sens où il est lancé, et tourne rapidement autour de son axe. Bientôt, si le sol n'est pas poli, cette rotation arrête le mouvement de translation, et l'anneau prend vivement une translation contraire.

Je suppose la force P horizontale; il n'y a par suite pas de frottement dû à P, et on a

$$v_0 = \frac{P}{M}, \quad \omega_0 = \frac{5av_0}{2R^2}, \quad u_0 = v_0 - \frac{5av_0}{2R} = v_0 \cdot \frac{2R - 5a}{2R}.$$

Si $a = \frac{2}{5}R$, c'est-à-dire si P passe par le centre de percussion I relatif au point A, u_0 est nul. Si P passe en B, au-dessus de I, a est $> \frac{2}{5}R$ etc.; u_0 est $< o$; le point A marche de droite à gauche. Dans ce cas, P se décompose

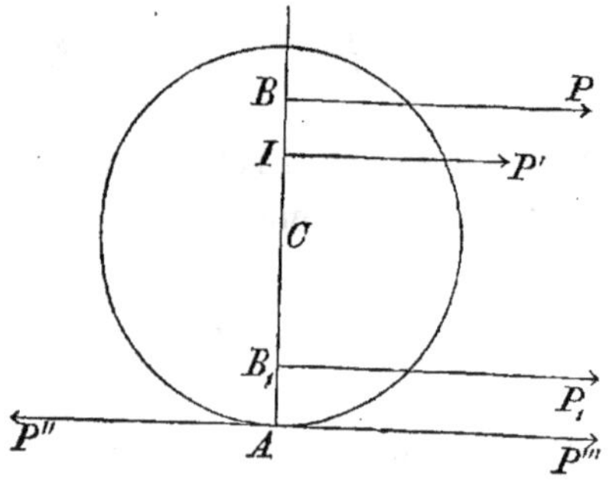

en deux forces contraires, telles que P' en I, et P'' en A; P' n'influe pas sur la vitesse du point A; P'' pousse A vers la gauche. Si P passe en B, on a $u_0 > o$. Et, en effet, P_1 se décompose en deux forces telles que P', qui n'influe pas sur u_0, et P''', qui pousse A vers la droite.

223. En général, si la bille est animée d'une vitesse de translation, et d'une rotation autour d'un axe variable de position, le point A sera animé d'une vitesse résultant de la vitesse de translation et de sa vitesse circulaire : le frottement est dirigé en sens contraire de cette résultante : il imprime donc à la bille une variation de vitesse de translation ayant cette même direction, et ne changeant par suite nullement la direction de la vitesse de ce point A. Cette même force détermine une variation de vitesse angulaire autour d'un diamètre perpendiculaire à sa direction, d'où résulte pour le point A une variation de vitesse circulaire encore dans la direction de la vitesse de ce point. Donc le frottement ne change pas la direction de la vitesse de A, et comme il est indépendant de la grandeur de cette vitesse, il reste constant en grandeur et en direction. Par suite, le centre de gravité se meut comme un point matériel animé d'une vitesse initiale et sollicité par une force horizontale constante de grandeur et de direction : donc ce point C décrit une parabole horizontale.

CHAPITRE XIII.

CORPS FLEXIBLES. — CORDES.

224. Un fil flexible est sollicité en chacun de ses éléments par une force de même ordre que l'élément ; on l'écarte de sa position d'équilibre et on imprime à chaque élément une vitesse ; il s'agit d'établir les lois du mouvement des points du fil.

Quelles que soient les conditions aux limites, si le fil est rapporté à trois axes rectangulaires, qu'on nomme x, y, z, les coordonnées d'une molécule au temps t; X, Y, Z les composantes de la force appliquée, on aura pour les équations du mouvement (p. 119)....

$$X - m\frac{d^2x}{dt^2} + d.\frac{Tdx}{ds} = o,$$

$$Y - m\frac{d^2y}{dt^2} + d.\frac{Tdy}{ds} = o,$$

$$Z - m\frac{d^2z}{dt^2} + d.\frac{Tdz}{ds} = o.$$

Les derniers termes $d.\frac{Tdx}{ds}$, $d.\frac{Tdy}{ds}$, $d.\frac{Tdz}{ds}$, sont les variations qu'offrent les trois projections de la tension du fil en deux points infiniment voisins pris sur la courbe,

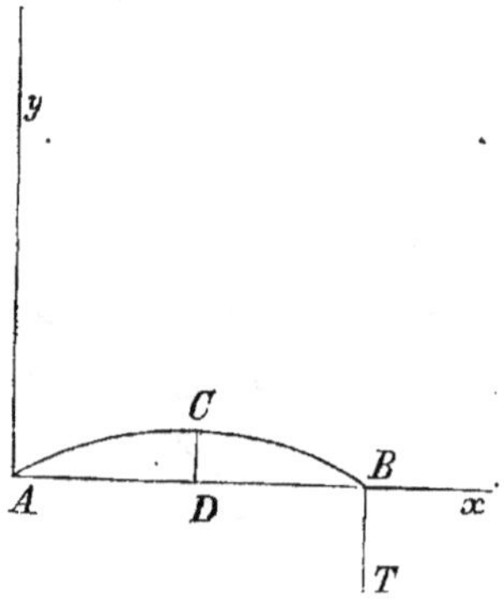

qui est la figure du fil au temps t : ce sont des différentielles où le temps est constant. Au contraire, $\frac{d^2x}{dt^2}$ etc. sont les dérivées de $\frac{dx}{dt}$, $\frac{dy}{dt}$, $\frac{dz}{dt}$, prises par rapport au temps, c'est-à-dire que $\frac{d^2x}{dt}$, $\frac{d^2y}{dt}$, $\frac{d^2z}{dt}$ sont les variations que subissent, depuis t jusqu'à $t + dt$, les projections de la vitesse de la molécule m.

225. Je suppose que X, Y, Z sont nulles ; l'une des extrémités A du fil est fixe et sert d'origine des coordonnées ; l'autre B passe sur une poulie fixe, et son brin

pendant soutient un poids T, qui mesure la tension du fil; la partie AB est donc rectiligne dans l'état d'équilibre. Pour le mettre en mouvement, on l'écarte de cette position, et on lui donne une figure plane dans xy ; on lui imprime des vitesses initiales, situées dans ce plan, que, par conséquent, le fil ne quittera pas. Ce sont ces vitesses, combinées avec la tension produite par le poids T, qui donnent le mouvement au fil. On suppose que la tension ne varie pas d'un point de fil à l'autre, et que les points du fil se meuvent perpendiculairement à l'axe des x ; il faudra donc admettre que le point B du fil reste sensiblement immobile.

La troisième équation ci-dessus devient $o = o$, vu que Z, z etc. sont nuls ; la première devient $\mathrm{T}d.\dfrac{dx}{ds} = o$, puisque les molécules se meuvent perpendiculairement à Ax, ce qui donne $\dfrac{d^2x}{dt^2} = o$. Nous supposerons, en outre, que $s = x$, d'où $d.\dfrac{dx}{ds} = o$, et il ne reste que la deuxième équation, qui devient $$-m\frac{d^2y}{dt^2},\ \mathrm{T}d.\frac{dy}{dx} = o.$$

Je nomme α la masse de l'unité de longueur du fil, et j'ai $m = \alpha\, ds = \alpha\, dx$; posant $\dfrac{\mathrm{T}}{\alpha} = a^2$, on obtient l'équation

$$\frac{d^2y}{dt^2} = a^2\,\frac{d^2y}{d^2x}.$$

Cette équation aux dérivées partielles a pour intégrale générale $$y = f(x + at) + f_1(x - at), \qquad (1)$$
f, f_1 sont deux fonctions arbitraires.

Je suppose que le fil, écarté de sa position d'équilibre (rectiligne), ait la figure représentée par l'équation $y_0 = \varphi x$, qui répond à $t = o$, ce qui donne $\varphi x = fx + f_1 x$.

Je suppose de plus que le fil ainsi déformé soit abandonné à l'action de T, et qu'on n'imprime aucune vitesse initiale à ses molécules ; comme la vitesse à une époque quelconque est

$\frac{dy}{dt} = af'(x+at) - af'_1(x-at)$, on aura à $t=o$,

$$o = af'x - af'_1x \quad \text{ou} \quad o = f'x - f'_1x,$$

par suite on a $fx - f_1x = C$, constante indépendante de x, abscisse relative à $t=o$.

Les deux équations $fx + f'_1x = \varphi x$, et $fx - f_1x = C$, donnent (toujours à $t=o$)

$$fx = \tfrac{1}{2}\varphi x + \tfrac{1}{2}C, \quad f_1x = \tfrac{1}{2}\varphi x - \tfrac{1}{2}C.$$

De là on conclut que, quel que soit t,

$$f(x+at) = \tfrac{1}{2}\varphi(x+at) + \tfrac{1}{2}C, \quad f_1(x-at) = \tfrac{1}{2}\varphi(x-at) - \tfrac{1}{2}C$$

$$\text{et } 2y = \varphi(x+at) + \varphi(x-at). \qquad (2)$$

Soit l la distance AB, ACB la courbe $y_o = \varphi x$ (voy. fig. p. 225).

Considérant une molécule dont la position, dans l'état d'équilibre, est C, et qui, par conséquent, ne quitte pas l'ordonnée CD, on saura assigner la position qu'elle occupe à t, si, pour cette époque t, et $x = AC$, on sait trouver les valeurs de $\varphi(x+at)$ et $\varphi(x-at)$, et ceci peut se faire immédiatement, si $x+at < l$, et $x-at > o$. En effet, on prendra $CE = CE' = at$, de sorte que AE sera $= x+at$, et $AE' = x-at$; donc l'ordonnée

$$EF = \varphi(x+at) \text{ et } E'F' = \varphi(x-at).$$

Par suite, l'ordonnée y de notre molécule à t sera

$$= \tfrac{1}{2}(EF + E'F').$$

Je suppose maintenant $x+at > l$, et je dis que de $x+at$ on peut retrancher $2l$, sans que $\varphi(x+at)$ change. En effet, quel que soit t, on a, en A, $y=o$ avec $x=o$, et en B, $y=o$, $x=l$, ce qui donne

$$\varphi(at) + \varphi(-at) = o,$$

c'est-à-dire pour un symbole quelconque u

$$\varphi(u) + \varphi(-u) = o \quad (3)$$

de même $$\varphi(l+u) + \varphi(l-u) = o \quad (4)$$

remplaçant u par $l+u$, on a

$$\varphi(2l+u) + \varphi(-u) = o,$$

et en vertu de (3)

$$\varphi(2l+u) = \varphi u.$$

Donc on peut ajouter ou retrancher $2l$.

Cela posé, je suppose $x + at = 2nl + u$, où $u < l$. On aura $\varphi(x+at) = \varphi u$. Ainsi prenons $AE' = u$, menons l'ordonnée E'F', qui sera $= \varphi u = \varphi(x+at)$. Au lieu de cela, on peut prendre $BB_1 = B_1B_2 = \text{etc.} = l$; et si $AB_3 = 2nl$, on portera u de B_3 en G, et, après avoir construit la figure $B_3H\,B_4G$, égale à ACB, on mènera l'ordonnée GH, qui sera $= E'F' = \varphi(x+at)$. Or, AC étant toujours x, CG sera $= at$.

Soit maintenant $x + at = (2n+1)\,l + u$. On aura $\varphi(x+at) = \varphi(l+u)$, et d'après (4) $= -\varphi(l-u)$. On pourra prendre $BK = u$, d'où $AK = l - u$, et $IK = \varphi(l-u)$. Soit $(2n+1)\,l = AB_4$. Après avoir construit les courbes BHB_1, etc., symétriques de ACB, etc., on prend $B_4L = u$, d'où $AL = (2n+1)\,l + u = x + at$, et l'ordonnée $-LM$, qui $= -IK$, est $= \varphi(x+at)$.

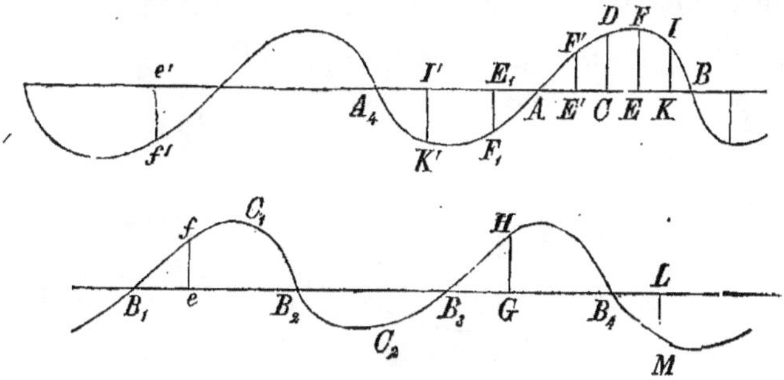

Le lecteur supposera cette seconde figure à la suite de la première.

Donc, toutes ces courbes étant construites, pour $x = AC$ on portera at de C vers x, et si on arrive à G ou L, etc., on a $\varphi(x + at) = GH$, ou $= - LM$.

Reste $\varphi(x - at)$, si $x - at < o$; or l'équation (3) donne $\varphi(x - at) = - \varphi(at - x)$. On pourra porter $at - x$ de A vers x, et si on arrive ainsi en e, on a $\varphi(at - x) = ef$, ou bien on construira $AA_1 A_2$, etc., symétrique de $ACBB_1$; on porte $at - x$ de A vers la gauche, et on obtiendra le point e', symétrique de e, d'où $e'f' = ef$. Mais porter $at - x$ depuis A, c'est porter at depuis C. Donc on portera toujours at à partir de C à gauche et à droite, etc.

La construction se simplifie, parce que, toutes les fois que at augmente de l, la figure de la corde se change en sa symétrique prise par rapport au milieu de AB. Pour le prouver, je fais successivement $t = t_1$, et $= t_1 + \frac{l}{a}$. Puis soit $A\beta = B\gamma = x$, d'où $A\gamma = l - x$. L'ordonnée qui répond à t_1 et à $l - x$, est

$$\tfrac{1}{2}\varphi(l - x + at_1) + \tfrac{1}{2}\varphi(l - x - at_1);$$

celle qui répond à x (point β) et à $t_1 + \frac{l}{a}$, est

$$\tfrac{1}{2}\varphi(x + at_1 + l) + \tfrac{1}{2}\varphi(x - at_1 - l) = \tfrac{1}{2}\varphi(x + at_1 + l - 2l) + \tfrac{1}{2}\varphi(x - at_1 - l) = - \tfrac{1}{2}\varphi(l - x - at_1) - \tfrac{1}{2}\varphi(l - x + at_1);$$

donc prenez $\beta\alpha' = \delta\gamma$, et le point α sera au bout de $t = \frac{l}{a}$ en α', symétrique de ϑ, par rapport au point O.

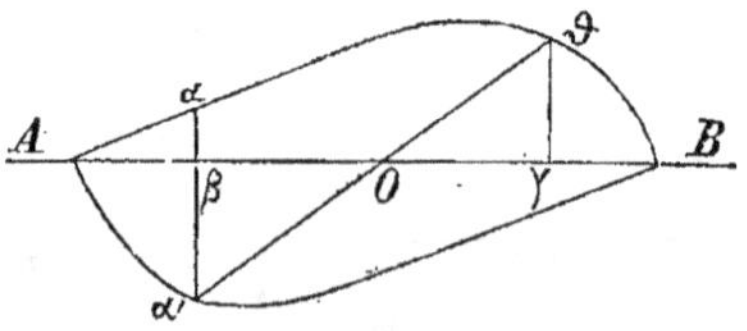

On en conclut qu'au bout de $t = \frac{2l}{a}$, le fil a repris la position AαB. Il suffira donc de construire les figures que prend le fil depuis $t = o$ à $t = \frac{l}{a}$, et notamment le fil prend une figure symétrique de l'initiale à $t = \frac{l}{a}$; il reprend donc sa figure initiale à $t = \frac{2l}{a}$. C'est ce qu'on appelle *la durée d'une vibration*. Je suppose le fil cylindrique : soit D son diamètre, ρ sa densité, la masse de l'unité de longueur $\alpha = \frac{\pi}{4} D^2 \rho$, et a qui $= \sqrt{\frac{T}{\alpha}}$ sera $=$ $\sqrt{\frac{4T}{\pi D^2 \rho}}$; la durée $= \frac{2l}{a} = lD\sqrt{\frac{\pi\rho}{T}}$.

226. On peut aussi calculer la vitesse des molécules pour une époque quelconque, ce qui revient à assigner les valeurs de $\varphi'(x + at)$ et $\varphi'(x - at)$. D'abord φ' est donné pour toutes les valeurs de x, de $x = o$ à $x = l$. La figure initiale qui a été prise pour le fil suppose $\varphi' x > o$ jusqu'au point où $\varphi' x$ est nul, puis $\varphi' x < o$. Quelle que soit d'ailleurs cette figure, les raisonnements sont à peu près les mêmes.

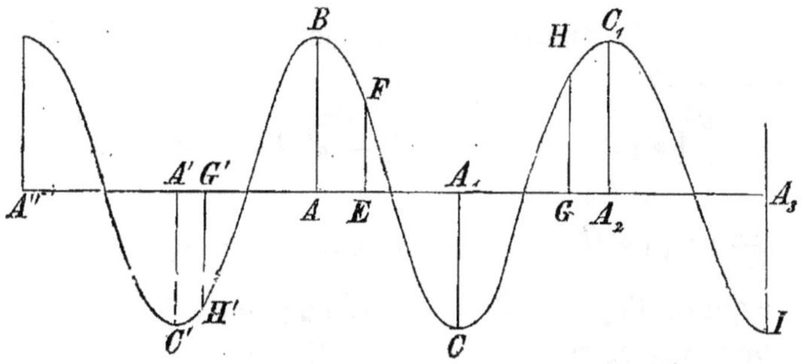

Soit BC la courbe représentée par $y = \frac{1}{a}\varphi' x$. Pour $x = o$ et $x = l$, les vitesses perpendiculaires à AB sont nulles, quel que soit t; on a donc

$$\varphi'(u) - \varphi'(-u) = o,$$
$$\varphi'(l+u) - \varphi'(l-u) = o.$$

Raisonnant comme plus haut, on construira les symétriques, etc.; puis, pour avoir la vitesse du point où $x = \text{AE}$, on prendra $\text{EG} = \text{EG}' = at$, la demi-différence des ordonnées GH, et $-$ G'H', c'est-à-dire $\frac{\text{GH} + \text{G'H'}}{2}$, sera la vitesse cherchée.

Si l'on compare deux points dont les abscisses sont x et $l - x$, chacun de ces points prend à $t + \frac{l}{a}$ une vitesse égale et opposée à celle qu'avait l'autre à t, de sorte que, si à ces deux époques on construit les courbes

$$\text{Y} = \frac{a}{2}[\varphi'(x+at) - \varphi'(x-at)],$$

elles sont symétriques par rapport au milieu de l; car à $t + \frac{l}{a}$, pour le point relatif à x, la vitesse est

$$\frac{a}{2}[\varphi'(x+at+l) - \varphi'(x-at-l)],$$

changeant les signes sous φ', et ajoutant $2l$ pour la première, on a

$$\frac{a}{2}[\varphi'(2l-x-at-l) - \varphi'(l-x+at)],$$

$$= -\frac{a}{2}[\varphi'(l-x+at) + \varphi'(l-x-at)],$$

ce qui est l'opposée de la vitesse du point $l - x$ à t, laquelle vitesse est $\frac{1}{2}\varphi[l-x+at] - \frac{1}{2}\varphi'[l-x-at)$.

Comme les vitesses sont nulles pour $t=o$, elles le sont aussi à $t=\frac{l}{a}, =\frac{2l}{a}, =\frac{3l}{a}$, etc., c'est-à-dire toutes les fois que le fil reprend sa figure initiale ou la symétrique, etc.

CHAPITRE XIV.

FLUIDES.

227. Il a été dit et répété que toute molécule m, faisant partie d'un corps quelconque, solide, fluide, peut être regardée comme libre, si on lui applique les réactions qu'elle éprouve de la part des autres molécules du système, pour ensuite faire abstraction de toutes les autres molécules, et traiter le mouvement de m seule. Soient mX, mY, mZ les projections de la force extérieure appliquée à m (projections sur trois axes rectangulaires); X′, Y′, Z′ celles de la résultante des réactions que subit la molécule; d'après le principe de D'ALEMBERT, on a les équations

$$mX+X'-m\frac{d^2x}{dt^2}=o, mY+Y'-m\frac{d^2y}{dt^2}=o, mZ+Z'-m\frac{d^2z}{dt^2}=o \quad (1)$$

Or $\frac{d^2x}{dt^2}=\frac{d.\frac{dx}{dt}}{dt}$, etc., et $d.\frac{dx}{dt}$, $d.\frac{dy}{dt}$, $d.\frac{dz}{dt}$ sont les composantes de la variation que subit la vitesse du point m durant dt, c'est-à-dire la différence entre les vitesses que possède la molécule aux époques t et $t+dt$. Mais la vitesse au temps t est généralement une fonction de x, y, z, t, car à t elle peut n'être pas la même pour des molécules différentes m, m', et à $t+dt$ la vitesse de la molécule m peut être autre qu'elle n'était à t. Je nomme u, v, w les projections de la vitesse que possède la molécule m à t, et je pose u ou $\frac{dx}{dt} = f(x, y, z, t)$; en vertu de la vitesse, résultante de u, v, w, le point m parcourt en dt un élément de trajectoire, dont les projections sont $dx = udt$, $dy = vdt$, $dz = wdt$, et au bout de $t + dt$, les projections de sa vitesse sont

$u + du = f(x + udt,\ y + vdt,\ z + wdt,\ t + dt)$, etc., du, dv, etc., étant les différentielles totales de u, v, w, de sorte que

$$du = d.\frac{dx}{dt} = \frac{d^2x}{dt},$$

$$= \frac{df}{dt}dt + \frac{df}{dx}udt + \frac{df}{dy}vdt + \frac{df}{dz}wdt,$$

ou encore $$= \frac{du}{dt}dt + \frac{du}{dx}udt + \frac{du}{dy}vdt + \frac{du}{dz}wdt.$$

On voit que les projections de l'arc décrit par m en dt, c'est-à-dire udt, vdt, wdt, sont bien les variations attribuées à x, y, z, et comme, en outre, t a reçu la variation dt, le du, différentielle totale de u, est en effet la variation qu'a subie cette composante u et durant dt, en vertu du mouvement de la molécule ; par suite $\frac{1}{dt}du$ est l'accélération $\frac{d^2x}{dt^2}$: donc $\frac{d^2x}{dt^2} = \frac{du}{dt} + u\frac{du}{dt} + v\frac{du}{dy} + w\frac{du}{dz}$,

de même $$\frac{d^2y}{dt^2} = \frac{dv}{dt} + \text{etc}, \qquad (2)$$

$$\frac{d^2z}{dt^2} = \frac{dw}{dt} + \text{etc.}$$

Dans ces équations, les $\frac{du}{dt}$, $\frac{du}{dx}$ sont, on ne l'oubliera pas, des dérivées partielles ; les équations (1) deviennent donc

$$mX + X' - m\left(\frac{du}{dt} + u\frac{du}{dx} + v\frac{du}{dy} + w\frac{du}{dz}\right) = o$$

$$mY + Y' - m\left(\frac{dv}{dt} + u\frac{dv}{dx} + v\frac{dv}{dy} + w\frac{dv}{dz}\right) = o \quad (3)$$

$$mZ + Z' - m\left(\frac{dw}{dt} + u\frac{dw}{dx} + v\frac{dw}{dy} + w\frac{dw}{dz}\right) = o.$$

228. Ces équations conviennent à toute espèce de corps, de forme invariable ou non. Mais, dans les premiers, les vitesses de toutes les molécules se ramènent à six fonctions du temps, et la solution du problème a été donnée. Pour les corps flexibles, nous nous sommes bornés à un cas très-particulier, où chaque molécule m n'éprouve d'action qne dans deux sens opposés, action que nous avons nommée *tension*, et pour ces corps-là les équations (1) sont préférables aux équations (3). (Voir n° 224.)

Dans les fluides, nous avons reconnu, pour caractère essentiel, la parfaite mobilité des molécules, et par suite l'*égalité* de pression dans tous les sens autour d'un point; dans tous les corps, il y a pression dans tous les sens autour d'un point, mais non pas égalité de pression. Il s'ensuit qu'une molécule dont la figure est un parallélipipède rectangulaire ϑx, ϑy, ϑz, et où la pression en A (p. 232) est représentée par p, subit parallèlement aux x des pressions dont la somme est $-\frac{dp}{dx}\vartheta x\,\vartheta y\,\vartheta z = X'$,

parallèlement aux y....... $Y' = -\frac{dp}{dy}\vartheta x\,\vartheta y\,\vartheta z$;

aux z.... $Z' = -\frac{dp}{dz}\vartheta x\,\vartheta y\,\vartheta z$, et les éq. (3) deviennent

$$m\left(X - \frac{d^2x}{dt^2}\right) - \frac{dp}{dx}\vartheta x\vartheta y\vartheta z = o,\ m\left(Y - \frac{d^2y}{dt^2}\right) - \frac{dp}{dy}\vartheta x\vartheta y\vartheta z = o$$

$$m\left(Z - \frac{d^2z}{dt^2}\right) - \frac{dp}{dz}\vartheta x\,\vartheta y\,\vartheta z = o.$$

Soit ρ la densité du fluide au point x, y, z, ou mieux la densité moyenne dans la molécule, laquelle ne peut différer qu'infiniment peu de celle qui existe à ce point x, y, z; on aura $m = \rho\, \vartheta x\, \vartheta y\, \vartheta z$, et les équations précédentes deviennent

$$\frac{1}{\rho}\frac{dp}{dx} = X - \frac{d^2x}{dt^2},\quad \frac{1}{\rho}\frac{dp}{dy} = Y - \frac{d^2x}{dt^2},\quad \frac{1}{\rho}\frac{dp}{dz} = Z - \frac{d^2z}{dt^2}. \quad (4)$$

229. Nous exclurons les cas où le fluide est discontinu, de sorte qu'une capacité infiniment petite, $\vartheta x\, \vartheta y\, \vartheta z$, supposée immobile dans le fluide en mouvement, est constamment remplie. Or il est prouvé que, durant dt, le mouvement d'un point peut être regardé comme rectiligne et uniforme; et nous admettrons que, durant dt, les vitesses des points du fluide qui passe à travers $\vartheta x\, \vartheta y\, \vartheta z$, soient égales et parallèles. Menons par chacun des huit sommets des droites parallèles à ces vitesses et dans le même sens. Il y aura une de ces droites qui pénètrera dans $\vartheta x\, \vartheta y\, \vartheta z$ par un sommet A, et une autre qui sortira par le sommet opposé A', sauf le cas où les vitesses sont toutes parallèles à une arête, qui rentre dans le cas général. Le fluide est ainsi supposé entrer, par filets ou

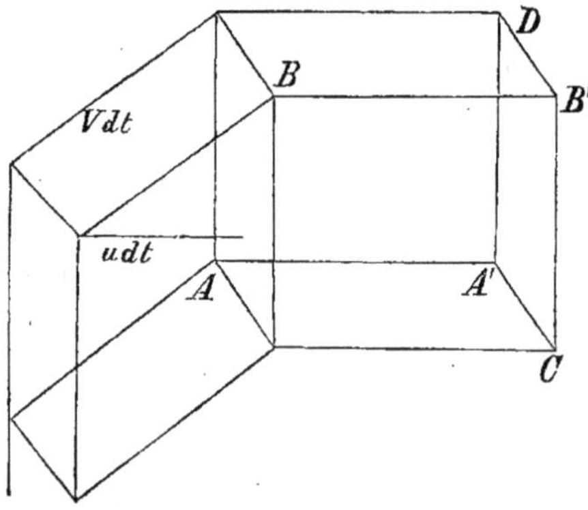

trajectoires parallèles, par les trois faces du trièdre A, et sortir de même par celles de A'. Soit V la vitesse constante et commune à toutes les trajectoires durant dt. Le volume du fluide qui entre par la face AB, est un prisme qui a pour base $AB = \vartheta y\, \vartheta z$, et pour arêtes des segments égaux à Vdt. Sa hauteur, qui est parallèle à Ox, est donc $Vdt \cos Vx$, et son volume $Vdt\, \vartheta y\, \vartheta z . \cos Vx$, et sa masse $\rho V dt\, \vartheta y\, \vartheta z \cos Vx$, que pose $= E$.

Le fluide qui de t à $t + dt$ traverse la face opposée A'B', aura pour masse la valeur que prendra l'expression précédente, lorsqu'on y remplacera x par $x + \vartheta x$, ce qui donne $E + \frac{dE}{dx} \vartheta x + \frac{d^2E}{dx^2} \vartheta x^2 + \ldots$

Rien n'empêche de supposer que dans E, $V \cos Vx$ et ρ représentent non point les valeurs relatives au point A, mais des moyennes; dès lors la valeur de la masse entrante, diminuée de la sortante, est $- \frac{dE}{dx} \vartheta x$, plus des termes du cinquième ordre, et au quatrième ordre près, cet excès $= - \frac{d.\rho u}{dt} . \vartheta x\, \vartheta y\, \vartheta z\, dt$; car $V \cos Vx = u$.

Raisonnant de même sur les deux autres faces du trièdre A, on a pour l'excès de la masse de fluide entrant

$$- \vartheta y\, \vartheta y\, \vartheta z\, dt \left(\frac{d.\rho u}{dx} + \frac{d.\rho v}{dy} + \frac{d.\rho w}{dz} \right). \qquad (a)$$

Or cette variation de masse provient non pas de la variation de volume, mais bien de ce que la densité a varié de t à $t + d$ dans $\vartheta x\, \vartheta y\, \vartheta z$; ce changement de densité, dû à la seule variation de t, est $\frac{d\rho}{dt} dt$, et celui de la masse est $\frac{d\rho}{dt} . \vartheta x\, \vartheta y\, \vartheta z\, dt$.

Égalant ceci avec (a), on aura

$$\frac{d\rho}{dt}+\frac{d.\rho u}{dx}+\frac{d.\rho v}{dy}+\frac{d.\rho w}{dz}=o, \tag{5}$$

équation dite *de la continuité*.

Si la densité est constante et ne varie ni avec le temps ni avec la position de la molécule, comme dans les fluides incompressibles et homogènes, l'équation (5) devient

$$\frac{du}{dx}+\frac{dv}{dy}+\frac{dw}{dz}=o. \tag{6}$$

Les quatre équations (4 et 5) détermineront p, u, v, w en fonction du temps, puis ayant u ou $\frac{dx}{dt}=ft$, etc., on a $x=\int ft.dt$, etc.

230. Dans le cas où le fluide est incompressible et non homogène, la densité d'une molécule ne change pas pendant que cette molécule passe d'un point x, y, z de sa trajectoire à un autre $x+udt$, $y+vdt$, $z+wdt$, ce qui a lieu durant le temps dt ; ainsi $\psi(x, y, z, t)$ étant ladite densité, cette fonction a même valeur que

$$\psi(x+udt,\ y+vdt,\ z+wdt,\ t+dt),$$

d'où la condition nécessaire

$$\frac{d\rho}{dt}+\frac{d\rho}{dx}u+\frac{d\rho}{dy}v+\frac{d\rho}{dz}w=o, \tag{7}$$

et l'équation (5) devient $\frac{du}{dx}+\frac{dv}{dy}+\frac{dw}{dz}=o$, (8)

et on a les équations (4, 7, 8) pour déterminer ρ, x, y, z, p.

S'il s'agit d'un fluide élastique et compressible aux équations (4 et 5), on joindra l'équation $p=k\rho$, où k est une fonction de la température.

231. Telles sont les équations générales de l'hydrodynamique ; ici on se bornera à quelques cas faciles à traiter directement et relatifs aux fluides pesants.

Un fluide pesant homogène, renfermé dans un vase, s'écoule par un orifice pratiqué au fond horizontal du vase; on suppose que ses molécules ne sont animées que de vitesses verticales; on prend un axe vertical Oz, dirigé de haut en bas. On nomme u la vitesse qui anime les molécules qui répondent à l'ordonnée z; p la pression.

Le principe de D'ALEMBERT donne $\frac{m}{\rho}\frac{dp}{dz} = mg - m\,\frac{d^2z}{dt^2}$.

Je pose $\frac{dz}{dt} = u$, et la variation que subit u de t à $t+dt$, est $\frac{du}{dt}dt + \frac{du}{dz}.\,dz$, vu que, en général, $u = f(z, t)$, d'où

$$du = \frac{df}{dt}dt + \frac{df}{dz}dz = \frac{du}{dt}dt + \frac{du}{dz}.\,udt;$$

donc l'équation du mouvement devient

$$\frac{1}{\rho}\frac{dp}{dz} = g - \frac{du}{dt} - u\frac{du}{dz}, \qquad (9)$$

équation qu'on peut déduire des équations (3, 4).

Soit Ω l'aire de l'orifice, U la vitesse du fluide qui s'écoule par Ω; le volume de fluide qui s'écoule en dt est $U\Omega dt$. Soit ω l'aire d'une section horizontale faite dans le vase à l'extrémité de l'ordonnée z. Je suppose que u est la vitesse du fluide qui traverse cette section à t, et par suite ωudt le volume de fluide qui y passe. Puisque le fluide est homogène, ces deux volumes sont égaux, de sorte que $\Omega U = \omega u$, équation qui est celle de la continuité dans le cas actuel, et qu'on ne peut pas déduire de (6), attendu que la nullité de v, w, n'entraîne pas celle de leurs dérivées $\frac{dv}{dy}$, $\frac{dw}{dz}$.

U, vitesse d'écoulement, est une fonction de t; ω, aire d'une section faite dans le vase, est une fonction de z; u est la vitesse de la tranche qui à t traverse la section ω.

Cette vitesse $= \frac{\Omega U}{\omega}$ est fonction de z et de t; sa dérivée partielle, relative à t seul, répond à la différence de vitesses de deux tranches, dont l'un traverse ω à t, l'autre à $t + dt$; et $\frac{du}{dz}$ répond à la différence des vitesses de deux tranches différentes à la même époque.

La relation $u = \frac{\Omega U}{\omega}$ donne donc $\frac{du}{dt} = \frac{\Omega}{\omega}\frac{dU}{dt}$, et $\frac{du}{dz} = -\frac{\Omega U}{\omega^2}\frac{d\omega}{dz}$; au moyen de ces valeurs l'équation (9) devient $\frac{1}{\rho}\frac{dp}{dz} = g - \frac{\Omega}{\omega}\frac{dU}{dt} + \frac{\Omega^2 U^2}{\omega^3}\frac{d\omega}{dz}$. Ce second membre étant, vu le premier, la dérivée partielle de $\frac{p}{\rho}$ par rapport à t, on peut intégrer par rapport à z, et on a

$\frac{1}{\rho}p = gz - \frac{\Omega dU}{dt}\int\frac{dz}{\omega} - \frac{\Omega^2 U^2}{2\omega^2} +$ une fonction arbitraire de t, qu'on déterminera au moyen des valeurs qui répondent au niveau : soit à t la section du niveau $= 0$, la pression $= P$, l'ordonnée $z = l$, on aura

$$\frac{1}{\rho}(p - P) = g(z - l) - \Omega\frac{dU}{dt}\int_l \frac{dz}{\omega} - \frac{\Omega^2 U^2}{2}\left(\frac{1}{\omega^2} - \frac{1}{0^2}\right). \quad (10)$$

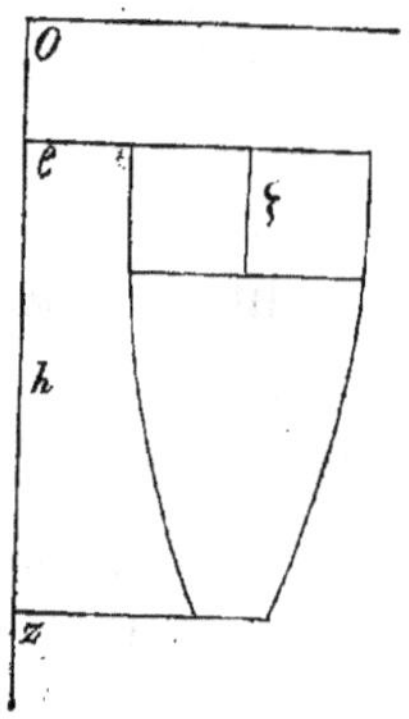

Je rapporte cette équation à l'orifice, où ω devient Ω; soit P' ce qu'y devient p; je pose $z = l + h$; h est la hauteur du fluide au-dessus de l'orifice. Je représente par M l'intégrale $\int_l^{l+h} \frac{dz}{\omega}$, qui dépend de la figure du vase, et il vient

$$\frac{1}{\rho}(P' - P) = gh - \Omega M \frac{dU}{dt} - \frac{\Omega^2 U^2}{2}\left(\frac{1}{\Omega^2} - \frac{1}{O^2}\right). \quad (11)$$

232. Soit supposé le niveau constant. Posons

$$1 - \frac{\Omega^2}{O^2} = \alpha^2, \text{ et } k^2 = 2gh + \frac{2}{\rho}(P - P'),$$

α, O, h, k seront constants, et il vient $dt = \frac{2M\Omega}{k^2 - \alpha^2 U^2} . dU.$

Soient $U = o$ avec $t = o$, et l'intégration donne

$$U = \frac{k}{\alpha} . \frac{1 - e^{\frac{-k\alpha t}{M\Omega}}}{1 + e^{\frac{-k\alpha t}{M\Omega}}}.$$

Lorsque t tend vers ∞, on a sensiblement

$$U = \frac{k}{\alpha} = \sqrt{\frac{2gh + \frac{2}{\rho}(P - P')}{1 - \frac{\Omega^2}{O^2}}}.$$

Si $P' = P$, comme pour un fluide qui s'écoule dans l'air et dont le niveau est pressé par l'air; si, de plus, Ω est très-petit par rapport à O, on a à peu près $U = \sqrt{2gh}$. C'est le théorème de TORRICELLI. Ce résultat peut se déduire de (11), en y supposant U constant; car alors cette équation donne $\frac{1}{\rho}(P' - P) = gh - \frac{\Omega^2 U^2}{2}\left(\frac{1}{\Omega^2} - \frac{1}{O^2}\right)$, d'où $U = \sqrt{2gh + \frac{2}{\rho}(P - P')} : \sqrt{1 - \frac{\Omega^2}{O^2}}$. Il résulte de là que u qui $= \frac{\Omega U}{\omega}$ est indépendant du temps, de sorte que le fluide qui traverse une section donnée ω est doué de la même vitesse que le fluide qui a traversé ou qui traversera ladite section à une époque t, à quelque époque que ce soit.

En supposant U constant, on a, d'après (10),

$$p = P + g\rho(z - l) - \left(\frac{1}{\omega^2} - \frac{1}{O^2}\right)\Omega^2.$$

Dans l'état d'équilibre, p serait $= P + g\rho(z - l)$, moindre que p là où $\omega > 0$, et plus grande là où $\omega < 0$. D'ailleurs p, comme u, ne dépend que de z et non de t : c'est un cas du mouvement permanent.

232. Un fluide est dit en mouvement permanent, si toute molécule qui vient à une époque quelconque coïncider avec un point donné de l'espace, y prend une densité, une pression et une vitesse données. Dans ce mouvement, ρ, p, u, v, w sont donc des fonctions de x, y, z, sans t, et leurs dérivées partielles relatives à t sont nulles. On ne traitera pas la mise en équation du problème général du mouvement permanent, et on se bornera à la question suivante (Reech, *Cours de mécanique*).

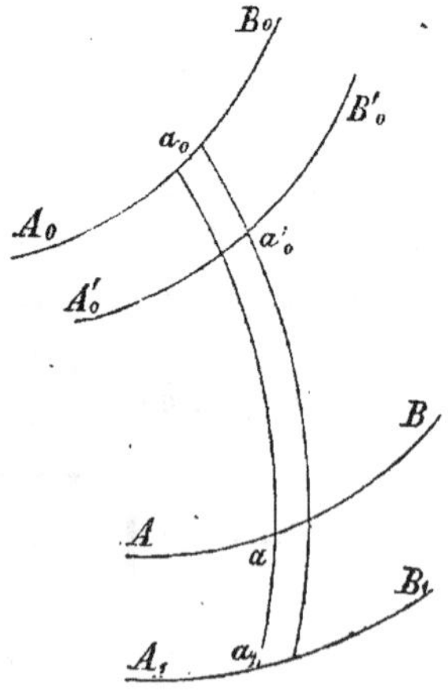

Une masse fluide entre dans un vase, dans l'intérieur duquel son mouvement est permanent. Soient A_0B_0, AB deux sections normales aux trajectoires des molécules ; la première à l'entrée du vase, la deuxième à la sortie. En un intervalle de temps donné, il sort par la deuxième autant de fluide qu'il en entre par la première. Soit une veine entrante ; sa vitesse est u_0, sa section normale, faite par A_0B_0, est a_0, la pression p_0, la densité ρ_0 ; en A, ces quantités deviennent u_1, a_1, p_1, ρ_1. Soit m la masse qui s'écoule en 1'' de temps par a_0 ou a_1 ; en dt le volume entré est a_0u_0dt, la masse $\rho_0a_0u_0dt$; la masse sortie en dt est $\rho_1a_1u_1dt$; en 1'' ces masses sont $\rho au = \rho_0a_0u_0 = m$.

La variation de force vive de cette masse mdt en dt est $mdt\,(u^2 - u_0^2)$; car, si $A'_0B'_0$ est la section normale à laquelle arrivent après $t + dt$ les molécules qui ont traversé A_0B_0 à t, de même A_1B_1 celles qui à t ont traversé AB ; la force vive à t est la somme des molécules comprises entre A_0B_0, AB, multipliées par les carrés des vitesses (u_0) ; à $t + dt$, c'est la somme des molécules de $A'_0B'_0$ à A_1B_1, mulpliées de même. L'accroissement de la force vive = cette dernière somme, moins la première, différence dans laquelle la force vive des molécules entre $A'_0B'_0$ et AB disparaît à cause de la permanence du mouvement : il reste donc pour notre veine $mdt\,(u_1^2 - u_0^2)$. Cette force vive = le double du travail développé en dt par la masse comprise entre A_0B_0 et AB. Ce travail est le produit de la masse a_0a (entre A et A_0) par la quantité dont descend son centre de gravité, pendant que cette veine passe de la position a_0a à a'_0a_1 ; c'est donc le moment du poids a'_0a_1, moins celui de a_0a, ou le moment de $a\,a_1$ (entre AB et A_1B_1), moins celui de $a_0\,a'_0$; nommons z_1, z_0 les ordonnées des centres de gravité de ces masses $a\,a_1$, $a_0a'_0$, dont chacune $= mdt$; le double du travail sera

$$(2mgz - 2mgz_0)\,dt.$$

Reste le travail des pressions p_0, p_1; celui de p_0 est $a_0 u_0 p_0\, dt$ ou $\frac{mdt}{\rho_0} p_0$; car la pression sur a_0 est $p_0 a_0$, et le chemin parcouru par m est $u_0\, dt$. Le travail de p_1 est de même $-p_1 \frac{mdt}{\rho_1}$.

Donc $mdt\,(u_1^2 - u_0^2) = 2m\left(\frac{p_0}{\rho_0} - \frac{p_1}{\rho_1}\right) + 2gm\,(z - z_0)$.

Pour un système de molécules on a

$$\Sigma mu^2 - \Sigma mu_0^2 = 2\Sigma m\left(\frac{p_0}{\rho_0} - \frac{p_1}{\rho_1}\right) + 2g\,\Sigma m\,(z - z_0).$$

L'hydraulique fournira des applications de cette formule, qui comprend le principe de Torricelli.

Si le *vase* est lui-même en mouvement, le fluide y est en mouvement relatif, et on aura l'équation de ce mouvement, en joignant aux forces absolues (g, p) les forces fictives connues, savoir la force centrifuge composée, et la force d'inertie d'entraînement. Dans le cas où le mouvement du vase est une rotation uniforme, il ne reste qu'à appliquer à chaque molécule une force égale et // à la centrifuge.

234. *Écoulement par un orifice, avec niveau variable.* Le fluide qui s'écoule n'est pas remplacé; le vase tend à se vider; on suppose l'orifice très-petit et on néglige $\frac{\Omega^2}{O^2}$.

L'équation (11, p. 237) devient $\frac{1}{\rho}(P - P') + gh - \frac{1}{2}U^2 = o$; h est variable, et l'équation est la même que s'il était constant. Soit H la valeur initiale de h, ζ la quantité $H - h$, dont le niveau s'est abaissé à t, on aura $h = H - \zeta$, et posant $P = P'$, on a $U = \sqrt{2g\,(H - \zeta)}$.

Le fluide écoulé en dt est donc

$$U\Omega dt \text{ ou } + \Omega dt \sqrt{2g\,(H - \zeta)}.$$

On peut faire varier ζ suivant telle loi qu'on voudra, en remplaçant partiellement le fluide écoulé. Soit O la section du niveau ; le fluide écoulé en dt a aussi pour expression $\mathrm{O}dz$; donc $\mathrm{O}dz = \Omega dt \sqrt{2g(\mathrm{H}-z)}$.

Si on se donne $\frac{dz}{dt}$, vitesse d'abaissement du niveau, cette équation fait connaître O ; de là diverses questions.

Je suppose $\frac{dz}{dt}$ constant et $= b$, d'où $\mathrm{O} = \frac{\Omega}{b}\sqrt{2g(\mathrm{H}-\zeta)}$.

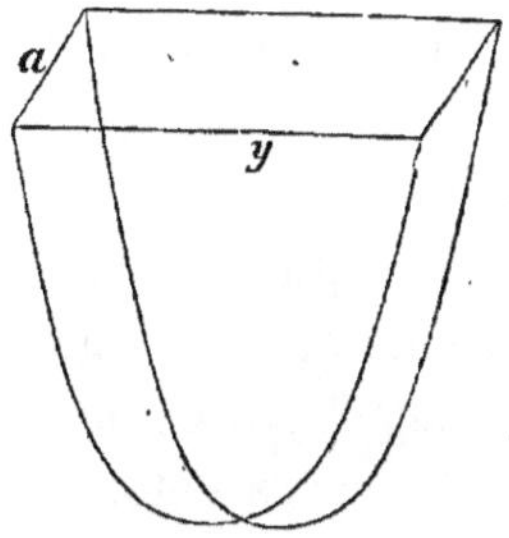

Prenons pour O un rectangle dont un côté soit constant et $= a$, l'autre étant représenté par y, on a

$$ay = \frac{\Omega}{b}\sqrt{2g(\mathrm{H}-\zeta)} \quad \text{ou} \quad y^2 = \frac{2g\Omega}{a^2b^2}(\mathrm{H}-\zeta),$$

équation d'une parabole dont l'axe est vertical et le sommet à l'orifice du vase. Dans ce vase, le niveau descendra avec une vitesse constante $= b$ (*Clepsydre*. — Voy. FRANCŒUR, *Mécanique*, 5e éd., 1825).

COUP D'ŒIL RÉTROSPECTIF.

Nous avons regardé tous les corps, et par suite tout l'univers, comme composés de points matériels liés entre eux — les uns d'une manière invariable (corps solides), les autres de façon que leurs distances peuvent subir ou des variations limitées (corps solides flexibles) ou des variations illimitées (fluides).

Mais les corps naturels ne sont pas constitués de cette manière-là. Les résultats que nous avons obtenus ne sont donc pas complétement rigoureux ; il en sera ici comme de ceux que la géométrie fournit ; ils seront d'autant plus près de la rigueur, que les corps naturels auxquels on les appliquera seront eux-mêmes plus près de l'état abstrait auquel nous nous bornons. La rigueur absolue ne se trouve que dans l'abstrait, et dans la nature l'abstrait n'existe pas.

C'est ainsi que le centre de gravité de l'univers ne devra pas être regardé comme absolument immobile ; mais il oscille entre les limites peu étendues.

Tous les mouvements qui se produisent dans l'univers, soit avec le concours de notre volonté, soit indépendamment de celle-ci, sont dus à des actions qui s'exercent entre les molécules des corps naturels, et changent avec leurs distances mutuelles. Ces variations de distances se manifestent dans la vie des animaux, des végétaux, dans les explosions, détonnations, le tir des projectiles etc.

Nous avons prouvé, d'un côté, que le centre de gravité du monde est immobile ; de l'autre, qu'il n'existe dans l'univers aucun point *matériel* qui reste immobile durant un temps aussi petit qu'on voudra, et ces deux propositions ne sont pas contradictoires ; car le centre de gravité n'est pas un point matériel ; des points matériels de l'univers viennent successivement coïncider avec lui, c'est-à-dire qu'il y a de ces points dont les trajectoires passent par ce centre, ce qui ne signifie pas que tel ou tel de ces points restera en coïncidence avec lui durant un certain intervalle de temps.

FIN.

ERRATA.

VOLUME I.

Pages.	Lignes.
1	17 en remontant : du, *mettez :* d'un.
2	10 : l'angle u, *mettez :* u l'angle.
3	figure, *permutez :* z et z'.
3	14 en remontant : et O, *lisez :* en O.
14	11 en remontant, *supprimez :* sans rien changer etc. somme.
52	10 : contraires, *mettez :* égales et contraires.
66	12 en remontant : sur Ox, *lisez :* sur Ox'.
67	11 en remontant : O, *lisez :* M.
74	figure, x, y, z : *lisez :* $x_0\, y_0\, z_0$.
	biffez la lettre I au-dessous de I_0.
	C près z' à remplacer par G, et C près de F par C_1.
74	4 en remontant : absolue, *ajoutez :* qui est par hypothèse GF.
75	7 : CF au lieu de GF.
	I désigne le point qui prend les positions I_0, I_1 au n° 59, et BC la courbe qui se transforme en B_0C_0, B_1C_1.
75	17 : I, *ajoutez :* de la terre.
80	remplacer A, origine de $x'\, y'\, z'$, par O.
82	5, remplacer $Oxyz$ par $Ixyz$.
83	4 en remontant : projection, *mettez :* projections.
115	6 : centripède, *lisez :* centripète.
130	9 : au numérateur, $1 - e \cos u$ ne doit pas être sous le radical.

VOLUME II.

4	3 : FG, FE, *lisez :* FE, FG.
5	10 en remontant, *supprimez :* dans un même plan ou.
11	15 : Gy, Cy, *mettez :* Gz, Cz.
13	9 : n° 9, *lisez :* n° 8.
13	14 en remontant : R', *lisez :* R_1.
35	3 en remontant : (form. 2, 32), *mettez :* n° 31.
41	12 en remontant : 30, *lisez :* 20.
66	3 : négation, *lisez :* racine.
76	8 : mettre $\frac{1}{a}$ devant $\int$.
76	10 : y, mettre : yz.

Pages. Lignes.

79 9 : (1) (2), mettez : (1) (2) (3).

84 15 : après p_0, *mettez :* qui sera, par exemple, celle de l'atmosphère.

87 14 : pour la base, *lisez :* pour calculer la base.

96 7 et 8 en remontant, *au lieu de :* cette vitesse angulaire, *mettez :* la figure du fluide.

105 12 : 35, *lisez :* 36.

116 2 en remontant : $m \dfrac{d^2x}{dt^2} = \mathrm{Y} \ldots\ldots m \dfrac{d^2y}{dt^2} = \mathrm{Y}.$

140 9 et 10, *lisez :* C le couple résultant, au point O' on appliquera.....

151 6 et 11 en remontant, les indices n à remplacer par o.

153 11 en remontant, *lisez :*

$$2v - v_0 = \frac{2\mathrm{M}v_0 + 2\mathrm{M}'v'_0}{\mathrm{M}+\mathrm{M}'} - v_0 = \frac{(\mathrm{M}-\mathrm{M}')v_0 + 2\mathrm{M}'v'_0}{\mathrm{M}+\mathrm{M}'}$$

175 Le point A' de la figure doit être à l'intersection de Aa et A'A''.

204 8 en remontant : ce cas dans, *lisez :* ce cas, dans.

209 (1), *lisez :* (1').

209 7 en remontant : (1), *lisez :* (1'').

210 1 : (1), *lisez :* (1').

210 11 en remontant : (1), *lisez :* (1) p. 208.

212 1 : λ^2, *lisez :* ζ^2_0.

Note pour p. 26, l. 1 en remontant.

Raisonnement plus net, après Ox et P, *lisez :* D'abord DI est perpendiculaire à Q par construction ; DI est aussi perpendiculaire à Ox, qui lui-même est perpendiculaire au plan MN, et par suite, à la droite, Q située dans ce plan. Donc DI est perpendiculaire à Q et à Ox ; le plan QAIKP, qui projette P sur MN, étant perpendiculaire à MN ainsi qu'à Ox, cette dernière droite est // au plan AK, et toutes les droites y situées sont à la même distance de Ox : la droite P est dans ce cas.

www.ingramcontent.com/pod-product-compliance
Lightning Source LLC
Chambersburg PA
CBHW060352200326
41519CB00011BA/2121
9782013722766